健康建筑：从理念到实践

王清勤　孟　冲　张寅平　等　编著

中国建筑工业出版社

图书在版编目（CIP）数据

健康建筑：从理念到实践 / 王清勤等编著 . — 北京：中国建筑工业出版社，2018.12

ISBN 978-7-112-22903-1

Ⅰ. ①建…　Ⅱ. ①王…　Ⅲ. ①建筑设计-环境设计-研究　Ⅳ. ① TU-856

中国版本图书馆 CIP 数据核字（2018）第 246051 号

责任编辑：张幼平　费海玲
责任校对：党　蕾

健康建筑：从理念到实践
王清勤　孟　冲　张寅平　等　编著

*

中国建筑工业出版社出版、发行（北京海淀三里河路9号）
各地新华书店、建筑书店经销
北京建筑工业印刷厂制版
北京中科印刷有限公司印刷

*

开本：787×1092毫米　1/16　印张：17　字数：380千字
2019年3月第一版　2019年3月第一次印刷
定价：**78.00**元

ISBN 978-7-112-22903-1
（33005）

编　委

前　言

党的十九大报告指出“中国特色社会主义进入了新时代，我国社会主要矛盾已经转化为人民日益增长的美好生活需要和不平衡不充分的发展之间的矛盾”。近年来我国国民经济飞速发展，然而随之而来的大气污染、装修污染、水质污染、噪声污染、老龄化、心理健康等一系列社会、环境问题，严重威胁着人们的健康安全。尤为重要的是人一生生活中 80% 以上的时间是在建筑中度过，生活、工作、学习在健康建筑当中将是人民美好生活的基本保障，优良健康的建筑环境成为全民健康的必要条件。

习近平总书记在全国卫生与健康大会上强调要“把人民健康放在优先发展战略地位”。2016 年 10 月，中共中央、国务院发布了《“健康中国 2030”规划纲要》，明确提出推进健康中国建设，以普及健康生活、优化健康服务、完善健康保障、建设健康环境、发展健康产业为重点。健康建筑正是健康中国落地实施的重要环境基础。为了全面促进及带动健康建筑的发展，2016 年住建部立项编制了《健康建筑评价标准》，同时与健康建筑配套的各项研发工作也有序展开。在“健康中国”这一国家战略实施的大背景下，健康建筑已成为建筑行业发展的一个重要方向。

健康建筑的关注点不仅是人们狭义上理解的身体健康，而是“生理健康”“心理健康”“社会关系健康”全方位的健康。健康建筑涉及的专业领域包括建筑学、建筑声学、建筑光学、心理学、公共卫生、社会体育等，这其中既包括了传统意义上人们理解的建筑领域范畴，也结合我国新时代社会发展特点，吸纳了部分强相关学科形成的新建筑领域范畴。以人对健康的需求为基本出发点来审视建筑技术、建筑设施、建筑服务的配备，最终将建筑要素重新分解，形成“空气、水、舒适、健身、人文、服务”六大体系，实现从具体层面杜绝有害因素影响的健康，通过设施、服务等有益因素促使人们主动健康的健康，以及将关注点上升到结局社会热点问题的健康这三个目标，全面提升建筑的健康性能，打造全龄友好的建筑环境。

本书为了让读者系统地了解健康建筑的知识而编制，全书共分为 6 章：

第 1 章　概述：简述健康建筑的起源、发展、定义、相关标准，介绍中国健康建筑的发展理念、发展需求与特点，最后对健康建筑在我国的发展进行展望。

第 2 章　要素：阐述空气、水、声、光、热湿、食品、健身、人文和人体工程学九大健康要素对人全方位健康的影响，为健康建筑的技术、服务等措施设计提供理论基础。

第 3 章　标准解读：介绍我国健康建筑标准的编制过程，对标准的一般规定、技术指标进行了详细解读。

第 4 章　技术与设施：针对九大健康要素，从技术措施角度引导建筑的设计者、管理者和使用者实现实际操作层面的落地实施。

第 5 章　评价与检测：详细介绍健康建筑的评价流程、材料要求和典型指标的检测方法。

第 6 章　实践案例：本章选择 4 个典型实际工程案例，从健康设计、管理、服务理念和社会经济效益四个方面，展示项目的实践做法，为其他健康建筑的建设与运营提供参考。

本书编写过程中，清华大学李蔚东教授、杨旭东教授和中国人民解放军军事医学科学院袭著革研究员对技术内容进行了审阅把关。中国建筑科学研究院有限公司王清勤、中国城市科学研究会孟冲负责全书的统稿和审校工作。本书编写过程中，多处引用国家标准、规范、文献、著作，在此一并表示诚挚的谢意。

鸣谢“十三五”国家重点研发计划项目“可持续运行及典型功能系统评价关键技术研究”2018YFF0215804 和“既有城市住区功能提升与改造技术”2018YFC0704800 的共同资助。

本书的编写凝聚了所有参编人员和专家的集体智慧，在大家辛苦的付出下才得以完成。由于编写时间仓促，编者水平有限，书中疏漏和不妥之处在所难免，恳请广大读者批评指正。

本书编委会

2018 年 12 月 6 日

目　录

第1章　概　　述

随着社会的发展和生活水平的逐步提高，人们追求健康生活的需求越来越强烈。健康不仅是我国现阶段社会发展所面临的重大问题，同时也是世界性的话题。早在联合国世界卫生组织（WHO）成立时，就在其章程中开宗明义地指出“健康是身体、精神和社会适应上的完美状态，而不仅是没有疾病或是身体不虚弱。”1978 年 9 月《阿拉木图宣言》也指出“大会兹坚定重申健康不仅是疾病与体虚的匿迹，而是身心健康、社会幸福的总体状态。”1989 年，WHO 深化了健康的概念，认为健康应包括躯体健康、心理健康、社会适应良好和道德健康。健康是相互作用的动态多维度结构，其影响因素是多方面的。目前，关于健康的维度已发展到包括躯体、情绪、理智、社会、心灵、职业、环境，并且随着人们认识的深化，可能还会扩展[1]。

人类超过 80% 的时间在室内度过，建筑是人们工作、生活、交流、休憩的重要场所，与每个人的生活息息相关，建筑的健康性能直接影响着人的健康。但由于建筑环境污染使人身心受到伤害的病例逐渐增多，已引起国内外环境专家和卫生专家们的广泛重视，此种症状被称为病态建筑综合征（SBS，Sick Building Syndrome）。受病态建筑综合征感染人群的临床表现，主要有呼吸道的炎症、头痛、疲乏、注意力不集中、黏膜或皮肤炎症等。据 WHO 估计，目前世界上有近 30% 的新建和整修的建筑物受到病态建筑综合征的影响，约有 20% ～ 30% 的办公室人员常被病态建筑综合征所困扰[2]。建筑环境的优劣直接影响人的身心健康，随着建筑室内空气污染问题、建筑环境舒适度差、适老性差、交流与运动场地不足等由建筑所引起的不健康因素凸显。

1.1　健康建筑的理念

1.1.1　健康建筑的溯源

近 30 年来，国际上对于“环境卫生及健康建筑”的关注度与日俱增，早在 1987 年及 1988 年，即分别在瑞典两度召开有关“健康建筑（Healthy Buildings）”的国际学术会议，会议旨在探求“健康建筑”的技术途径及功能要求[3]，关注的健康性能包括建筑选址及规划、建筑物理、适宜室内环境技术要求、设计方法和体系、材料选择和检验、空气处理系统中产生的问题、房屋及设备维修、产品质量控制与标准的规定及政策。实际上，人们对健康建筑的重视，源于与建筑有关的健康问题不断出现。20 世纪70年代末，随着人造板的生产工艺不断发展，快速胶粘剂的需求量不断增加，然而其产生的甲醛却给人类发出了第一个警告信号。建筑内甲醛的散发，使得室内人员出现头疼、眼睛和皮肤发干的症状。WHO在病态建筑综合征的报告中指出，一些人们在建筑中频繁发作的症状与建筑有关（如眼睛干燥或流泪、鼻塞、喉咙干燥、头痛、嗜睡、注意力不集中、易怒等），应该引起重视，WHO将引起病态建筑综合征的建筑称为“病态建筑（sick building）”。随着建筑所引起的人体健康问题被广泛关注，各国相关部门开始制定若干标准以减少和控制建筑污染物对人的危害，如美国禁止使用聚氨酯泡沫塑料、制定甲醛标准、禁止出售无通风的燃烧加热器等。人们逐渐认识到健康建筑的规划、建设、改造及管理的确是一项关系人类切身利益的社会问题，有很多学者在如何防治“病态建筑”、创造利于人们健康、舒适、安全的建筑环境上开展了大量调查和研究工作。对于建筑中影响人的健康因素的相关研究从未停止，而且，随着对健康的认识和相关研究的深入，学者对于健康建筑的研究，已从单纯关注由“病态建筑综合征”所定义的“病态建筑”扩展到注重促进人的生理、心理和社会健康整体性能的“健康建筑”[4-7]。

从1990年英国建筑研究所BRE发布全球第一部绿色建筑评估体系BREEAM至今，绿色建筑在全世界迅速兴起。同时，绿色建筑从最初以降低建筑能源消耗为重点逐步向建筑性能整体解决方案扩展，包括如何积极地影响建筑中生活和工作的人们，这为健康建筑的全面发展奠定了基础。至今，各国的绿色建筑评价标准中均增加了促进建筑中人体健康的元素，例如良好的热湿环境、空气品质、声环境和光环境等；我国的绿色建筑理念为“四节一环保”，其目的之一即是为人们提供健康高效的建筑使用空间。所以，一方面，绿色建筑强调的是建筑与环境之间的和谐关系，如降低碳排放、节约能源资源等；另一方面，绿色建筑也促进了人员的健康，如提倡自然通风、自然采光、室内污染物控制、用户控制室内温度等。但毕竟健康的影响因素非常多，仅仅通过绿色建筑进行约束和要求是不够的，所以整体而言，绿色建筑涉及了建筑健康性能，但并不全面。除了绿色建筑外，节能建筑等也融入了健康性能相关的指标，如美国环境保护署（EPA）将良好的室内环境质量概念整合到了能源之星（Energy Star）标签计划中。2014年，世界绿色建筑委员会（WGBC）发布报告，在室内空气质量、热舒适、自然采光与视觉、噪声和声学、室内布局、健身设计等方面提出办公建筑环境健康是绿色建筑发展的新篇章[8]，肯定了注重健康性能是绿色建筑发展的下一篇章。所以，在绿色建筑得以全面和快速发展之后，健康建筑的发展需求逐渐显现，可以说健康建筑既源于绿色建筑，又“超越”绿色建筑。

就我国目前的情况来看，在室内舒适度、室内空气质量控制等方面所作的研究工作，均是健康建筑的体现。以“健康建筑”为关键词在中文文献库中检索结果显示，早在1995年即有学者提出了健康建筑这个理念[9]，开展了很多“健康建筑”“健康住宅”方面的研究工作，2005年发布了中国工程建设标准化协会标准《健康住宅建设技术规程》CECS179-2005。受当时经济水平和技术发展的影响，健康建筑并没有得到全面发展，随着经济水平发展和建筑技术进步，人们越来越重视身心健康，加之“健康中国”战略的提出，使健康建筑被广为接受并将成为建筑领域下一个重要发展方向。

1.1.2 健康建筑的定义和要素

虽然国际上很早就在关注建筑带来的健康问题，并对建筑中影响健康的要素进行了大量研究，但对于健康建筑，国际上尚无统一的定义。健康建筑的要素不是评价建筑能源消耗，也不是评价建筑对环境的影响，而是评价建筑如何直接为人类健康作出贡献。

2000年健康建筑国际会议将健康建筑描述为一种体验建筑室内环境的方式，不仅包含物理测量值，如温湿度、通风换气效率、噪声、光、空气品质等要素，还包含主观性心理要素，如空间布局、环境色彩等[10]。

美国WELL建筑标准将健康建筑描述为致力于追求可以支持人类健康和舒适的建筑环境，改善人类身体健康、心情、舒适、睡眠等因素，鼓励健康、积极的生活方式，减少化学物质和污染物的损害。

我国《健康建筑评价标准》T/ASC 02—2016中将“健康建筑”定义为：在满足建筑功能的基础上，为人们提供更加健康的环境、设施和服务，促进人们身心健康、实现健康性能提升的建筑。

1.1.3 我国健康建筑的发展理念

WHO给出了现代关于“健康”较为完整的科学概念：健康不仅指一个人身体有没有出现疾病或虚弱现象，而是指一个人生理上、心理上和社会上的完好状态。建筑尺度相对较小，更容易通过技术手段控制建筑带来的健康风险因素，如装修污染、水质污染、热湿环境等。建筑服务于人，健康建筑的本质是促进人的身心健康，所以，中国健康建筑的发展理念之一是全面促进建筑使用者的生理健康、心理健康和社会健康。

1998年，牛光全[11]提出健康建筑的设计原则既要包括使用者健康，又要考虑能源效率、资源效益、环境责任和可承受性。在当时的条件下，健康建筑所考虑的原则是具有先进性的。随着建筑技术的发展，2006年发布实施了我国第一部《绿色建筑评价标准》GB/T 50378—2006，将绿色建筑的内涵确定为“四节一环保”，即节能、节地、节水、节材和环境保护，同时要求绿色建筑统筹考虑建筑全寿命期内的“四节一环保”与满足建筑功能之间的辩证关系；2014年对该标准进行了修订发布，提升了绿色建筑的性能。由此可见，绿色建筑已经涵盖了建筑在能源效率、资源效益、环境保护等方面的要求，而对于促进建筑使用者的健康，则是现阶段健康建筑需要满足的最基本要求。不可否认的是，健康建筑除满足人的健康需求外，仍然要兼顾“四节一环保”要求和可承受性（可购买、可建造、可改造、可普及）要求。因此，我国健康建筑发展的理念之二是在绿色建筑的基础上发展健康建筑。

除了建筑健康性能提升之外，我国健康建筑的发展理念之三是追求健康建筑的功能创新，既包括传统文化回归，又兼顾先进建筑技术科学。

综上，中国健康建筑的发展理念可以概括为在绿色建筑基础上，通过提升建筑健康性能要素和追求功能创新来全面促进建筑使用者的生理、心理和社会健康。

1.2 我国健康建筑的发展需求

健康建筑是建筑领域未来的发展方向。从生活质量层面来看，健康建筑是人们追求健康生活的需求；从建筑行业层面来看，健康建筑是绿色建筑深层次发展的需求；从国家战略层面来看，健康建筑是“健康中国”战略的需求。

1.2.1 人们追求健康生活的需求

随着经济水平发展，人们越来越注重生活质量，而雾霾天气、饮用水安全、食品安全等一系列问题，严重影响了人们的生活，甚至威胁健康安全。建筑是人类活动的重要场所，与每个人的生活息息相关。

目前我国室内空气污染严重，其主要原因包括:（1）近20年来中国经济高速发展造成严重环境污染，而污染的环境空气（PM_{10}、$PM_{2.5}$、氮氧化物、硫氧化物、多环形芳烃等）通过自然通风或缺少净化处理的机械通风进入室内，从而造成室内空气污染;（2）由于建筑选址、建筑结构本身及通风不当，土壤氡及潮湿所引起的霉菌等生物污染造成室内空气污染;（3）为满足人们生存及生活需求，越来越多应用于日常生活的化学物品、新型墙体材料及各种打印、复印等办公设备产生的甲醛、VOC（挥发性有机物）、SVOC（半挥发性有机物）、氡等造成室内空气污染;（4）我国长期对于厨房污染危害认知不足及忽视所导致的烹饪过程及排烟道竖井倒灌造成的油烟污染。此外，燃烧污染物同样是造成室内空气污染的原因之一。

国家标准《室内空气质量标准》GB/T 18883—2002中规定室内空气应无毒、无害、无异常嗅味。但受室外环境、室内装修材料、家具、室内人员活动等的影响，建筑室内空气品质并不理想。以住宅为例，通过梳理相关文献可知，我国不同地区住宅室内均存在着不同程度的甲醛、苯、TVOC的污染。新装修住宅室内甲醛、TVOC污染比较严重，装修2年以内的住宅室内甲醛超标率为34.4%～79.0%，TVOC超标率为65.0%～90.6%，结果见表1.2-1所示[12]。

我国住宅室内甲醛、苯、TVOC污染情况　　表1.2-1

调研地区	样本数（户）	装修时间	甲醛超标比例（%）	苯超标比例（%）	TVOC超标比例（%）
北京	10	2年以内	66.7	16.6	
上海	26	2年以内	79.0	8.0	65.0

续表

调研地区	样本数（户）	装修时间	甲醛超标比例（%）	苯超标比例（%）	TVOC 超标比例（%）
南宁	73		47.9	0.0	
长春	100	1 周以内	47.5	39.5	
武汉	45	3 ～ 6 个月	75.2	0.0	
杭州△	30	2 年以内	52.8	0.0	69.4
杭州△	15	2 年以上	19.4	0.0	15.5
西安	32	29 户为 2 年内	34.4		90.6

注：超标比例是指室内污染物浓度大于限值浓度的比例，未特别标注时甲醛、苯、TVOC 限值浓度分别为 $0.10mg/m^3$、$0.11mg/m^3$、$0.60mg/m^3$；
△表示甲醛、苯、TVOC 限值浓度分别为 $0.08mg/m^3$、$0.09mg/m^3$、$0.50mg/m^3$。

我国大部分地区频繁发生的雾霾天气使颗粒物污染成为影响人们健康生活的因素。颗粒物粒径大小、形态及组成成分均与人体健康密切相关，尤其是 $PM_{2.5}$，它能够突破鼻腔，深入肺部，甚至渗透进入血液，如果长期暴露在 $PM_{2.5}$ 污染的环境中，会对人体健康造成伤害，并可能诱发整个人体范围的疾病。对于无持续正压保证的建筑，室外 $PM_{2.5}$ 仍可以穿透围护结构的缝隙进入室内，导致室内 $PM_{2.5}$ 污染不容乐观[13]。梳理 2013 年以来的文献报道，汇总了我国不同城市建筑室内 $PM_{2.5}$ 污染情况，涵盖了办公建筑、商店建筑、教育建筑和餐厅建筑等，不同建筑类型、不同城市的室内均存在不同程度的 $PM_{2.5}$ 污染，低时可低于 $10\mu g/m^3$，高时可超过 $500\mu g/m^3$，详见表 1.2-2[14]。

2013 年以来文献报道的我国建筑室内 $PM_{2.5}$ 浓度情况　　表 1.2-2

建筑类型	城市	测试条件	测试期间室内外 $PM_{2.5}$ 浓度均值（范围）		室内超标[b]比例 /%
			室内 /（$\mu g/m^3$）	室外[a] /（$\mu g/m^3$）	
公共场所	重庆	正常营业	211（68 ～ 468）	198（85 ～ 402）	—
办公	北京	11 楼，无人办公，门窗关闭，无空调	夏季 49 冬季 134	夏季 104 冬季 230	27（夏） 54（冬）
办公	北京	无吸烟，门窗基本关闭	85.3（5.91 ～ 367）	124（10.20 ～ 710）	39.5
办公	北京	无人办公，门窗关闭，无空调	测点（1）44.38 测点（2）26.80	测点（1）87.47 测点（2）101.05	—
办公	上海	10 楼多个房间，无人办公	51（24 ～ 105）[c]	59（35 ～ 89）	0[d]

续表

建筑类型	城市	测试条件	测试期间室内外 $PM_{2.5}$ 浓度均值（范围）		室内超标[b]比例 /%
			室内 / （μg/m^3）	室外[a] / （μg/m^3）	
办公	上海	10 楼多个房间，正常办公	142（1 ～ 649）[c]	113（108 ～ 120）	52.38[d]
办公	济南	10 楼办公室	82（5 ～ 413）	105（26 ～ 443）	53.6
办公	南昌	正常营业	103.13(27.25 ～ 138.84）	94.95（28.87 ～ 161.54）	—
商场	北京	正常营业	47（9 ～ 253）	—	—
商场	西安	正常营业	224（140 ～ 252）	264（235 ～ 277）	71[e]
餐饮	北京	正常营业	36（12 ～ 349）	—	—
餐厅	南昌	正常营业	164（38.03 ～ 492.73）	92.09（43.8 ～ 196.25）	—
卫生机构	南昌	正常营业	72.55（39.45 ～ 258.92）	77.61（37.17 ～ 158.64）	—
学校	南昌	正常营业	63.46（27.72 ～ 133.83）	64.05（33.2 ～ 116.4）	—
学校	北京	无吸烟，门窗基本关闭	85.6（2.73 ～ 383）	124（10.20 ～ 710）	41.2
教室	武汉	—	86（83 ～ 99）[c]	—	—
电子阅览室	武汉	正常开放	92.2（84 ～ 108）[c]	—	—
实验室	武汉	—	83.6（68 ～ 100）[c]	—	—
宿舍	武汉	正常作息	105（84 ～ 152）[c]	—	—
宿舍	西安	正常作息	75.86(68.1 ～ 111.5）[c]	111.7(92.3 ～ 154.8）[c]	—
宾馆	北京	正常营业	70（4 ～ 292）	—	—
住宅	北京	无吸烟，门窗基本关闭	85.5（3.82 ～ 338）	124（10.20 ～ 710）	42.7
住宅	南京	正常作息	80（36 ～ 292）	85（42 ～ 155）	—
住宅	贵州	农村燃煤住宅	201.60[c]	166.65	—
住宅	贵州	农村燃柴住宅	104.95[c]	98.79	—

注：(a) 室内 $PM_{2.5}$ 浓度结果对应的室外 $PM_{2.5}$ 浓度。
(b)“超标”是指室内 $PM_{2.5}$ 浓度大于某指标浓度的比例。未特别标注时“超标”的指标浓度为 75 μg/m^3。
(c) 取原文多组数值平均值作为均值；多组数值中最小值和最大值作为范围值。
(d)“超标”的指标浓度为 105 μg/m^3。
(e)“超标”的指标浓度为 65 μg/m^3。

饮用水安全同样是影响健康生活的因素之一，饮用水污染引发的健康问题屡见报道[15-20]，很多学者对生活饮水水质监测结果进行了分析，但总体的水质合格率却不理想，尤其是二次供水存在的问题更为严重。目前，我国现行建筑给水排水相关标准在健康性能要求方面还有下列不足:（1）水质标准中各项指标的限值以卫生、安全等基本限制要求为主，缺少各项指标的健康性能风险评估和健康提升要求;（2）建筑二次供水系统的水质检（监）测相关要求不明确，包括不同供水系统的水质检（监）测对象、检测频率、不同检测频率下的检测对象、水质检（监）点位置、数量等;（3）给排水系统标准以满足功能、安全、经济、节约水资源为主要条文设置出发点，供水深度处理、输配水系统防止水质恶化及二次污染措施、排水设施卫生条件等健康性能相关内容分散在各标准中，且缺乏整体性考虑;（4）多数标准偏重于建筑给排水系统的设计、施工及验收，对运行管理要求偏少，对于储水设施、管道系统及用水设备的清洁及维护、避免储水时间过长、水质检验、管网检漏、防止不当溢流等的要求，不够具体，而且缺少监管环节的要求。但通过增设净化装置、定期清洗二次供水设施、定期检测和监测生活用水水质，可以最大程度上保障生活用水安全。

此外，餐厅食品安全、光环境、声环境、热湿环境等均是影响人们健康的因素，也均可以通过技术手段和落实管理制度等途径降低甚至消除危害健康的隐患。建筑对于人们追求高质量健康生活至关重要，因此建筑需要承载更多保障人们健康的责任（健康的环境、健康的用水、健康的生活方式引导、健康的服务、适老等），健康建筑是人们追求健康生活的需求。

1.2.2 国家战略与领域发展需求

（1）“健康中国”战略需求

健康是促进人全面发展的必然要求，是经济社会发展的基础条件，是民族昌盛和国家富强的重要标志，也是广大人民群众的共同追求。但工业化、城镇化、人口老龄化、疾病谱变化、生态环境及生活方式变化等，也给维护和促进健康带来一系列新的挑战，健康服务供给总体不足与需求不断增长之间的矛盾依然突出，健康领域发展与经济社会发展的协调性有待增强。为此，根据党的十八届五中全会战略部署，中共中央、国务院于 2016 年 10 月 25 日印发了《“健康中国 2030”规划纲要》（以下简称“《纲要》”），明确提出推进健康中国建设。推进健康中国建设，是全面建成小康社会、基本实现社会主义现代化的重要基础，是全面提升中华民族健康素质、实现人民健康与经济社会协调发展的国家战略。

《纲要》指出，健康中国建设以普及健康生活、优化健康服务、完善健康保障、建设健康环境、发展健康产业为重点，全方位、全周期维护和保障人民健康。《纲要》提出了 2030 年的战略目标：到 2030 年，促进全民健康的制度体系更加完善，健康领域发展更加协调，健康生活方式得到普及，健康服务质量和健康保障水平不断提高，健康产业繁荣发展，基本实现健康公平，主要健康指标进入高收入国家行列。

建筑是人们日常生产、生活、学习等离不开的重要场所，建筑环境的优劣直接影响人们的身心健康。《纲要》提出了包括健康水平、健康生活、健康服务与保障、健康环境、健康产业等领域在内的10余项健康中国建设主要指标。对于建筑而言，建筑规划与设计、室内外环境、建筑功能设置、相关服务设施、建筑相关产品等均是上述各领域的重要构成部分和影响因素。因此，健康建筑是“健康中国”战略的需求，是我国建筑领域未来的重要发展方向。

（2）建筑领域发展需求

城镇化是现代化发展的必由之路，党的十八大以来，党中央就深入推进新型城镇化建设作出了一系列重大决策部署。新型城镇化建设坚持以创新、协调、绿色、开放、共享的发展理念为引领，以人的城镇化为核心，更加注重环境宜居，更加注重提升人民群众获得感和幸福感。同时，为了缓解我国城镇化和城市现代化进程快速发展中能源与资源不足的矛盾，我国政府积极倡导和推动绿色建筑，特别是党中央、国务院提出走新型城镇化道路、把绿色发展理念贯穿城乡规划建设管理全过程的发展战略，为绿色建筑发展指明了方向。然而，我国人民群众生活水平处于提升期，对居住舒适度及环境健康性能的要求不断提高，人们追求健康生活的需求越来越强烈，导致健康服务供给总体不足与需求不断增长之间的矛盾日益突出。

在建筑领域，建筑室内空气污染问题、建筑环境舒适度差、适老性差、交流与运动场地不足等由建筑所引起的不健康因素日益明显。建筑与每个人的生活息息相关，建筑的健康性能直接影响着人的健康。为促进中国特色新型城镇化持续健康发展，实现新型城镇化建设中对环境宜居和人民群众幸福感提升的目标，降低建筑中不健康的因素，对于中国新型城镇化进程具有重要意义。

2017年3月，住房和城乡建设部发布的《建筑节能与绿色建筑发展“十三五”规划》中提出“十三五”期间的绿色建筑发展要以人为本、要以适应人民群众对建筑健康环境不断提高的要求为目标。由此可见，如何在更好地发展绿色建筑的同时满足人民群众对于健康生活环境的追求，是我国建筑业下一步发展所面临的巨大的挑战，也是建筑领域未来发展的需求和目标。

2016年7月18日，全国爱国卫生运动委员会印发《关于开展健康城市健康村镇建设的指导意见》（爱卫发〔2016〕5号），提出建设健康城市和健康村镇是推进以人为核心的新型城镇化的重要目标，是推进健康中国建设、全面建成小康社会的重要内容，并于2016年11月7日发布通知确定了北京市西城区等38个国家卫生城市（区）作为全国健康城市建设首批试点城市。建筑是城市的重要组成部分，健康建筑是健康城市发展的基础。

2017年1月10日，国务院关于印发《“十三五”卫生与健康规划》（国发〔2016〕77号），提出“普及健康生活方式，提升居民健康素养，有效控制健康危险因素”的发展目标。以着力改善城乡环境卫生面貌、全面推进健康城市和健康村镇建设、深入开展全民健康教育和健康促进活动、增强人民体质等作为“推动爱国卫生运动与健康促进”主要任务的支撑内容，具体工作包括健康城市与健康村镇综合试点、城乡饮用水卫生监测、公共场所健康危害因素监测、全民健身场地设施建设等。

2017 年 6 月 12 日印发并实施的《中共中央 国务院关于加强和完善城乡社区治理的意见》中提出“努力把城乡社区建设成为和谐有序、绿色文明、创新包容、共建共享的幸福家园”，要求强化社区文化引领能力，提出加强城乡社区公共文化服务体系建设，提升公共文化服务水平；要求改善社区人居环境，提出加强城乡社区环境综合治理，做好城市社区绿化美化净化、垃圾分类处理、噪声污染治理、水资源再生利用等工作，着力解决农村社区垃圾收集、污水排放等问题，推进健康城市和健康村镇建设。

（3）全民健康的需求

1）食品安全需求

2017 年 2 月，国务院印发《“十三五”国家食品安全规划》（国发〔2017〕12 号），指出保障食品安全是建设健康中国、增进人民福祉的重要内容，是以人民为中心发展思想的具体体现。提出四个方面的基本原则：①预防为主：坚持关口前移，全面排查、及时发现处置苗头性、倾向性问题，严把食品安全的源头关、生产关、流通关、入口关，坚决守住不发生系统性区域性食品安全风险的底线。②风险管理：树立风险防范意识，强化风险评估、监测、预警和风险交流，建立健全以风险分析为基础的科学监管制度，严防严管严控风险隐患，确保监管跑在风险前面。③全程控制：严格实施从农田到餐桌全链条监管，建立健全覆盖全程的监管制度、覆盖所有食品类型的安全标准、覆盖各类生产经营行为的良好操作规范，全面推进食品安全监管法治化、标准化、专业化、信息化建设。④社会共治：全面落实企业食品安全主体责任，严格落实地方政府属地管理责任和有关部门监管责任。充分发挥市场机制作用，鼓励和调动社会力量广泛参与，加快形成企业自律、政府监管、社会协同、公众参与的食品安全社会共治格局。

2）全民健身需求

2016 年 6 月，国务院发布《全民健身计划（2016—2020 年）》（国发〔2016〕37 号），指出实施全民健身计划是国家的重要发展战略。同时指出全民健身是实现全民健康的重要途径和手段，是全体人民增强体魄、幸福生活的基础保障。提出到 2020 年，每周参加 1 次及以上体育锻炼的人数达到 7 亿，经常参加体育锻炼的人数达到 4.35 亿，群众身体素质稳步增强；全民健身的教育、经济和社会等功能充分发挥，与各项社会事业互促发展的局面基本形成。主要任务有：弘扬体育文化，促进人的全面发展；开展全民健身活动，提供丰富多彩的活动供给；推进体育社会组织改革，激发全民健身活力；统筹建设全民健身场地设施，方便群众就近就便健身；发挥全民健身多元功能，形成服务大局、互促共进的发展格局；拓展国际大众体育交流，引领全民健身开放发展；强化全民健身发展重点，着力推动基本公共体育服务均等化和重点人群、项目发展。

国家体育总局于 2017 年 8 月 10 日发布的《全民健身指南》指出，体育健身活动可以提高人体的心肺功能、肌肉力量、柔韧、平衡和反应能力，改善身体成分，从而达到增强体质、提高健康水平的效果；体育活动可以提高人体各器官功能水平，增强机体免疫力，防治疾病，特别是对防治慢性非传染性疾病效果明显；体育健身活动可以提高人的认知能力，使人集中精力。

3）健康促进与教育工作的需求

2017年1月，国家卫生计生委印发《“十三五”全国健康促进与教育工作规划》（国卫宣传发〔2017〕2号）。提出到2020年，健康的生活方式和行为基本普及，人民群众维护和促进自身健康的意识和能力有较大提升，“把健康融入所有政策”方针有效实施，健康促进县（区）、学校、机关、企业、医院和健康社区、健康家庭建设取得明显成效，健康促进与教育工作体系建设得到加强。

重点任务中特别提出大力创建健康支持性环境。提出要全面推进卫生城市、健康城市、健康促进县（区）、健康社区（村镇）建设，统筹做好各类城乡区域性健康促进的规划、实施及评估等工作，实现区域建设与人的健康协调发展。积极支持并会同相关部门开展健康促进学校、机关、企事业单位、医院和健康社区、健康家庭创建活动。针对不同场所、不同人群的主要健康问题及主要影响因素，研究制定综合防治策略和干预措施，指导相关部门和单位开展健康管理制度建设、健康支持性环境创建、健康服务提供、健康素养提升等工作，创造有利于健康的生活、工作和学习环境。协助制订完善创建标准和工作规范，配合做好效果评价和经验总结推广，推动健康促进场所建设科学规范开展。

4）促进心理健康的需求

2016年12月30日，国家卫生计生委、中宣部等22个部门印发《关于加强心理健康服务的指导意见》（国卫疾控发〔2016〕77号），提出加强心理健康服务，开展社会心理疏导，是维护和增进人民群众身心健康的重要内容，是社会主义核心价值观内化于心、外化于行的重要途径，是全面推进依法治国、促进社会和谐稳定的必然要求。在“加强重点人群心理健康服务”中提出普遍开展职业人群心理健康服务，全面加强儿童青少年心理健康教育，关注老年人、妇女、儿童和残疾人心理健康。在“建立健全心理健康服务体系”中提出，要建立健全各部门各行业心理健康服务网络、搭建基层心理健康服务平台，具体包括各级机关、企事业单位、教育系统等普遍设立心理健康辅导室并配备专业人员，开展心理健康教育、心理健康评估、心理训练等服务；依托城乡社区综合服务设施或基层综治中心建立心理咨询（辅导）室或社会工作室（站），对社区居民开展心理健康宣传教育和心理疏导。

1.2.3 绿色建筑深层次发展需求

（1）绿色建筑发展现状

1）绿色建筑规模化发展

我国绿色建筑发展迅猛，江苏省、浙江省和贵州省等通过立法（详细信息见表1.2-3）的方式强制绿色建筑的发展，可见绿色建筑由推荐性、引领性、示范性在逐步向强制性方向转变。

绿色建筑立法情况　　表 1.2-3

省份	条例名称	发布日期 / 实施日期
上海市	《上海市建筑节能条例》	2010.09.17 / 2011.01.01
山东省	《山东省民用建筑节能条例》	2012.11.29 / 2013.03.01
贵州省	《贵州省民用建筑节能条例》	2015.07.31 / 2015.10.01
广西壮族自治区	《广西壮族自治区民用建筑节能条例》	2016.12.12 / 2017.01.01
江苏省	《江苏省绿色建筑发展条例》	2015.03.27 / 2015.07.01
浙江省	《浙江省绿色建筑条例》	2015.12.04 / 2016.05.01
宁夏自治区	《宁夏回族自治区绿色建筑发展条例》	2018.07.31 / 2018.09.01

2）绿色建筑标准体系精细化

绿色建筑标准体系已向精细化发展，以《绿色建筑评价标准》GB/T 50378 为基础，精细化发展了《既有建筑绿色改造评价标准》GB/T 51141、《绿色商店建筑评价标准》GB/T 51100、《绿色医院建筑评价标准》GB/T 51153、《绿色办公建筑评价标准》GB/T 50908、《绿色工业建筑评价标准》GB/T 50878、《绿色铁路客站评价标准》TB/T 10429、《绿色饭店建筑评价标准》GB/T 51165、《绿色生态城区评价标准》GB/T 51255 等绿色建筑的评价标准。

3）“十三五”绿色建筑进一步发展

国家层面，住房和城乡建设部《住房城乡建设事业“十三五”规划纲要》明确提出“十三五”期间全面推进绿色建筑发展，具体措施有建立绿色建筑进展定期报告及考核制度、加大绿色建筑强制推广力度、强化绿色建筑质量管理、逐步将执行绿色建筑标准纳入工程管理程序等。地方层面，北京、广东、重庆、湖北等省市均发布了“十三五”期间建筑节能及绿色建筑发展规划及实施方案等，将进一步推进绿色建筑的发展。

（2）绿色建筑的深层次发展

绿色建筑的定义为“在全寿命期内，最大限度地节约资源（节能、节地、节水、节材）、保护环境、减少污染，为人们提供健康、适用和高效的使用空间，与自然和谐共生的建筑”，由其可知，绿色建筑的目的之一就是为人们提供健康的使用空间。

健康含义是多元的、广泛的，绿色建筑的健康体现在建筑环境（声、光、热、空气品质）的营造上，绿色建筑本身则更多侧重建筑与环境之间的关系，对健康方面的要求并不全面。而健康的影响因素还很多，绿色建筑无法全面满足人们对环境、适老、设施、心理、食品、服务等更多的健康需求。因此，健康建筑是绿色建筑在健康方面向更深层次发展的需求。

1.3　国外健康建筑相关技术标准

早在19世纪80年代，国外很多组织和国家就已经开始认识到住宅建筑中健康因素的重要性，如WHO提出“健康住宅15条”、美国设立国家健康住宅中心并以“健康之家”建设计划指导住宅建设、法国通过立法和政策支持等手段发展健康住宅、加拿大对满足健康和节能要求的住宅颁发“SuperE”认证证书、日本出版《健康住宅宣言》书籍指导住宅建设与开发[15]。

1.3.1　世界卫生组织“健康住宅15条”

（1）标准概况

根据WHO定义，所谓“健康”就是在身体上、精神上、社会上完全处于良好的状态，而并不是单纯地指疾病或病弱。据此WHO提出了健康住宅的建设标准要求[16-18]。

（2）适用范围

WHO“健康住宅15条”适用于对住宅的健康性能要求。根据WHO对于健康的定义，“健康住宅”就是能使居住者“在身体上、精神上、社会上完全处于良好状态的住宅”。

（3）技术内容

WHO提出的“健康住宅”最低要求有以下几点（表1.3-1）：

WHO提出的“健康住宅”最低要求　　表1.3-1

序号	要求
1	会引起过敏症的化学物质的浓度很低
2	为满足第一点的要求，尽可能不使用容易散发出化学物质的胶合板、墙体装修材料
3	设有性能良好的换气设备，能将室内污染物质排至室外，特别是对高气密性、高隔热性住宅来说，必须采用具有风管的中央换气系统，进行定时换气
4	在厨房灶具或吸烟处，要设局部排气设备
5	起居室、卧房、厨房、走廊、浴室等要全年保持在17～27℃之间
6	室内的湿度全年保持在40%～70%之间
7	二氧化碳浓度要低于1000ppm
8	悬浮粉尘浓度要低于0.15mg/m^2
9	噪声级要小于50dB
10	一天的日照要确保在3h以上
11	设有足够亮度的照明设备

续表

序号	要求
12	住宅具有足够的抗自然灾害能力
13	具有足够的人均建筑面积，并确保私密性
14	住宅要便于护理老龄者和残疾人
15	因建筑材料中含有害挥发性有机物质，所以在住宅竣工后，要隔一段时间（至少两个星期）才能入住，在此期间要进行通风换气

1.3.2 美国 WELL 标准

（1）标准概况

美国 WELL 建筑标准由 Delos 公司最初创立，现由 IWBI（International WELL Building Institute）进行运营管理，IWBI 与 GBCI（Green Building Certification Instituted）共同合作进行第三方认证。2014 年的 10 月份国际 WELL 认证的机构推出了 WELL 标准的商业 1.0 版，2015 年 6 月又推出了住宅、商场、餐厅、商业、教育机构的试行标准。WELL 建筑标准的定位是一部考虑建筑与其使用者健康之间关系的标准，其将建筑设计与健康保健相结合，通过实施各项策略、计划与技术来鼓励健康、积极的生活方式，减少住户与有害化学物质和污染物的接触，打造一个能改善住户营养、健康、情绪、睡眠、舒适和绩效的建筑环境，为健康、保健和舒适提供支持。

（2）适用范围

WELL v1 建筑标准适用于商业和机构中办公建筑。并非所有 WELL 条款均适用于所有建筑，具体取决于施工阶段，WELL v1 进一步将建筑工程项目分为三种类型，即新建和既有建筑、新建和既有建筑室内、核心与外壳，每种类型包含一系列针对特定建筑类型或施工阶段的特定注意事项。

新建和既有建筑。在整个建筑中可以实施最多数量的 WELL 条款。此建筑工程项目类型适用于新建和既有建筑，全方位关注建筑工程项目设计和施工以及建筑运营的各个方面。它针对办公建筑，其中总建筑面积至少有 90% 由建筑业主使用并由相同管理人员运营（即建筑中最多有 10% 由其他租户使用或由不同管理人员运营）。

新建和既有室内。此建筑工程项目类型针对仅使用一部分建筑空间的办公建筑工程项目，或者使用未经过重大改造的整个既有建筑的办公建筑工程项目。获得核心与外壳认证的建筑可能已具备新建和既有室内认证中的一些 WELL 条款，因此更容易通过认证。

核心与外壳。核心与外壳适用于想要在整个基本建筑中实施基本条款以使未来租户受益的建筑工程项目。核心与外壳类型关注建筑结构、窗户位置和玻璃嵌装、建筑比例以及供暖、制冷和通风系统及基本水质。此类型还鼓励在场地中考虑有关健康的便利设施和可能性。核心与外壳适用于最多 25% 的建筑工程项目区域由建筑业主控制（即 75% 以上的建筑工程项目空间由租户使用 / 占据）的建筑工程项目。

此外，考虑到不同建筑类型的技术和使用差异性，WELL 正在制定试点标准，使之更好地适用于不同的空间类型，目前已有的试点标准有多户住宅、教育设施、零售店、餐厅、商业厨房。

（3）技术内容

1）技术框架

WELL 建筑标准分成七大健康类别“概念”，分别为空气、水、营养、光、健身、舒适和精神。

条文性质包括两类：一类是基于性能的标准，可以允许建筑工程项目以灵活的方式来满足可接受的量化阈值；另一类是规范性标准，要求设计和建设实施特定技术、设计策略或方案。条文形式按照“先决条件”和“优化条件”设置，“先决条件”是取得任何级别的 WELL 认证所必需的，“优化条件”是项目可选择达到或不达到的条件要求，包括可选的技术、策略、方案和设计，优化条件可提供一种灵活途径来取得更高级的认证，WELL 建筑标准中还存在“不适用的条款”。

2）评价要求与等级划分

评价时，通过全面实现的先决条件和优化条件总和来计算建筑得分，如果先决条件未达到要求，将导致无法获得 WELL 认证。WELL 认证分为银级、金级、铂金级 3 个等级（图 1.3-1），必须满足所有先决条件，再根据目标等级满足的相应优选条文数量确定最终等级，但不同适用对象的技术要求不相同、满足的优选条文总数比例不同。

图 1.3-1　WELL 认证等级（银级、金级、铂金级）

1.3.3　美国 Fitwel 评价体系

（1）标准概况

Fitwel 由美国疾病控制和预防中心（Centers for Disease Control and Prevention，CDC）和总务管理局（General Services Administration，GSA）共同创建，国际非营利机构 CfAD（Center for Active Design）是 Fitwel 授权的独立运营商和第三方认证机构。Fitwel 以促进社区健康、减少发病率和缺勤率、关注易感人群、提升幸福感、增强身体活动、保障使用者安全、提供健康食物等 7 方面为目的，设计了用于不同建筑的 Fitwel 策略。

（2）适用范围

Fitwel 目前适用于住宅和办公空间，其中住宅包括多户住宅，办公空间包括多租户办公空间、单租户办公空间和商业内部空间，详见表 1.3-2。

Fitwel 适用范围 **表 1.3-2**

建筑类型	建筑类型描述
多租户	适用于全部楼层和公共区域被多个租户占用的建筑
单租户	适用于全部楼层和公共区域被一个租户占用的建筑
商业内部空间（独立租户）	适用于由一个租户占用或控制的建筑物内的连续空间
住宅	适用于多住宅单元组成的整体建筑（多户住宅空间）

（3）技术内容

1）技术框架

Fitwel 的技术框架内容为选址、建筑进入、室外空间、入口和地面、楼梯、室内环境、工作区、共享空间、用水供应、食堂与零售食品、食品售卖机和小吃店、紧急程序，技术框架及其目的见表 1.3-3 所示。

Fitwel 技术框架及目的 **表 1.3-3**

技术框架	目的
选址	办公地点位于更适合步行的并且附近具有设施和公共交通的位置，可以为身体活动、社会交流以及社区健康创造更多的机会
进入建筑途径	支持多种进入建筑的模式，为有规律的健身增加机会
室外空间	提供办公建筑区域内或附近室外空间支持精神和身体健康
入口和地面	通过优化地面措施改善室内空气质量、促进健康
楼梯	楼梯间为建筑使用者提供了每日方便的健身活动途径
室内环境	限制长时间暴露于有害的室内空气质量中，实现减少慢性病、并发症及旷工风险
工作区	健康的工作空间可以减少旷工，提高工作效率，提升员工幸福感
共享空间	个人工作空间之外的共享空间可以为身体活动和精神放松创造条件
用水供应	提供淡水以降低不健康替代饮品的摄入
食堂与零售食品	现场选择健康的零售食品
食品售卖机和小吃店	自动售货机中提供更加健康的食品和饮料，改变传统自动售货机对健康的负面影响
紧急程序	应急准备可以提高应急响应的协调性和及时性，增加紧急情况下的安全性

2）评价与等级

Fitwel 中的 12 个技术框架内容共包含的 55 个以上的健康策略，Fitwel 网站可以为项目认证进行注册、基准评估（对项目应用的 Fitwel 策略进行评分）和认证提交。基准评估功能旨在帮助建设者全时的衡量和监控项目进度。当项目选定了 Fitwel 策略、所有的策略得以响应实施并提交认证文件，项目认证程序即启动。

Fitwel 的等级根据得分划分。Fitwel 得分根据策略应用情况进行评定，每项技术均对应某个分数，采取的 Fitwel 策略越多，分数越高。Fitwel 等级划分为 3 级，即一星级、二星级和三星级，具体等级划分见表 1.3-4。

Fitwel 等级划分 **表 1.3-4**

等级	分数	等级含义
★☆☆ Fitwel 1 星级	90-104	采用了支持建筑使用者的身体、心理和社会健康的设计和策略，大楼已经达到了健康促进的基本水平
★★☆ Fitwel 2 星级	105-124	采用了支持建筑使用者的身体、心理和社会健康的设计和策略，大楼已经达到了健康促进的中等水平
★★★ Fitwel 3 星级	125-144	采用了大量支持建筑使用者的身体、心理和社会健康的示范性设计和策略，大楼已经达到了健康促进的最高水平

1.3.4 哈佛大学《健康建筑 9 项基本原理》

（1）标准概况

《健康建筑 9 项基本原理》（The 9 foundations of a healthy building）由哈佛大学陈曾熙公共卫生学院健康建筑项目多学科团队的专家们共同撰写。

（2）适用范围

《健康建筑 9 项基本原理》可广泛应用于包括住宅在内的所有建筑类型。

（3）技术内容

健康建筑 9 项基本原理为通风、空气质量、热健康、潮湿、灰尘与害虫、安全、水质、噪声、照明与视觉（图 1.3-2）。

a. 通风。满足或超出当地室外通风率准则的要求，以实现对室内异味、化学物质和二氧化碳来源的控制。针对包括纳米级在内的所有粒度级，使用最低去除效率为 75% 的标准，对室外空气和再循环空气进行过滤。避免让街道路面高度或邻近其他室外污染源的室外空气进入室内。对各种系统进行调试和定期保养并实时监控通风情况，以防范并迅速解决通风问题。

b. 空气质量。选用化学物质排放量较低的日用品、办公用品、装饰和建筑材料，以限制挥发性、半挥发性的有机化合物散发。针对铅、印刷电路板和石棉之类的遗留污染物进行检查。使用蒸汽屏蔽层，限制蒸汽入侵。让湿度水平保持在 30% ～ 60% 之间，以减轻异味。每年检测空气质量。对楼内住户关注的事宜作出回应并进行评估。

图 1.3-2　健康建筑 9 项基本原理

c. 水质。饮用水质量满足美国国家饮用水标准。定期检测水质。有必要时安装净水系统来去除污染物。确保消毒剂残留水平足以控制微生物数量，但又不会过量。防止水管积水。

d. 热健康。满足热舒适度标准中温度和湿度的最低要求，并让热舒适度条件在一天当中保持稳定。在可能的情况下，提供单独的热舒适度水平控制。定期对楼内住户进行调查，找出楼内热舒适度表现欠佳的区域。对楼内住户关注的事宜，作出回应并进行评估。对各种系统进行调试和定期保养并实时监控温度和湿度，以防范并迅速解决热舒适度问题。

e. 灰尘与害虫。定期用高效真空过滤器清理各种表面来防止尘垢积聚。尘垢会给化学物、过敏源和金属提供容身之所。进家门前先脱鞋，以防把泥土带进家里。开发一体化的害虫管理计划，聚焦于封死入口、防范潮气积聚和清除垃圾之类的预防措施。尽量避免使用杀虫剂。就如何处理害虫问题、如何回应相关投诉，为建筑物管理人员提供培训。

f. 照明与视觉。白天尽可能提供日光照明和 / 或高亮度富含蓝光的照明（480nm）。同时保持视觉舒适度，避免眩光。让人们经常到户外感受自然采光。为必需具有视觉舒适度的场合，提供富含蓝光的照明。在人们睡前，光强度尽可能低的时段越长越好。可使用不含蓝光的照明促进睡眠。力求让所有工位的人员都能直接感受到来自外窗的自然采光。室内设计融入自然元素和自然带来的灵感。

g. 噪声。隔绝交通、飞机和施工现场产生的室外噪声，为室内声环境提供保护。控制机械设备、办公设备和机器之类的室内噪声源。划出无人占据的工作和学习区域。这些空间可将背景噪声最小化至 35dB，并能得到 0.7s 的最大残响时间。

h. 潮湿。定期对屋顶、水管、顶棚以及采暖通风和空调（HVAC）设备进行检查，以找出湿度源和潜在的凝结点。找到潮湿处或发霉物时，立即处理湿度源，对受污染材料进行干燥处理或更换。找出导致潮湿问题的主要来源，并加以修复。

i. 安全。满足消防安全和一氧化碳监控标准。在公用区域、楼梯井、应急出口、停车场和建筑物入口通道提供充足照明。管理出口和外围周边。通过视频监控、互动巡逻和事故报告，时刻对不同区域的情况保持警惕。维护全面的应急救援预案和楼内住户的沟通机制。

此外，《健康建筑 9 项基本原理》还规定了禁止吸烟政策，要求制定并执行在室内和建筑物周围 20 英尺范围内无烟的政策；倡导主动式设计，融入能促进和鼓励人们活动的设计元素，例如无障碍楼梯和休闲娱乐区，提供符合人体工程学且能把不适感降至最低，并限制形成慢性肢体损伤的家具，遵循适用职业安全准则，以确保营造安全的工作环境。

1.3.5 法国《健康营造：开发商和承建商的建设和改造指南》

（1）标准概况

法国在 2004 年制定了“国家环境健康计划（PNSE）”，每 5 年修订一次。《健康营造：开发商和承建商的建设和改造指南》（Construire sain : Guide à l' usage des maîtres d' ouvrage et maîtres d' oeuvre pour la construction et la rénovation）是该计划的一部分，由法国住房部和环境部共同编制（图 1.3-3）。《健康营造：开发商和承建商的建设和改造指南》的目的是为业主和建设者提出切实可行的解决方案，以防止建筑中遇到的各种污染，同时也考虑到了声音、视觉和热湿环境的舒适度以及某些新出现的健康风险。该指南于 2013 年 4 月开始实施，最新更新版增加了 2015 年 10 月出版的指南补充内容。

（2）适用范围

指南的主要适用人群为开发商和承建商，适用于新建建筑和既有建筑改造，但是指南并不适用于具有特定用途的建筑物，如游泳池、实验室等。

指南提出了切实可行的方案，通过采用现有的建筑技术和材料，充分考虑建筑外部环境、空气品质、水质质量、自然采光、噪音等各种影响健康的因素来防止和消除各种建筑污染，提高声音、视觉和温湿度等方面的舒适性并预防其他新的建筑危害，整体提升建筑健康属性。

（3）技术内容

《健康营造：开发商和承建商的建设和改造指南》技术内容分为 5 个主题部分，分别为：洁净空气、良好水质、良好舒适度（声音、视觉、热湿）、新风险预防（电磁、纳米材料）、指南补编。

每个主题部分下均从健康风险和参数、参考资料（特别是现行条例要求）、施工方法、设计要求、施工现场控制、运行、技术要点等方面展开。

图 1.3-3 《健康营造：开发商和承建商的建设和改造指南》

1.4 中国健康建筑六大指标体系的构建与评价标准

1.4.1 中国健康建筑六大指标体系的构建

健康建筑是人们追求健康生活的需求，是绿色建筑深层次发展的需求，是国家战略与领域发展的需求，在我国建筑领域发展中具有重要意义。健康建筑的发展离不开标准体系的支撑。虽然国外具有相关技术标准，其理念和部分技术较为先进，但由于国情、人文、地域及技术水平等的诸多差异，无法直接应用于我国。因此，需要结合我国国情及现阶段我国建筑技术发展现状，科学地制定出我国的健康建筑指标体系。

中国健康建筑的发展理念可以概括为在绿色建筑基础上，通过提升建筑健康性能要素和追求功能创新来全面促进建筑使用者的生理、心理和社会健康。因此，我国健康建筑的指标体系应以绿色建筑为基础，涵盖人所需的生理、心理、社会 3 方面的健康要素。虽然国外相关的技术标准无法直接应用于我国，但其理念及技术内容可供借鉴。根据对国外健康建筑相关技术标准的梳理，建筑的健康性能主要关注于空气污染物、建筑材料、净化系统、用水品质、噪声、光照、视觉、温度、湿度、室内外空间、老人及残疾人设施、食品、虫害、健身激励、精神等方面。对于我国健康建筑指标体系，在符合我国国情和建筑技术发展水平的前提下，既要借鉴其理念和技术手段，又要对相关技术内容进行补充和再创新。

我国建筑设计标准基本按照专业划分，绿色建筑指标体系按照“四节一环保”的形式划分，这种专业性划分形式让非专业的建筑使用者不容易理解其中的含义，所以健康建筑指标体系的构建目标是要充分体现“以人文本”，力争让建筑使用者理解健康建筑的要素。

结合我国健康建筑发展理念、相关技术内容及指标体系构建目标，将影响建筑健康性能的要素归纳为三类，即：介质性要素，包括空气质量、水质；感官性要素，包括空气质量、声环境、光环境、热湿环境；措施性要素，包括健身条件、人文营造、健康服务。对三类健康要素进行进一步归纳，使其既能体现建筑的健康要素又能简单明了，进而构建了我国健康建筑六大指标体系，即空气、水、舒适、健身、人文、服务。

1.4.2 中国健康建筑标准的编制

为提高人民健康水平，贯彻健康中国战略部署，推进健康中国建设，实现建筑健康性能提升，规范健康建筑评价，制定中国建筑学会标准《健康建筑评价标准》(以下简称学会《标准》)，学会《标准》于2017年1月6日经中国建筑学会标准化委员会批准发布，编号为T/ASC 02—2016，自2017年1月6日起实施。学会《标准》以提高人民健康水平、贯彻健康中国战略部署、推进健康中国建设、实现建筑健康性能提升和规范健康建筑评价为目标，遵循多学科融合性的原则，对建筑的空气、水、舒适、健身、人文、服务等指标进行综合规定[19, 20]。

在学会《标准》的基础上，编制组进一步结合我国健康建筑最新实践和相关研究成果，吸纳国际相关先进标准，开展了丰富的专题研究和试评，并广泛征求意见，编制了国家工程建设行业标准《健康建筑评价标准》(以下简称行业《标准》)。行业《标准》的编制工作于2017年3月正式启动，2018年7月提交报批申请。行业《标准》在学会《标准》的基础上进一步完善评价指标体系、深化学科交叉融合、优化指标设置，进一步丰富健康建筑的内涵，实现了标准在引领性、融合性、可感知性和可操作性四方面的提升。行业《标准》审查会上，审查专家经充分讨论，认为行业《标准》评价指标体系充分考虑了我国国情和健康建筑特点，将对促进我国健康建筑行业发展、规范健康建筑评价发挥重要作用；行业《标准》技术指标科学合理，创新性、可操作性和适用性强，标准总体上达到国际领先水平。

在行业《标准》正式发布实施之前，健康建筑的评价工作主要以学会《标准》为理论依据，因此，本书在第3章对其编制过程和条文内容进行详细解读。

1.5 健康建筑与绿色建筑的差异

我国健康建筑是绿色建筑在健康方面向更深层次的发展，健康建筑与绿色建筑既有联系又有区别，其差异性表现在发展阶段不同、涵盖领域不同、关注对象不同、指标要求不同、可感知性不同等5个方面。

（1）发展阶段不同

中国绿色建筑是在高速城镇化、资源与环境压力、建筑质量压力、节能减排约束等背景下产生的，2006年住建部发布我国首部国家标准《绿色建筑评价标准》GB/T 50378—2006，旨在通过绿色建筑“四节一环保”推动中国建筑节能、最大限度地节约资源、减少环境污染。中国特色社会主义进入新时代，人们越来越关注健康，国家也提出了“健康中国”的发展战略，为人民群众提供全方位全周期健康服务。健康建筑赋予了建筑“以人为本”的新属性，2017年1月发布实施了我国第一部《健康建筑评价标准》T/ASC 02—2016，旨在通过建筑中的空气、水、舒适、健身、人文、服务等方面综合促进建筑使用者的身心健康。

（2）涵盖领域不同

绿色建筑所涉及的专业领域均与建筑相关，包括规划、建筑、暖通空调、电气、给排水、建材等。健康建筑所涉及的专业领域除建筑领域外，还包括公共卫生学、心理学、营养学、人文与社会科学、体育健身等等很多交叉学科。

（3）关注对象不同

绿色建筑关注的对象是建筑本身的“四节一环保”性能，而健康建筑关注的对象是建筑中的人的身心健康。

（4）指标要求不同

绿色建筑的指标要求是从建筑本身在建筑全寿命期内的资源能源节约及环境影响角度出发，技术内容包括节地与室外环境、节能与能源利用、节水与水资源利用、节材与材料资源利用、室内环境质量、施工管理、运营管理。健康建筑的指标要求是从促进建筑中人的身体和精神健康角度出发，技术内容包括空气、水、舒适（声、光、热湿）、健身、人文、服务。

（5）可感知性不同

绿色建筑的可感知性强调的是对建筑能源系统进行分项计量和监测，一般只有物业管理部门能够直接接触到监测信息和获得监测结果。健康建筑的可感知性通过不同形式向所有建筑使用者展示，包括对建筑中的空气质量、水质等进行监测并向建筑使用者公开发布；向业主展示室外空气质量、温湿度、风级及气象灾害预警信息；设置相关健康提示标识；开发健康建筑信息平台并向建筑使用者无偿提供相关讯息；公共区域设置板报、多媒体等宣传健康理念；设置健身场地、交流场地、文娱设施及活动等。

1.6 健康建筑发展展望

营造健康的建筑环境和推行健康的生活方式，是满足人民群众健康追求、实现健康中国的必然要求。对于健康建筑领域的下一步发展，重点在于：

（1）健康建筑的评价

规范健康建筑的评价，是关乎我国健康建筑推广与发展的重要环节。制定出既参照国际已有先进经验又符合我国现实条件的评价方法和流程，是下一步需要认真思考的问题。

（2）健康建筑关键性问题研究

与绿色建筑相比，健康建筑对建筑的健康性能要求更高且涉及的指标更广，而且与绿色建筑发展规律相似，健康建筑的一些关键性问题，特别是体现在运行效果上的问题，例如室内各类空气污染物的有效控制、水质标准满足和高于现行标准要求的技术措施、建筑综合设计实现最优舒适度、老龄化背景下的建筑适老设计等，均需要进一步研究和探索。

（3）交叉学科需要持续深化研究

健康建筑更加综合且复杂，除建筑领域本身外还涉及公共卫生学、心理学、营养学、人文与社会科学、体育健身等很多交叉学科，各领域与建筑、与健康的交叉关系，需要持续深入的研究。

（4）健康建筑的发展路径研究

健康建筑的发展对于促进人民身心健康具有积极作用，然而我国健康建筑处于起步阶段，如何结合我国国情并以低碳生态城市建设、新型城镇化建设等为载体，推动我国健康建筑未来健康发展，是需要研究和解决的问题。

（5）健康建筑学科建设

健康建筑涉及多个专业领域的学科交叉，只有专业技术人员全面掌握各专业领域在健康建筑中的设计要点和关键点，才能够系统掌握健康建筑的理念和内涵，进而能更好的设计和建造健康建筑，使健康建筑“既有面子，又有里子”。因此逐步开展健康建筑学科建设，培养专业技术人才，是健康建筑高质量发展的重要环节之一。

（6）健康建筑产业发展

为满足人们追求健康的最基本需求，助力健康中国建设，需要以标准为引领，推动健康建筑行业向前发展。这就需要整合科研机构、高校、地产商、产品生产商、医疗服务行业、物业管理单位、适老产业、健身产业等在内的更多资源，形成良好的健康建筑发展环境，共同带动和促进健康建筑产业的向前发展。

参考文献

[1] 徐斌．从 WHO 的健康定义到安康 (wellness) 运动——健康维度的发展 [J]. 医学与哲学，2001, 22(6): 53-55.

[2] 耿世彬，杨家宝．室内空气品质及相关研究 [J]. 建筑热能通风空调，2012, 21(27): 39-39.

[3] 潘雪雯．健康建筑及其材料 [J]. 新型建筑材料，1992(8): 31-34.

[4] LiU G, Xiao M, Zhang X, et al. A review of air filtration technologies for sustainable and healthy building ventilation[J]. Sustainable Cities and Society, 2017, 32: 375-396.

[5] Mao P, Qi J, Tan Y, et al. An Examination of Factors Affecting Healthy Building: An Empirical Study in East China[J]. Journal of Cleaner Production, 2017, 162: 1266-1274.

[6] Todorovic M S, Kim J T. Beyond the science and art of the healthy buildings daylighting dynamic control' s performance prediction and validation[J]. Energy & Buildings, 2012, 46: 159-166.

[7] Department, Tarbiat, Modares. Contribution of City Prosperity to Decisions on Healthy Building Design: A case study of Tehran[J]. Frontiers of Architectural Research, 2016, 5(3): 319-331.

[8] http: //www.Worldgbc. org/news-media/health-wellbeing-and-productivity-offices-next-chapter-green-building

[9] 李国华．人・健康建筑・建筑材料 [J]. 西北建筑工程学院学报，1995(2): 45-50.

[10] 孟冲．国内健康建筑的评价和认证 [J]. 建设科技，2017(2): 60-62.

[11] 牛光全．论健康建材和健康建筑 [J]. 建筑人造板，1998(1): 8-13.

[12] 王清勤，范东叶，李国柱，等．住宅通风的现状、标准、技术和问题思考 [J]. 建筑科学，2018(2): 89-93.

[13] 王清勤，李国柱，孟冲，等．室外细颗粒物 ($PM_{2.5}$) 建筑围护结构穿透及被动控制措施 [J]. 暖通空调，2015, 45(12): 8-13.

[14] 王清勤，李国柱，赵力，等．建筑室内细颗粒物 ($PM_{2.5}$) 污染现状、控制技术与标准 [J]. 暖通空调，2016, 46(2): 1-7.

[15] 徐双，王印，唐玉环．1 起水污染引发的感染性腹泻调查 [J]. 预防医学论坛，2016, 22(5): 380-381.

[16] 李培祥．世界卫生组织定义：健康住宅十五大标准 [J]. 中国社会医学杂志，2006(01): 18.

[17] 刘辉．建筑物理环境与健康住宅 [J]. 小城镇建设，2003(12): 40-41.

[18] 张华祝．世界卫生组织定义健康住宅十五大标准：核工业勘察设计，2004[C].

[19] 王清勤，孟冲，李国柱．健康建筑的发展需求与展望 [J]. 暖通空调，2017, 47(7): 32-35.

[20] 王清勤，孟冲，李国柱．《健康建筑评价标准》编制介绍 T/ASC 02—2016 [J]. 建筑科学，2017, 33(2): 163-166.

第2章 要　　素

人在建筑内活动的过程中，健康会受到多种因素的影响，如$PM_{2.5}$、甲醛、VOC等空气污染，异味，灯光昏暗或眩光，噪声嘈杂，逼仄的室内空间，不卫生的食物和水，缺乏交流空间等，都会给人的身心健康带来不同程度的危害，这些问题都是健康建筑要解决的重要内容。健康建筑通过多种技术和服务，保障、促进使用者的全面健康，而这些技术措施都以健康要素对人身心健康的影响机理为研究基础。因此，本章对空气、水、声、光、热湿、食品、健身、人文和人体工程学九大健康要素的健康影响进行了阐述分析。

2.1 空气与健康

建筑室内空气环境是建筑环境的重要组成部分，包括室内热湿环境和室内空气质量两大部分。其中，室内热湿环境与人体健康的关系将在第2.5节进行介绍，本节着重阐述室内空气质量与人体健康的关系。现代人约有87%的时间在建筑室内环境中度过[1]，据统计，我国死亡率最高的十种疾病中7种和空气污染相关[2]，可见室内空气质量对人的健康具有非常重要影响。

建筑室内空气质量参数一般可分为物理性、化学性、生物性和放射性参数[3]，其中物理性参数主要指温度、相对湿度、空气流速和新风量，一般作为舒适性参数将在2.5节进行讨论，新风量关系到各种室内空气污染物的控制，将在3.1节作为通风控制技术进行讨论。化学性污染物主要指甲醛、挥发性有机化合物（VOCs，包括烷烃类、芳香烃类、烯烃类、卤代烃类、酯类、醛类、酮类等300多种有机化合物，如苯、甲苯、二甲苯等）、半挥发性有机化合物（SVOCs，包括苯并[α]芘、邻苯二甲酸酯（PAEs）、多溴联苯醚（PBDEs）、多环芳烃（PAHs）等）和有害无机物（如氨、NO_x、SO_x等）。生物性污染物主要指细菌、真菌和病毒等。另外，由于$PM_{2.5}$、油烟、纤维尘等颗粒物特性较为复杂，依据其本身粒径等物理特性及所负载物质（包括重金属、病毒等）不同，对人体常表现为复合型污染，很难定义为单一的物理、化学或生物性参数，故将颗粒物单独分类。因此，本书将室内空气污染物分为化学性、生物性、放射性和颗粒物污染（见表2.1-1）。

建筑室内空气主要污染物参数 表 2.1-1

分类	主要污染物
化学性	氨、NO_x、SO_x、O_3 等
	甲醛、VOCs 等
	苯并 [α] 芘、PAEs、PBDEs、PAHs 等
生物性	细菌、真菌、病毒等
放射性	氡
颗粒物	PM_{10}、$PM_{2.5}$、灰尘、油烟、纤维尘等

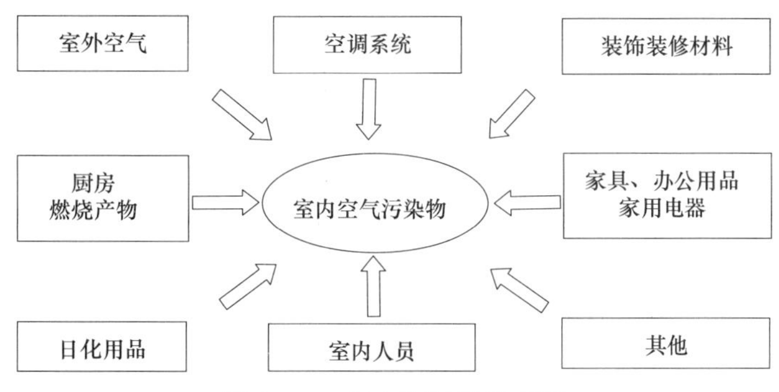

图 2.1-1 室内空气污染来源

室内空气污染来源包括室内、室外等多种途径（如图 2.1-1）。其中，室内装饰和装修材料、家具等的大量使用，以及中式烹饪是我国室内空气污染的重要来源 [4-8]。以室内 SVOC 为例，其来源包括:为了改善材料的某些性能添加到材料中的各种助剂（增塑剂和阻燃剂等）；室内某些日常生活用品 [9]，如卫生杀虫剂；吸烟、熏香燃烧、烹饪等。一般来讲，室内空气污染物主要通过呼吸系统、消化系统或皮肤接触进入人体内部，从而对人体产生健康危害。

烹调油烟是广泛存在于家庭和饮食业室内的污染物 [10]，包括颗粒物污染（PM_{10}、$PM_{2.5}$ 等）和气态污染（VOCs、PAHs 等）。其化学成分随烹调方式、食品种类、加热温度而变化，包括烃类、卤代烃类、醇酚醚类、醛酮类、羧酸及衍生物类、稠环杂环类和胺类等七大类，至少 200 多种化合物 [11]。烹调油烟中还含有很多致癌物质，如苯并 [α] 芘、挥发性亚硝胺、杂环胺类等。油烟产生后，部分随抽油烟机排出室外，而留在室内的部分一般会在未经任何形式净化的状态下，被人体吸入一定的比例，对于长期暴露于室内油烟环境中的人群，有一定的健康危害。

二氧化碳（CO_2）存在于自然空气中，对呼吸有很强的刺激作用，是维持正常呼吸的重要生理刺激。一般情况下，CO_2 对人体健康无损害，故不作为室内空气污染物。但是当其浓度过高时会对人产生精神萎靡、工作效率变低等不良影响，因此室内空气质量控制中 CO_2 浓度常作为对室内新风量的指示参数而被关注。

2.1.1 室内空气品质对呼吸系统健康的影响

空气中污染物进入人体的主要途径即通过呼吸系统，成人每天呼吸的空气量约合20kg，占人体物质（包括食物和饮水）总摄入质量的75%以上。污染物随空气进入人体呼吸系统后，可对咽、喉、气管、肺等呼吸系统器官产生直接刺激，从而产生健康危害。

甲醛、VOCs等有机化学性污染物会刺激人体呼吸道诱发肿痛、过敏、哮喘等急性病症。如，当空气中的甲醛浓度超过0.6mg/m^{3}时，人的眼睛会感到刺激，咽喉会感到不适和疼痛。甲醛可与蛋白质结合，吸入高浓度甲醛会导致呼吸道的严重刺激、水肿和头痛，可诱发过敏性鼻炎、支气管哮喘等，严重时可导致死亡。

除VOCs外，近年来半挥发性有机物（SVOC）对人体健康的危害也引起了人们的广泛关注。流行病学以及毒理学研究结果表明，SVOC对人的健康有严重负面影响，如PAEs可使儿童产生过敏症状，增加哮喘和支气管阻塞的风险[12，13]。

氨（NH_3）是一种无色而有强烈刺激气味的碱性气体，主要来自于混凝土膨胀剂和防冻剂的还原释放。当氨的浓度超过嗅阈0.5～1.0mg/m^{3}时，对人的口、鼻黏膜及上呼吸道有很强的刺激作用，氨气进入人体呼吸道，对上呼吸道有刺激和腐蚀作用，可麻痹呼吸道纤毛和损害黏膜上皮组织，使得病原微生物易于侵入，降低人体抵抗力。其症状根据氨气的浓度、吸入时间以及个人感受性等而有轻重之分。轻度中毒表现主要有鼻炎、咽炎、气管炎和支气管炎等。

CO_2是维持正常呼吸的重要生理刺激，吸入空气中的CO_2浓度适当增加，可刺激呼吸增强。但当吸入空气中的CO_2体积浓度超过1.0%（10000 ppm）时，人呼吸量将开始增加，长期过高会使人精神萎靡，工作效率变低；如CO_2体积浓度超过4.0%，将导致肺泡气和动脉血中的CO_2分压过高，压抑中枢神经系统的活动，产生呼吸困难、头痛、头晕，甚至昏迷和死亡。

NO_x包括N_2O、NO_2、N_2O_5和NO，主要来自低温的家庭燃烧器和厨房烹饪等，其中NO_2对呼吸系统的损害最为显著。表2.1-2是NO_x对呼吸系统产生危害作用的各种浓度阈值。

NO_x对呼吸系统产生危害作用的各种浓度阈值[14] **表2.1-2**

损伤作用类型	浓度阈值（mg/m^3）
接触人群呼吸系统患病率增加	0.2
短期暴露使敏感人群肺功能改变	0.3～0.6
对肺部的生化功能产生不良影响	0.6
呼吸道上皮受损，产生生理学病变	0.8～1
肺对有害因子抵抗力下降	1
短期暴露使成人肺功能改变	2～4

SO_x 主要指 SO_2，由煤或油燃烧产生。SO_2 极易溶于水，因此会在鼻子和喉黏膜处转变成亚硫酸、硫酸，产生更强的刺激作用。SO_2 可以通过血液到达肺部，或通过吸附于粉尘直接进入肺部。当其浓度为 10 ～ 15ppm 时，呼吸道的纤毛运动和黏膜的分泌作用均会受到不同程度的抑制；当浓度为 20ppm 时，长时间暴露在这种环境中，会引起慢性呼吸综合征；当浓度为 25ppm 时，气管中的纤毛运动将有 65% ～ 70% 受到障碍。

颗粒物是指空气污染物中的固相物质，由于多孔、多形而具有较强的吸附性。颗粒物的成分较多，除了一般的尘埃外，还有炭黑、石棉、二氧化硅、铁、铝、镉、砷等 130 多种有害物质，室内经常可检测出来的有 50 多种。此外，颗粒物可吸附 SVOC、SO_x 等有害化学物质，将其直接携带进入呼吸系统内部，增强其危害性。颗粒物被吸入人体后由于粒径的大小不同会沉降到人体呼吸系统的不同部位，其中小于 5μm 的颗粒物能通过鼻腔、气管和支气管进入肺部，可引发气喘、哮喘、鼻炎、咽炎、支气管炎等急慢性疾病。小于 2.5μm 的颗粒物（$PM_{2.5}$）可进入人体肺泡沉积，大量的 $PM_{2.5}$ 进入肺部对局部组织有堵塞作用。其携带的化学性或生物性污染物可直接或间接的刺激细胞，引起肺组织炎症反应，造成肺组织增生或纤维化，从而引发肺炎、肺气肿、肺癌、尘肺和矽肺等一系列病症。

烹饪油烟是室内重要的颗粒物与化学污染物复合污染源。目前尚无人体油烟接触致癌的直接证据，但一些流行病学调查结果表明，烹调油烟是肺癌发生的可疑因子。较高浓度的油烟气可引起大鼠肺部炎症和组织细胞损伤。一次性吸入油烟气 2h，肺灌洗液中肺泡巨噬细胞计数减少，中性粒细胞增多、乳酸脱氢酶（LDH）、碱性磷酸酶（AKP）、酸性磷酸酶（ACP）呈不同程度的增加，而以 LDH 增加最为明显。低浓度较长时间吸入油烟烟气（每天 3h，连续 3 个月），可引起实验动物肺部散在细胞结节的形成[15]。亦有研究在肺癌配对病例对照研究中，对烹调油烟等致病因子的多因素进行分析，结果表明人群中 51.56% 的肺鳞癌和 60.99% 的肺腺癌的发生应归因于家庭厨房油烟污染[16]。

纤维材料也是室内物理性污染物的一种，通常来自于隔音或保温材料。常见的室内污染纤维类物质通常有石棉、玻璃质纤维和纸浆。石棉纤维被吸入肺部会引起肺部病变，造成肺部组织损伤并且纤维化使得肺部的弹性变差。

2.1.2　室内空气品质对血液循环系统健康的影响

血液循环系统主要是由血液、血管和心脏组成的一个封闭的运输系统，许多激素及其他信息物质也通过血液的运输得以到达其靶器官，以此协调整个机体的功能，因此，维持血液循环系统于良好的工作状态，是机体得以生存的条件。室内空气污染物进入血液后可通过影响血液内物质水平，对血液循环系统乃至整个机体功能产生危害。

血液循环系统是 $PM_{2.5}$ 的一个重要靶标。研究发现，$PM_{2.5}$ 进入人体后可产生全身氧化应激或炎症反应，导致血液中的血小板、纤维蛋白原等凝血成分水平升高，引起凝血级联反应，增加血液黏稠度和急性血栓形成的危险度，从而间接促进心血管缺血事件或心律失常等症状的发生；同时，还可导致C反应蛋白以及各种细胞因子增加，促进粥样动脉硬化的发生。直接转运进入血液循环系统的$PM_{2.5}$，可以直接影响纤溶、凝血功能，造成心脏自主神经控制失调，心肌损伤，破坏血管内皮完整性，削弱血管功能，导致血压升高。统计数据表明，环境中$PM_{2.5}$日平均浓度升高10 $\mu g/m^3$，冠心病入院率升高1.89%[17]，心肌梗死入院率增加2.25%，心血管疾病死亡率上升6%。

CO是燃料不完全燃烧的产物，是一种无色无味的气体，具有极强的毒性。CO能够快速被肺吸收和血红蛋白结合，CO和血红蛋白结合的速率是氧气的250倍，从而阻止了血液对氧的吸收和输运，对人体氧需求量大的器官和组织（如心脏、大脑等）伤害程度较大。表2.1-3显示了暴露在不同CO浓度和不同时间长度下人体的受伤害程度。

氨进入肺部后，大部分可被血液吸收。与CO相似，氨可与血红蛋白结合，破坏血液循环系统输氧功能。当氨浓度过高时，可通过三叉神经末梢的反射作用引起心脏停搏和呼吸停止。

暴露在不同CO浓度和不同时间长度下人体的受伤害程度[18]　　**表2.1-3**

CO浓度（mg/m^3）		人体反应
229	1145	
1h	20min	运动负荷降低
7h	45min	呼吸困难，头痛
	75min	严重的头痛、无力、眩晕、视力衰退、判断力混乱、恶心、呕吐、腹泻、脉搏加快
	2h	意识混乱、摔倒、痉挛
	5h	昏迷、痉挛、脉搏变慢、血压降低、呼吸衰竭甚至死亡

2.1.3 室内空气品质对神经系统健康的影响

神经系统是人体内起主导作用的功能调节系统，分为中枢神经系统和周围神经系统两大部分，中枢神经系统包括脑和脊髓。体内各器官、系统的功能和各种生理过程都是在神经系统的直接或间接调节控制下，互相联系、相互影响，实现和维持正常的生命活动。室内空气污染物可通过阻碍神经系统氧气供给、激活体内有害神经组织的物质等直接或间接方式，对神经系统产生危害。

室内空气中单个VOC含量常常低于其测定方法的检出下限，然而当多种VOCs同时存在的时候可能产生交互作用，综合危害强度可能增大，整体暴露后对人体健康的危害可能相当严重。一般把用标准测定方法测量出的前14-18种VOCs成分总称为TVOC。当TVOCs浓度超过3mg/m^3时，即可刺激神经，产生头痛等症状；浓度超过

25mg/m^3 时，可能出现除头痛外的其他神经毒性作用，导致中毒。

如上一部分所述，CO 和氨可与血液中运送氧气的血红蛋白结合。由于脑组织运转需要消耗大量氧气，占全身总耗氧量的 20% ～ 30%，因此暴露于 CO 和氨超标的环境中，可能造成大脑等神经中枢缺氧，深度中毒会使脑部受到永久性伤害，使中毒人员持续昏迷。

$PM_{2.5}$ 主要可通过三种途径导致神经系统损伤:（1）$PM_{2.5}$ 进入机体引发组织炎症反应后，炎症因子可随血液流经大脑，引起脑部炎症反应导致功能损伤;（2）$PM_{2.5}$ 转运至神经系统内，可激活小胶质细胞，导致自由基、炎症因子等神经毒性分子大量表达，造成神经系统损伤;（3）$PM_{2.5}$ 可通过嗅神经通路在感觉神经内转运，损伤神经元正常功能，直接导致脑边缘系统毒性效应 [19]。若脑部炎症等进一步恶化，可促使神经元形成神经纤维缠结，最终导致阿尔茨海默病、帕金森等退行性疾病的发生。此外 $PM_{2.5}$ 上携带吸附的重金属等有毒粒子，可能通过血液进入肝、肾、脑和骨内，危害神经系统，引发人体机能变化。

此外，SO_2、氨以及甲醛等可通过鼻黏膜刺激嗅觉神经，导致嗅觉减退、嗅觉丧失等嗅觉障碍。

2.1.4 室内空气品质对人体其他系统健康的影响

（1）对生殖系统的影响

生殖系统是生物体内的和生殖密切相关的器官成分的总称，功能是产生生殖细胞、繁殖新个体、分泌性激素和维持性征。室内空气污染物进入人体血液后，可通过:（1）干扰人体正常生理代谢（如性激素水平），对人体生殖系统或胎儿造成不良影响;（2）直接通过孕妇胎盘对胎儿生长发育造成影响。

研究表明，长期接触低浓度的甲醛除可引起慢性呼吸道疾病外，还可导致女性月经紊乱、妊娠综合征，可能引起新生儿体质降低、染色体异常 [14]。

与 VOCs 不同，SVOC 对人生殖和遗传系统有显著负面影响，对人类的健康可造成长期、跨代的持续性危害。Environmental Health Perspectives 等国际重要学术期刊对 SVOC 研究成果表明，PAEs、PAHs、苯并 [α] 芘等可造成人体内分泌失调 [20] 和女童乳房发育早熟 [21]，影响男性生殖系统的发育甚至造成生殖系统畸形 [22，23] 等。

颗粒物吸附的炭黑、SVOC 以及铅、镉、锌等重金属都具有一定生殖毒性，经颗粒物携带进入人体后可产生很强的复合毒性。研究表明，暴露于颗粒物环境中可能导致妇女生育力下降、早产、流产，男性精子功能障碍，胎儿畸形、新生儿低体重、新生儿猝死综合征等 [24，25]。

（2）对人体的致癌性、致突变性

空气中的污染物很多具有致癌性和致突变性，长期接触可导致癌基因激活或遗传物质改变等，诱发肺癌等病症。

WHO 所属的国际癌症研究组织（IARC）在 2005 年正式发布公告，依据多项人类癌症流行病学的研究证据，将甲醛、苯等多种 VOCs 列为人类明确致癌物

（Group 1）。长期接触甲醛可以导致暴露人群的鼻咽癌、白血病、鼻窦癌和其他肿瘤的发生率显著增加。除 VOCs 外，多种 SVOC 对人体也存在致癌效应。PAHs 是一类芳香族化合物的总称，其中包括苯并［α］芘等16种已被认定为可疑致癌物[26]，对其的长期暴露会诱发肺癌。室内空气中 SO_2 和苯并［α］芘的联合作用，使得肺癌的发病率比后者单独作用要更高。

除 VOCs、SVOC 外，室内颗粒物吸附的铅、镉、锰、镍等重有毒金属元素，可通过损害遗传物质（包括诱发染色体结构变化、DNA 损伤、基因突变等）、干扰细胞正常分裂、破坏机体免疫监视等引发癌症。

烹调油烟中存在着能引起基因突变、DNA 损伤、染色体损伤等不同生物学效应的细胞遗传毒性物质。有研究显示在油温 270℃时，从菜油和豆油的油烟中能检测到微量具有致突变作用的巴豆醛等。当烹饪温度维持在（245±5）℃时，油烟中二噁英（PCDD/Fs）和多氯联苯（PCBs）含量显著升高，其相应的毒性当量也显著增加[27]。这些物质都具有强烈的致癌毒性，短期高浓度及长期暴露都会对免疫系统、神经系统、生殖系统产生严重影响。采取鼠伤寒沙门氏菌回复突变试验（Ames 试验）、微核试验、实际安全剂量（VSD）及姐妹染色单体互换（SCE）试验对烹调油烟遗传毒性进行研究均表明：烹调油烟在一定剂量条件下可引起受试细胞产生细胞遗传毒性[28]。对人的致癌性目前还没有充分的直接的致癌性实验，对动物的实验充分证明油烟的时间效应关系及致癌性[29]。

氡（Rn）气是无色、无味的放射性惰性气体，是 WHO 确认的主要环境致癌物之一。Rn 及其衰变产物对人体的危害主要是通过内照射进行，即摄入人体后自发衰变，放射出电离辐射，对人体构成危害。Rn 的衰变产物衰变快速，且极易吸附在空气的颗粒上，吸入体内后能够沉积在气管和支气管中，部分深入到人体肺部，电离辐射易使大支气管上皮细胞发生癌变。科学研究表明，Rn 诱发肺癌的潜伏期多在 15 年以上，世界上 20% 的肺癌患者与 Rn 有关。此外氡及其衰变产物在衰变时还会放出穿透力极强的 γ 射线，长期暴露会损害人体血液循环系统，如白细胞和血小板减少，严重的会造成白血病。

2.2 水与健康

水是生命之源，是人类赖以生存的最基本的物质之一。水是人体维持正常生理活动的必要因素。机体从外界环境中摄取的各种营养成分通过血液等液体输送到机体的各个部分，同时溶解于水中的各种代谢废物通过排泄器官排出体外。水能贮存和吸收大量的热能，在调节体温过程中发挥重要作用。饮水是人体的生理需要，机体每天摄入和排出的水量处于动态平衡状态。一般情况下，成人每天摄入和排出的水各 2 ～ 3L。正常成人体内水分含量约占体重的 65%，儿童体内的水分则可达体重的 80%。正常人如果 2 ～ 3 天不喝水或失水量达机体总水量 20% ～ 30% 时将危及生命。

除满足人体生理需要外，提供充足的饮用水也是保持生活环境及良好的个人卫生的必要条件。供水时应充分考虑生活中的各项用水量，保证每人每天 20 ～ 50L 无有害化学和微生物污染的饮用水和卫生用水。

人们在饮水的同时，也将水中所含有的各种有益和有害的物质带入体内，对人体健康产生重要影响。不卫生的饮用水是引发疾病的重要因素之一。WHO 指出，与饮用水污染相关的疾病已成为人类健康的主要负担，腹泻病是五岁以下儿童的第三大死亡原因。全球每年因供水不足、卫生设施落后和不良卫生习惯所造成的疾病总负担为死亡人数 180 万和 7500 万以上的健康生命年损失。通过改善饮用水、环境卫生和个人卫生每年可避免 84.2 万人死于腹泻病[30]。

随着人口的增多，人类开发利用自然资源的能力和范围不断扩大，水环境日益受到生活性和生产性废弃物的污染，包括大量的化学性和生物性污染，严重破坏着自然环境和生态平衡，各种污染严重的水体会给人体健康构成直接的、间接的或潜在的危害。中国在城市和广大农村地区大力推进饮水安全工程，除极个别乡村外，基本实现了全国集中式供水全覆盖，有效地改善了饮水安全。但由于各地饮水工程受地理环境、供水规模、管理模式等的影响，导致饮水处理不规范或输配水系统发生二次污染的情况时有发生，对人群造成一定的健康风险。

饮用水质量管理应基于健康的目标。相关国家监管机构和地方水务部门应确定优先关注的目标并根据地方实际情况采取相应措施，以控制由饮水引起的风险并实现公众健康。在一般情况下，优先关注的目标按递减的顺序如下：

（1）确保充足供应在微生物方面安全的饮用水，并保持水的可接受性，以阻止消费者饮用在微生物方面有潜在不安全因素的水；

（2）管理已知的对健康有不良影响的重要化学危险品；

（3）处理其他化学危险品，特别是那些在嗅、味和感观方面影响饮用水可接受性的物质；

（4）采取适当技术措施，使水源中污染物浓度低于准则值或规范值。

我国在制定生活饮用水卫生标准时，水质卫生提出以下要求：

（1）生活饮用水中不得含有病原微生物；

（2）生活饮用水中化学物质不得危害人体健康；

（3）生活饮用水中放射性物质不得危害人体健康；

（4）生活饮用水的感官性状良好；

（5）生活饮用水应经消毒处理。

2.2.1 水处理模式及用水方式对健康的影响

饮用水从处理到使用的全过程包括从水源取水，经过水厂处理后，经输配水系统进入千家万户。常规的饮水处理技术包括混凝、沉淀、过滤、消毒等工艺，在以地表水为水源时，饮用水常规处理的主要去除污染物对象为水中的悬浮物质、胶体物质和病原微生物；而以地下水为水源时，主要去除对象为水中可能存在的病原微生物。饮用水常规处理技术对水中的硬度去除效果较差，如水源水硬度较高，则需重新选择水源或采用深度处理技术。

建筑室内供水有其独特的特点。除满足生活饮用水输配水系统的基本要求外，还应考虑室内建筑环境条件、居住和工作人群的健康需求。建筑室内供水主要包括集中式市政供水和二次供水，部分建筑设立的自建设施供水也属于集中式供水。集中式供水是指自水源集中取水，通过输配水管网送到用户或者公共取水点的供水方式。二次供水是指集中式供水在入户之前经再度储存、加压、消毒或深度处理，通过管道或容器输送给用户的供水方式。二者所供生活饮用水通常称为自来水。

在保证供水的卫生安全方面，集中式供水有很多优点：由于采取了严格的水源选择和防护措施，水源水质较好；通过水处理设备进行了严格的净化和消毒，保证给水水质良好；严密的输水管道可防止水在运输过程中受到污染。生活饮用水集中式供水过程中，从水源选择和防护、净化和消毒、输送及贮存，任何环节出现问题，都可能导致饮用水污染。由于集中式饮用水供应范围大，一旦水源或供水过程中受到各种化学物质及致病微生物污染，可引起大范围的急慢性中毒或传染病的流行。因此应加强集中式供水的卫生监督和管理，保证供水安全。

随着城市化的发展，高层建筑迅速增加，市政供水水压不能满足高层建筑需求，需通过二次供水设施加压。通常，二次供水设施包括水箱、水泵、输水管道等设施。由于管理不善，水存放时间过长等原因，二次供水设施导致的供水污染情况普遍存在。造成二次供水污染的原因主要有：水设备内表面涂层渗出有害物质；贮水设备的设计大小不合理，使水在设备中的停留时间过长；溢、泄水管与下水或雨水管线直接联通；贮水设备的防护不完善，盖板密封不严密、溢水管出口无网罩等；管理不善，未定期进行水质检验和清洗、消毒等。

除市政供水外，建筑内还存在其他多种水系统，而这些水系统有其独特的运行模式，产生的健康影响也不尽相同。

集中空调冷却水系统。集中空调冷却水系统一般采用开放式冷却塔，与环境空气直接接触，易受到环境空气中的颗粒物和微生物的污染。微生物在冷却塔水中适宜的温度条件下，可以大量生长繁殖，随循环水散播到空气中，对冷却塔周围环境造成污染，如新风口距离冷却塔较近（如小于 7.5m），冷却塔水形成的气溶胶可能会通过新风口进入空气循环系统，造成建筑室内空气微生物污染。

空调加湿系统。建筑室内保持一定的湿度可以增加人的舒适度。空调加湿系统多采用干热蒸汽加湿和高压雾化加湿两种。当采用雾化加湿时，如果加湿水源受到微生物污染，雾化的气溶胶中含有大量微生物，会对人群健康造成很大风险。

生活热水系统。为提高生活品质，许多现代化的建筑物内安装了生活热水系统，主要供淋浴室、洗手间、美容室、厨房等使用。生活热水往往分路供水，在使用末端由热水和市政供水调配使用。使用终端尤其是淋浴喷头内适宜的温度，可以导致微生物的生长繁殖，喷淋过程中产生的气溶胶可能会造成微生物相关的健康风险。

景观水循环系统。景观水循环系统采用开放式供水系统，与环境直接接触，极易造成水中微生物的大量滋生，再通过景观水的循环系统产生气溶胶造成健康风险。

雨水收集系统。为节约水资源、构建绿色建筑环境，雨水收集系统得到越来越多的关注和使用。雨水水质较好，但容易受到灰尘、鸟类或昆虫活动的影响而导致微生物的污染。蓄水池多为开放式，可成为蚊虫的滋生场所，而阳光照射可促进蓄水池中藻类生长。

2.2.2 饮用水品质对感官性状的影响

绝大多数情况下，饮用水用户无法自行判断饮用水的安全性，但当龙头出水变浑浊、带有颜色、发出异常气味、产生异常味道时，往往会引起用户对饮水安全的质疑或投诉，即使这些性状可能并不会直接影响健康。

我国的饮用水卫生标准对水质卫生提出“感官性状良好”的要求，饮用水的外观、味道和气味应能被用户接受。一些会对健康造成影响的物质在远低于有害浓度时就会影响水的味道、气味或外观。影响水质但对健康没有直接不良影响的成分尚未制订标准限值，但一些能引起味道或气味问题的物质在水质卫生标准中规定了限值。

（1）浊度对健康的影响

水的浊度是由悬浮颗粒或胶体物质阻碍了光在水中的传播而造成的。这可由无机物或有机物或两者的混合物所引起。微生物（细菌、病毒和原生动物）是典型的附着颗粒，在水处理中通过过滤的方式去除浊度可显著减少微生物污染。当水从厌氧环境中被抽取时，黏土颗粒或者不溶的还原性铁和其他氧化物的析出会引起一些地下水的浑浊。地表水的浊度可能由许多种类的微粒造成，更可能包括一些威胁健康的附着微生物。输配水系统中的浊度可能是由于沉积物和生物膜的干扰造成，但也可能来源于外部系统的污水进入。

浊度除引起感官性状不合格外，也可为生物体提供保护，降低消毒效率，因此许多水处理工艺在消毒之前要求去除颗粒物。这不仅提升了化学消毒剂（如氯和臭氧）的消毒效果，更是确保物理消毒工艺（如紫外照射）有效性必不可少的步骤，因为光在水中的传输会受微粒影响而受损。

通过混凝、沉淀和过滤去除颗粒物是获取安全饮用水的一个重要屏障。当出现浊度升高时，在消毒前通过对地表水源及地下水进行过滤来降低浊度可有效增强用水的微生物安全。由于浊度为感知饮用水水质最直接的指标之一，浊度升高会使用户对水的可接受性产生消极影响。虽然浊度本身并不一定对健康造成危害，但浊度的异常变化是对危害健康的污染物可能存在的一个重要指示。

浊度通过浊度单位（NTU）来测量，肉眼可见的浊度约为4.0NTU以上。为确保消毒效率，浊度不应超过1NTU，数值越低越好。地表水和受地表水影响的地下水处理系统在消毒之前达到0.3NTU以下表明可以有效降低吸附于颗粒物的病原体，去除浊度可有效去除耐氯化消毒剂病原体隐孢子虫和贾第鞭毛虫。

对于农村小型集中式供水或分散式供水系统，由于资源受限或水处理工艺不完备，出厂水水质浊度可能无法达到1NTU。我国饮水卫生标准规定，当水源与净水技术条件受限时，集中式供水水质浊度应不大于3NTU，小型集中式供水应不大于5NTU。

（2）硬度对健康的影响

水的硬度由钙和镁离子的浓度决定，通常可通过肥皂泡沫浮垢的沉淀情况来衡量，也可以通过清洁时是否需要大量肥皂来判断。生活饮用水用户很可能会注意到硬度的变化。钙离子的味阈值在100～300mg/L之间变动，味阈值的变化取决于和钙离子结合的阴离子；而镁离子的味阈值可能低于钙离子。在某些情况下，消费者可耐受的硬度超过500mg/L。

受其他因素相互作用的影响，如pH、酸度和碱度，水的硬度高于200mg/L时可导致水厂、输配水系统、管网和建筑储水罐结垢。加热时，硬水会形成碳酸钙“水垢”的沉积。另外，硬度低于100mg/L的软水由于缓冲容量低，所以对管道的腐蚀性更大。

人体对硬度有一定的适用性，改用硬度差别较大的水可引起胃肠道功能的暂时性紊乱，但一般在短期内即可适应。近年来国内外报道显示某些心血管疾病可能与饮用低硬度的水有关，但也有研究认为高硬度水与心血管病有关，但相关研究均缺乏实验数据支撑，世界卫生组织也未对水中的硬度提出基于健康的标准限值。我国对饮水的调查监测显示，饮用水的硬度一般不超过425mg/L，且人群对该硬度的饮用水感官性状无不良感觉。我国生活饮用水卫生标准将饮用水中的总硬度限值规定为450mg/L[31]。

2.2.3 饮用水品质对消化系统健康的影响

由致病性细菌、病毒和寄生虫（例如原虫和蠕虫）引起的传染性疾病是与饮用水有关的最常见、最普遍的健康风险。供水安全发生故障（包括水源、处理和输配过程）可能引起大规模的污染并可能导致可以检测到的疾病暴发。有时，低水平、潜在重复的污染可能会导致严重的散发疾病。水中微生物对消化系统的影响最主要的是引起介水传染病的发生。介水传染病是由于饮用或接触了受病原体污染的水而引起的一类传染病。经饮用水传播的传染病主要包括伤寒和副伤寒、细菌性痢疾、霍乱、传染性肝炎、贾第鞭毛虫病、隐孢子虫病。

（1）导致伤寒和副伤寒

伤寒、副伤寒是由伤寒沙门菌和甲、乙、丙型副伤寒沙门菌引起的急性消化道传染病，临床上以持续高热、相对缓脉、特征性中毒症状、脾肿大、玫瑰疹及白细胞减少为特征。

伤寒、副伤寒是重要的消化道传染病，病人和带菌者是传染源，饮用水是该病流行的重要传播途径，医院及屠宰场污水排放、未经处理的伤寒、副伤寒病人的粪便流入地面水或水井、鸡鸭等动物在水边放养，都可造成伤寒、副伤寒病原体污染水源。病原体在外界环境中有较强的抵抗力。水致伤寒爆发流行全年均可发生，但呈季节性波动。一般从四月起爆发流行次数开始增多，五、六月份继续上升，七、八、九月份达到高峰以后又逐渐下降。流行区域主要在农村，患者以青少年为主，不同性别间发病率无显著性差异。

经饮用水传播是引起伤寒和副伤寒流行甚至爆发流行的重要传播途径，因此加强粪便管理和水源卫生防护，做好饮用水的净化和消毒，是防止本病流行的重要措施。沙门氏菌属对氯的抵抗力弱，氯及含氯化合物可有效地杀灭水中病原菌。

（2）导致细菌性痢疾

细菌性痢疾是由痢疾志贺菌引起的以腹泻为主要症状的肠道传染病，主要临床表现为发热、腹痛、腹泻、里急后重、脓血样大便，伴有发热。中毒型急性发作时，可出现高热并出现感染性休克症状，有时出现脑水肿和呼吸衰竭。该病呈常年散发，夏秋多见，是我国的多发病之一。

患细菌性痢疾的病人和病原携带者是该病的传染源。通过生活接触、食物和水经口感染可引起该病的传播流行。痢疾杆菌对外界环境抵抗力较强，在水中可生存一段时间，不同亚型的痢疾杆菌在水中存活的时间不同。含有痢疾杆菌的污水、粪便等污染水源后，集中式供水如未经有效的净化消毒处理，可造成饮用水污染，引起该病爆发流行。自 1963 年以来几乎每年均有水致爆发流行发生的病理。

由于痢疾杆菌各群、各型之间无交叉免疫，病后仅有短暂和不稳定的免疫力，人类对本病普遍易感，一个人可多次患痢疾。介水传播流行的控制措施以切断传播途径为主，加强饮用水的卫生管理和监督监测工作，做好饮用水的消毒可有效防止该病流行。

（3）导致病毒性肝炎

介水传播的病毒性肝炎主要是甲型病毒性肝炎和戊型病毒性肝炎，主要传播途径是粪口途径，即带有甲肝病毒或戊肝病毒的病人或病毒携带者的排泄物污染了食物和水后，经口进入胃肠道而引起发病。

水源受到污染往往是引起肝炎爆发流行的主要原因。甲型肝炎病毒的抵抗力比脊髓灰质炎病毒略强，可在污水中存活较长时间。我国近年来发生的肝炎大流行大多与水污染有关。如 1988 年上海地区甲型肝炎大流行，平均罹患率高达 4082/10 万。调查结果认为，与食用污染的毛蚶有关。由于养殖用水被粪便污染，使肝炎病毒在毛蚶体内富集，人食用未经充分加热煮熟的毛蚶，引起发病。1986 ～ 1988 年，我国新疆南部地区发生戊型病毒性肝炎大流行，持续时间长，波及面广，累计发病人数达 12 万例。调查结果表明，由于大雨成灾，使粪便污染水源，当地居民习惯喝生水，从而引起戊型病毒性肝炎大流行。

（4）导致贾第鞭毛虫病

贾第鞭毛虫为寄生于人体小肠上部的多鞭毛虫，偶尔寄生胆道或胆囊内，可引起腹泻和吸收不良等症。由于在旅游者中发病率较高，故称为“旅游者腹泻”。饮用水污染是引起致病性贾第鞭毛虫传播的重要因素。

贾第虫生活史包括滋养体和包囊期。部分增殖的滋养体随宿主肠内容物下降，在回肠后段或结肠形成包囊。在正常成形粪便中一般只能查到包囊，腹泻者粪便中可找到滋养体。成熟的四核包囊被人吞食后，经胃酸作用，在十二指肠脱囊形成滋养体，并不断增殖。包囊在环境中的存活时间受温度影响。当水温小于 10℃时，包囊在水中至少可存活 77 ～ 84 天。当水温为 20℃时，3 天后或 37℃一天后，有活性的包囊数明显减少。

本病呈世界性分布，尤以温热带较多。在美国、加拿大、英国、苏格兰、瑞典等国均报道过由于饮用水污染引起贾第鞭毛虫病流行。美国最大的一次贾第鞭毛虫病暴发流行发生于纽约州的罗姆城，其中有症状的病例 395 人，传染率为 10.6%。

我国各地该病感染率在 0.16% ～ 20% 之间，两性间无明显区别，儿童高于成人，以 6 ～ 8 月发病最高。除病人和带虫者外，河狸也是本病的传染源。由于包囊对外界的抵抗力强，在潮湿环境下其存活期较长，水中可存活 1 ～ 3 个月，且常规氯化消毒对包囊无效，因此，介水传播的危险性较大。本病无获得性免疫，可反复感染。以地面水或直接受地面水影响的地下水为水源时，在消毒前进行混凝沉淀和过滤处理，可降低或去除水中的包囊。

（5）导致隐孢子虫病

隐孢子虫病是由存活于人或动物体内的寄生虫引发的消化道传染病。隐孢子虫在小肠内发育成滋养体，转变成裂子体后，分化成大小配子体，开始有性繁殖，产生的厚壁囊合子随粪便排出体外，人经口感染后可引起隐孢子虫病，主要表现为胃肠炎症状，持续腹泻，伴有恶心、呕吐、发热、头疼、厌食等，病程通常为两周。但免疫功能缺陷者感染后，病情重且持续时间长，可出现持续性霍乱样水泻，常因病情无法控制引起死亡。隐孢子虫病被认为是一种人畜共患疾病，目前已知动物宿主 41 种以上。介水传播是该病的主要传播途径。隐孢子虫病病人、病原体携带者或动物的粪便污染饮水，可导致隐孢子虫病的爆发流行。美国最大一次隐孢子虫病流行发生于 1993 年，接触人口 160 万，受感染人口 40 万，该病被列为美国的 5 种饮水传染病之一。我国隐孢子虫病感染率在正常人群中为 $<$ 1% ～ 3.3%，腹泻病人中感染率为 $<$ 1% ～ 12.5%[32]。隐孢子虫囊合子对外环境和常用消毒剂有较强抵抗力，常规自来水加氯消毒不能将其灭活，本病的水型爆发成为重要的公共卫生问题。有效的沉淀、过滤工艺可大量除去水中隐孢子虫孢囊。其去除率与除浊率显著相关。改善环境卫生，加强水源防护，防止饮用水污染是防止本病的重要措施。

2.2.4 饮用水品质对呼吸系统健康的影响

建筑室内与水相关的其他突出问题主要包括军团菌和真菌等微生物污染。

（1）军团菌对健康的影响

军团菌在环境中广泛存在，是很多淡水环境如河流、溪水和蓄水池中的正常菌群，但数量相对较低。但在某些人工水环境中，该菌可大量存在，如集中空调系统冷却塔、热水供应系统以及温泉浴池中，这些环境可为军团菌的繁殖提供适宜温度和条件。军团菌最常见的感染途径是吸入含此菌的气溶胶，污染的冷却塔、热水淋浴器、加湿器和温泉浴池都可产生气溶胶，同时，在大型建筑物中，配水管道系统长，军团菌的生长有增加的可能，因此，这些系统的维护与消毒对于降低军团菌的健康风险非常重要。

军团病是由嗜肺军团菌（*legionella pheumophila*，LP）引起的一种以肺炎为主的全身性疾病，以肺部感染伴全身多系统损伤为主要表现，也可表现为无肺炎的急性自限性流感样疾病[33]。

军团菌广泛存在于天然水源及人工水环境中，并能在其中生长、繁殖。天然水源中军团菌含量较低，很少引起人感染，研究证实，多数军团菌感染与人工水环境如冷热水管道系统、空调冷却水、空气加湿器、淋浴水等军团菌污染有关[34]。目前，集中空调系统、淋浴设施、游泳池水及喷泉等人工水环境中的军团菌污染比较普遍，上述水环境中均可以检出军团菌，其中空调冷却塔水中检出率最高，阳性率可高于50%[35]。

军团菌主要存在于空调冷却水、淋浴喷头水、饮用水系统等与人体密切接触的水体中，人感染军团菌不是因为饮用了含有军团菌的水，而是通过吸入被军团菌污染的气溶胶而感染。预防军团菌发生和流行的关键是加强对军团菌重要污染源——水系统的卫生管理，控制军团菌的滋生和繁殖。国家标准组织（ISO）在1992年，把水源中军团菌的检测作为水质标准细菌学检查的一部分。军团病已经成为许多国家法定报告和管理的传染病，一些国家制定了相关行业标准。例如，美国空调工程师协会制定了建筑物中军团菌的控制指南，以指导建筑物集中空调的装配。我国卫生部于2006年2月重新修订并颁布的“公共场所集中空调通风系统卫生规范”中规定公共场所中集中空调冷却水、冷凝水中不得检出军团菌。

（2）真菌对健康的影响

在潮湿的居室环境和其他建筑室内中，丝状真菌（霉菌）的滋生对人的健康造成很大的危害，在一些国家，因为居室内霉菌污染造成儿童哮喘发病率升高20%以上。2005年，世界卫生组织空气质量指南行动计划工作组建议提出基于健康效应的室内空气质量指南。该指南将室内空气质量指南分为三个内容：室内污染物，潮湿与霉菌，室内燃料燃烧。临床证据证明，暴露于潮湿的居室内和居室内的生物性污染物，可引起过敏性鼻炎、慢性鼻窦炎和过敏性真菌性副鼻窦炎发病风险的增高；毒理学体内和体外实验均能证明暴露于居室内生物性的菌体、孢子、代谢物和组成成分能够引起机体的炎症反应和毒性反应；具有遗传过敏症和过敏体质的群体对室内的生物性污染物格外敏感；在许多国家受到潮湿和居室内生物性污染物影响的建筑物的增加，使哮喘和过敏的人的数目相应大大增加。居室内潮湿度及水量的多少是真菌、放线菌和细菌等居室内主要生物性污染物能否生长的关键。真菌基本上可以在任何材料表面生长，因此选择适当的建筑和装饰材料十分重要，合适的建筑和装饰材料可以防止污物积聚、水分渗透和真菌增长，居室内潮湿程度和生物性污染物水平的下降可以通过改善建筑材料、改善通风系统结构、冷热水管道和冷却部分空调机组材料等等方式得以实现。

2.2.5 饮用水品质对内分泌系统的影响

建筑室内与水相关的健康问题主要由微生物引起，但与水相关的其他化学性物质也不容忽视。饮水中部分化学元素缺乏或增高、环境中污染物进入水中、以及消毒过程中产生的消毒副产物等可能影响甲状腺功能，与饮水相关的甲状腺疾病主要包括地方性甲状腺肿和饮水中化学污染物对甲状腺疾病的影响。

地方性甲状腺肿的发病原因主要是由于水和土壤中缺乏碘。该病主要的临床特征是甲状腺肿大，严重流行地区儿童可发生地方性克汀病，病人痴呆、矮小、聋哑、智力低下。除上海市无地方性甲状腺肿外，其余各省、自治区、直辖市均有不同程度的流行。病区的土壤、饮用水、食品中碘的含量普遍偏低。往往饮水中碘含量越低，该病发病率越高。一般饮水中碘含量低于10μg/L时，就有可能发生地方性甲状腺肿；饮水中碘含量低于4μg/L时，地方性甲状腺肿的患者明显增多；含量低于2μg/L时，居民中甲状腺肿患者可达50%。饮水中碘含量高时，该病患病率较低。值得注意的是当饮水中碘含量过高，大于90μg/L时，则甲状腺肿患病率反而升高。说明摄入过多的碘可能导致抑制甲状腺素的生成和释放。防治地方性甲状腺肿主要采用碘制剂和含碘多的海产品，大面积预防可采用食盐加碘的办法。

饮水中的部分化学污染物可引起甲状腺相关疾病，这些污染物主要包括聚丙烯酰胺、二氧化氯、硝酸盐、甲草胺。聚丙烯酰胺用于水处理的絮凝剂，还可以用作建造饮用水蓄水池和水井的灌浆剂。虽然人体摄入丙烯酰胺的途径主要来自于食物，但是饮水中的丙烯酰胺含量越低越好。丙烯酰胺摄入后快速被肠胃道吸收并广泛分布于体液中。动物实验证实经过饮水接触丙烯酰胺可诱发雄性大鼠阴囊、甲状腺及肾上腺肿瘤和雌性大鼠乳腺、甲状腺及子宫肿瘤。常规的水处理方法不能去除丙烯酰胺，在进行水处理时，在不影响助凝效率情况下，聚丙烯酰胺投加量越少越好。

饮水中微生物的污染是对健康的潜在威胁，对其的控制必须始终放在最重要的位置。应用最为普遍的消毒方法是加氯消毒。臭氧、紫外线照射、氯胺和二氧化氯消毒等也都有应用。二氧化氯已被证明在试验小鼠围产期会损害其神经行为和神经发育。在饮用水研究中，接触二氧化氯的老鼠和猴子也已观察到会伴有甲状腺激素显著抑制的现象。

碘是合成甲状腺激素的必需元素，硝酸盐会竞争性地阻碍碘的摄入，对甲状腺有潜在的负面影响；然而，这只有在高的硝酸盐摄入与碘缺乏同时发生的情况下才成为问题，饮水中硝酸盐含量对甲状腺疾病的影响尚需研究。

2.3 声与健康

声音由物体振动产生，在弹性介质中传播至人的听觉器官，人对不同类型的声音产生不同的反应。对于悦耳的音乐，人听着感觉愉悦、身心可以得到放松，有利于健康，而对于噪声，不仅会让人感到烦躁，甚至会损坏听力系统，引发心脏疾病，严重危害人的身心健康。现代社会噪声污染已成为最严重的污染之一，建筑作为人们工作生活最重要的场所，其声环境的营造具有至关重要的作用。

对于声舒适的问题，目前国内外城市规划及环境保护的标准法规均以声级限值为基础，传统的解决方法是针对交通运输噪声、工业噪声、社会生活噪声、建筑施工噪声等不同来源噪声的特点，采取隔离、管制、增大围护结构隔声性能等措施降低噪声级。但是降噪往往成本过高且并不总是可行，更重要的是不一定会改善生活质量。当声压级低于 65 ～ 70dBA 时，人们的声舒适度评价与声压级并不密切相关，而声音的种类、使用者的特点及其他非声学因素却起着重要作用；只有约 30% 的环境噪声烦恼度取决于声能量等物理层面因素，城市声环境研究向关注人、听觉、声环境与社会之间的相互关系方面扩展，声景学应运而生。国际标准化组织（ISO）最近颁布的 ISO 12913-1:2014 标准中，声景被定义为“在给定场景下，个体、群体或社区所感知、体验或理解的声环境”。在这个领域中，声环境并不是简单地被当作一个可以测量的物理量，而是被视为由一系列蕴含不同信息的声元素所构成的，具有可以感知内容的现象。

2.3.1　声环境对生理健康的影响

噪声会造成人的听觉器官损伤，还会对人的心血管系统、消化系统、神经系统和其他脏器造成危害。

听觉系统方面，在强噪声环境下，人会感到刺耳难受、疼痛、听力下降、耳鸣，人从高噪声环境回到安静场所停留一段时间，听力还能恢复，叫暂时性听阈偏移，也叫听觉疲劳。但长年累月地在强噪声环境中工作，长期不断地受高强噪声刺激，听觉就不能复原，内耳感觉器官会发生器质性病变，导致所谓噪声性耳聋或永久性听力损失。国际标准化组织（ISO）确定听力损失 25dB 为耳聋标准。噪声性耳聋是指 500、1000、2000Hz 三个频率的平均听力损失超过 25dB。若在噪声为 85dB 条件下长期暴露 15 年和 30 年，噪声性耳聋发病率分别为 5% 和 8%；而在噪声为 90dB 条件下长期暴露 15 年和 30 年，噪声性耳聋发病率提高为 14% 和 18%。

心血管系统方面，许多调查和统计资料说明，大量心脏病的发展和恶化与噪声有密切的联系。实验结果表明，噪声会引起人体紧张的反应，使肾上腺素增加，引起心率改变和血压升高。一些工业噪声调查的结果指出，在高噪声条件下工作的钢铁工人和机械车间工人比安静条件下工作工人的循环系统的发病率要高，患高血压的病人也多。目前不少人认为，20 世纪以来工业生产噪声和交通噪声的提高，是造成心脏病发病率高的重要原因之一。

消化系统方面，早在 20 世纪 30 年代，就有人注意到长期暴露在噪声环境下的工作者消化功能有明显的改变。在某些吵闹的工业行业里，溃疡症的发病率比安静环境的发病率高 5 倍。

在神经系统方面，噪声污染还会致使人神经系统变得更加的衰弱，噪声污染本身就会产生较大的声波，而这一声波则会致使人脑电波出现变化，严重的话还会引发失眠、头晕、意志涣散等情况，更甚至还会出现神经错乱等现象。古代教会用钟声惩处异教徒，第二次世界大战期间法西斯用噪声折磨战俘，就是利用噪声使受害者发生神经错乱。

对于特殊人群，研究表明噪声会使孕妇产生紧张反应，引起子宫血管收缩，以致影响供给胎儿发育所必需的养料和氧气。噪声还影响胎儿的体重。此外，因儿童发育尚未成熟，各组织器官十分娇嫩和脆弱，不论体内的胎儿还是刚出世的孩子，噪声均可损伤听觉器官，使听力减退或丧失。

此外，噪声引起劳动生产率下降，高噪声使自动化、高精度的仪表失灵；强噪声可使墙震裂、瓦震落、门窗破坏，甚至使烟囱及建筑物倒塌。

当然声音对人生理健康的影响也不一味是负面的。良好的声景设计可以为人们提供更加舒适的声环境，对人体的健康起到积极的作用。随着老年人口的增加，人们需要防止人体机能退化的声景；良好的声景设计或再设计也是为儿童提供充实和健康的成长环境的先决条件。研究还发现，噪声和空气污染会对人的生理健康产生交互影响作用，因而噪声流行病学研究更加注重多因素的综合影响。

2.3.2 声环境对人心理健康的影响

不同性质的声音带给听者截然不同的心理体验，人们对于自然声的喜好程度要高于人工声，并且在自己喜好的声环境中会更加放松，如清脆的鸟叫声令人愉悦，机械声令人烦躁等。

噪声引起的心理影响，主要是使人烦恼、激动、易怒甚至失去理智。因噪声干扰发生的厂群纠纷、邻里纠纷事件是常见的，甚至导致极端的人命案。居住在机场附近的儿童可能会产生一系列心理疾病症状，体现在感受到痛苦，并且新生儿低于标准体重以及早产现象，这些均可能为心理健康受影响而造成的后果。

声景对人的心理健康产生影响主要体现在其所处的环境上。环境本身的空间特性，如空间的闭合或开敞、形状和尺寸、界面的材质和形态、地势的起伏、建筑的布局、花草树木等景观元素的分布和形态，均会影响声音的传播，引起声音的吸收、反射、衍射或透过等现象，从而产生声音混响的差异，影响人们的心理感受。混响时间过长会增加声音的烦恼度，但适宜的混响可使街头音乐更动听，使人们更加愉悦，有益心理健康。因此根据声景的不同功能和性质，应当确定适当的混响时间。另外，声景范围内的背景声及特殊声源，均会影响人们的心理感知。

声景对人的心理健康产生影响还体现在其声音的特色上。根据声景中声音的特色，声景元素可分为三类：基调声（Keynote Sound）、前景声或信号声（Foreground Sound 或 Sound Signal）和标志声（Soundmark）。基调声这个词类来自于音乐中的相应概念，描绘生活空间中的基本声音特色；前景声或信号声利用其本身所具有的听觉上的警告作用来引起注意；标志声包括自然声和人工声，是具有独特地域特征的声音。具有文化意义的标志声能够激发人们情感的回应，如在城市化极度发展的北京重新营造吆喝声的声景，能够引发人们对小时候老北京的回忆。

心理恢复是指能使人们从心理疲劳以及压力相伴的消极情绪中恢复过来。在日常生活中，当人们处于思维疲惫或压力状态时，就产生了心理恢复的需求。目前关于声景对心理恢复的研究逐渐增多。在心理恢复的过程中，个体对身处环境的体验和感受直接影响到恢复的效果。声景的恢复性效应被定义为“声景对环境中个体的恢复所发挥的促进（或阻碍）作用”。声景对心理恢复的影响主要体现在减压和恢复注意力两方面。

对于减压方面，具有恢复性的声景则可以更快速和更有效地缓解人们内心的消极情绪，并相应地缓解愤怒、恐惧、悲伤或戒备等情绪反应，减轻心理压力的感受；并且恢复性声景会改善并激活个体的心血管系统、神经系统、内分泌系统、骨骼肌肉系统等身体系统等，以调动机体应对突发的状况。

对于恢复注意力方面，个体的定向注意是一项极其脆弱的心理资源，如果个体所面临的任务具有足够强的紧张度并持续一定的时长，就会给个体带来不适，出现精力耗竭、精神紧张的现象，不再能够维持清晰的认知，从而造成工作或学习的效率及正确率下降，并导致心理疲劳。恢复性声景能够帮助个体远离令其疲惫的思维任务，又对个体具有一定的吸引力、包容度，使个体的思维沉浸在环境感受之中，消耗的注意力就能够得到一定程度的恢复。

2.3.3 声环境对人行为与活动的影响

（1）噪声对睡眠和休息的干扰

睡眠对人体是极为重要的，它能使人们的新陈代谢得到调节。人的大脑通过睡眠得到充分休息，消除体力和脑力疲劳，所以保证睡眠是关系到人体健康的重要因素。

噪声影响睡眠的数量和质量。通常，人的睡眠分为瞌睡、入睡、睡着和熟睡四个阶段，熟睡阶段越长睡眠质量越好。噪声对睡眠的影响有两个方面。一是缩短睡着、熟睡阶段很快回到入睡或瞌睡阶段，甚至难以入睡。二是有时会惊醒，特别是噪声有变化时，有时突然变化的噪声声压级绝对值并不大，但是由于背景噪声太过安静，导致噪声超出背景噪声而导致人惊醒。

研究表明，连续噪声可以加快熟睡到轻睡的回转，使人多梦，熟睡的时间缩短，突然的噪声可使人惊醒。在 40 ～ 50dB 噪声作用下，会干扰正常的睡眠。突然的噪声在 40dB 时，可使 10% 的人惊醒，60dB 时则使 70% 的人惊醒。当连续噪声级达到 70dB 时，会对 50% 的人睡觉产生影响。

但是也不要将噪声彻底消除，只要求达到不发生伤害或干扰的最低值。人不习惯于无声的环境，真正无任何声音，反而使人不安。

（2）噪声对工作学习效率的干扰

噪声对工作学习效率的干扰主要是由噪声对神经系统影响导致的。噪声对神经系统的影响与噪声的性质、强度和接触时间有关。噪声反复长时间的刺激，超过生理承受能力，就会对中枢神经系统造成干扰甚至损害，使脑皮层兴奋与抑制平衡失调，导致条件反射的异常，使脑血管功能紊乱，脑电位改变，从而引起暴露者记忆力、思考力、学习能力、阅读能力降低等神经行为效应。严重时还可出现头痛、头昏、耳鸣以及易疲倦等表现。

噪声对工作学习效率的影响，与噪声的性质密切相关。间断性噪声刺激，会使脑力劳动者的工作效率下降，失误增多，对需要迅速准确作出判断的警觉活动作业（如监视自动化生产）影响更大。嘈杂的噪声，尤其是突然发生或停止的高强度噪声，则常常导致重大失误和事故发生率增高。

（3）噪声对语言交流的影响

通常情况下，人们相对交谈距离1m时，平均声强级大约65dB。但是，环境噪声会掩蔽语言声，使语言清晰度降低。噪声级比语言声级低很多时，噪声对语言交谈几乎没有影响。噪声级与语言声级相当时，正常交谈受到干扰。噪声级高于语言声级10dB时，谈话声会被完全掩蔽，当噪声级大于90dB时，即使大声叫喊也难以进行正常交谈。

用口头语言交流不是听得见、听不见的问题，而是听得清、听不清，或听得懂、听不懂的问题。所以表达聆听的质量用可懂度。可懂度是说任意的100个音节（字）所能听得正确的百分数。可懂度最好的情况大概是说100句话可以听懂95句，这相当于音节可懂度80。一般情况下，音节可懂度在60以上，语言交往的情况较好。如果音节可懂度低到30，那就根本听不懂了。

（4）声景对行为与活动的影响

声景会对人的行为与活动产生影响。在实验室或工作环境中，令人反感的声音会对认知行为产生不利影响，如出现相应的躲避行为、拖延行为、替代行为、频繁失误等状况。这些造成负面影响的噪声水平在很大程度上取决于活动的类型。例如，人们在进行思考行为时，其他人的娱乐活动声可能会对其产生负作用，而当人们在公园或广场游玩时，可能更希望听到娱乐声音。此外，在阅读行为中，交通噪声与娱乐活动产生的声音相比可能更具破坏性。并且人们由于忙碌或其他原因（如高度焦虑），将更容易受到噪声中的掩蔽和分散注意力的影响。在所有认知行为中，阅读、解决问题和记忆受噪声影响最大。

2.4　光与健康

人所感知到的光，是人的视觉系统特有的知觉或感觉的基本属性，会对人视觉系统、非视觉系统、心理的健康起到重要的影响。光健康包括光对人体的短期作用效应和长期慢性作用效应。短期作用效应指8h内的光辐射所产生的影响，即光化学损伤和热损伤。长期慢性作用，包括闪烁、眩光及非视觉的生理节律影响等[36]。

人们对于光的视觉效果研究超过500年，而随着视网膜感光神经节细胞（ipRGC）的发现以及对人员身心健康的日益重视，对光的非视觉效应的研究不断得到重视。研究发现光通过神经系统影响人的机体，控制生物钟和荷尔蒙，对脑垂体、松果腺、肾上腺及甲状腺等均产生影响。通过它们之间的相互作用，产生重置和调控人体的生理和行为节律。明亮的光导致心肌稳定、血流畅通，提高人们的认知效率。适当的日光照射，可以增加红细胞和血红素，并且增加合成维生素 D，有效防止佝偻病和骨质疏松，促进食欲，提高机体免疫力，起到强身健体的作用。

光通过大脑皮层的作用，对人的心理活动、情绪等有直接影响。紫外线、光色及光的闪烁等均会对人的心理产生作用，从而影响人们的身心健康。长时间照明不足会引起视觉紧张，使机体易于疲劳，注意力分散，记忆力下降，抽象思维和逻辑思维能力降低。而过度的光照射不但使人心理上感到不适，甚至会使人致病。例如眼角膜长时间受到强烈光的暴露会导致损伤，并可引发白内障等疾病，而且人的皮肤也会变黑变红，甚至出现红斑等症状。照明中的强烈的彩色光会干扰大脑中枢的正常活动，打乱人体平衡状态，引起人的情绪烦躁不安，全身乏力、头晕目眩等[37]。

2.4.1 光对视觉系统健康的影响

光与视觉有着最直接的关系，从光与视觉健康的关系来看，主要体现在亮度（照度）水平、亮度分布、眩光、频闪以及光色品质等方面。

（1）亮度（照度）水平与均匀度

人眼对于外界环境明亮差异的知觉，取决于外界景物的亮度，适宜的亮度水平是保证视觉功效的基本条件。在应用时，由于亮度涉及各种物体的反射特性，较为复杂，因此实践中较多的还是采用照度水平作为照明数量评价指标。研究表明，避免视野内过亮或者过暗，能够很好地抑制视疲劳的产生。照度均匀度通常指规定表面上的最小照度与平均照度之比，有时也用最小照度与最大照度之比表示。在工作和生活环境中，如在视野内照度不均匀，将引起视觉不适应，因此要求工作面上的照度要均匀，而工作面的照度与周围环境的照度也不应相差太悬殊。

一般来说，正常的读写作业需要不宜低于 300lx，均匀度不宜低于 0.6，而精细的作业则需要更高的照度和均匀度。

（2）亮度分布

人的视野很广，在工作房间里，除工作对象外，作业区、顶棚、墙面、人、窗子和灯具等都会进入人的视野，这些内容的亮度水平和亮度对比与视觉舒适关系密切：第一，构成周围视野的适应亮度，控制它与中心视野的亮度差异，就会减小眼睛瞬时适应的负担，或避免产生眩光所带来的视觉功效的降低；第二，房间主要表面的平均亮度，形成房间明亮程度的总印象；亮度分布使人产生对室内空间的形象感受。工作视野内的亮度差别控制在一定范围内，并且避免视线在不同亮度之间频繁变化，能够有效防止视疲劳。一般被观察物体的亮度高于其邻近环境的亮度三倍时，则视觉舒适，且有良好的清晰度，应将观察物体与邻近环境的反射比控制在 0.3 ～ 0.5 之间。

（3）眩光

当直接或间接通过反射看到灯具、窗户等亮度极高的光源，或者在视野中出现强烈的亮度对比时，我们就会感受到眩光。眩光可以损害视觉——失能眩光，也能造成视觉上的不舒适感——不舒适眩光，这两种眩光效应有时分别出现，但多半是同时存在。对室内光环境来说，控制不舒适眩光更为重要，只要将不舒适眩光控制在允许范围以内，失能眩光也就自然消除了。室内眩光通常采用统一眩光值（*UGR*）进行评价，一般人员长时间工作、学习的场所，如办公室、教室等，统一眩光值不宜大于19。

（4）光源的频闪效应

频闪与频闪效应针对电光源，频闪是指电光源光通量波动的深度，频闪效应是指在以一定频率变化的光照射下，人们观察到的物体运动显现出不同于其实际运动的现象。光通量波动深度越大，频闪越严重，频闪效应产生的危害也就越大。电光源频闪效应危害主要体现在以下几点：

1）引发工伤事故。在电光源的频闪频率与运动物体的速度呈整倍数关系时，运动物体的状态就会产生静止、倒转、运动速度力缓慢，以及上述三种状态周期性重复的错误视觉，引发工伤事故。

2）影响生产效率。频闪效应会引发视觉神经疲劳、偏头痛。特别是机械行业已普遍应用的高压汞（钠）灯、金属卤化物灯，轻工、食品、印刷、电子、纺织等行业普遍应用的电感镇流器驱动的T8直管日光灯，频闪效应危害严重造成生产效率低下。

3）长时间使用伤害眼睛。在中国，20世纪80年代以后，电感镇流器驱动的T8直管日光灯，普遍应用于家庭、学校、图书馆等。因照明环境频闪效应危害严重，成长中的中小学生受害极大，视力下降明显，近视眼显著增多[38]。

研究表明，在不同频率下，频闪的影响也存在较大差异，将其控制在一定范围之内，能够为营造舒适健康的光环境创造条件。如图2.4-1所示，国际电气和电子工程师协会（IEEE）对频闪进行了分级：无风险（绿色区域）、低风险（黄色区域）和中高风险（白色区域）。对于绝大多数人，可以察觉到80Hz以下的光闪烁，此时的人眼能够感知到明暗变化，因此频闪的限制也更为严格。为保证健康，推荐将频闪控制在无风险区内，并应避免频闪比超出低风险区[39]。

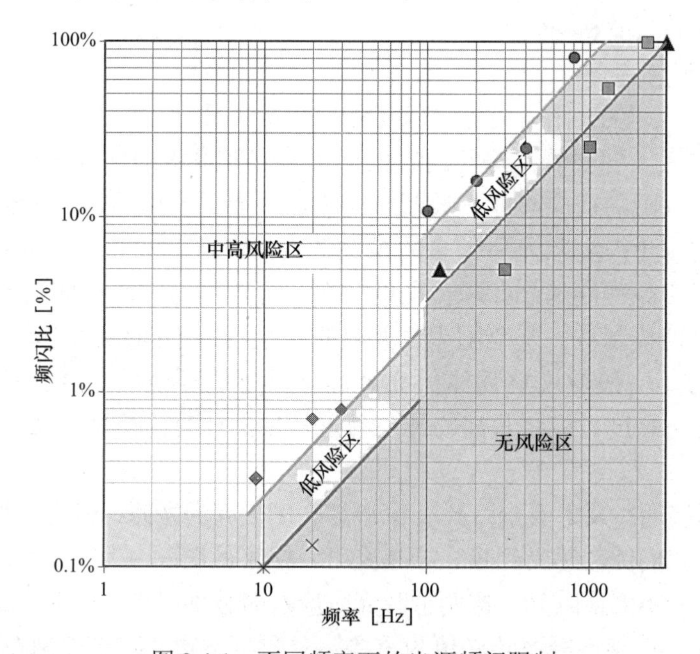

图2.4-1 不同频率下的光源频闪限制

（5）光色品质

优良的光色品质能够提升人们在光环境中的舒适感。不同的场所对于光色的需求也不尽相同，例如卧室、客房等需要放松的场所更适合使用暖色调的光，一些高温或高照度场所更适合使用冷色调的光，而对于办公空间、教室等具有类似视觉作业的场所则更适合中间色调的光。此外，人们对于视见的物体在一些情况下更希望或者需要看到其本来的颜色，例如对于肤色还原及有辨色要求的场所等，因此在这种需求下高显色性的光无疑是更好的。

然而低劣的光环境也可能带来一系列的问题。以中小学校为例，青少年儿童正处于成长的关键时期，其视力健康与光环境品质密不可分。然而值得关注的是，近些年来中小学生的近视率呈上升趋势，因此，中小学校教室的光环境质量应当引起足够的重视。

2.4.2 光对非视觉系统健康的影响

光是调整生理系统的有效刺激，也是维持正常生命节律的不可或缺的组成部分。越来越多的证据表明光除了产生视觉之外，还对生命节律、神经内分泌及神经行为反应产生重要影响。最有影响力的是光诱导重置生物钟的现象。除此之外，非视觉响应包含了越来越多的可以确定的光对一天中生理状态的显著影响。例如，光导致瞳孔收缩，抑制褪黑素分泌，提升心率和机体核心温度，刺激皮质醇分泌，并作为神经生理刺激。这些光对生理和行为的影响在天然光环境条件下进化了千年，而人工照明的到来打破了这个关系，因此照明设计时考虑其非视觉效应是非常重要的。

从非视觉效应的发生机理来看，人们发现视网膜上的感光能力由视锥细胞和视杆细胞控制，但仍有一部分其他细胞，比如 ipRGC 细胞可以直接感光，这些细胞实现了褪黑素和一种视光色素的表达，是形成生命节律和其他系统效应的主要光通道。此外，ipRGC 细胞能够独立感光，因此当视锥细胞和视杆细胞缺失时仍可以实现非视觉效应。然而正常情况下，ipRGC 细胞的表达除了通过单独感光实现外，还会根据视锥细胞和视杆细胞的信号来进行。

ipRGC 细胞的一个重要功能是使人体与外界的亮暗周期同步，从而协调人体的生理节律，此领域在近年来已成为研究热点。生理节律，也就是俗称的生理时钟，是人体一天之内的各种生理参数的生理循环，体温、激素水平、睡眠、认知表现等都遵循着这种规律性的波动。光的非视觉效应影响主要包括以下几个方面：

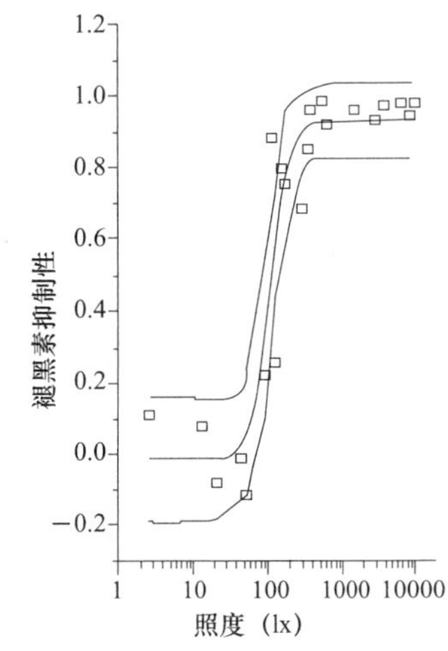

图 2.4-2　褪黑素抑制与照度的关系

（1）辐射强度

不同的光辐射强度对非视觉效应的影响存在明显差异，这与光的视觉效应类似。通过对不同照度下的褪黑素的抑制效果进行研究发现，褪黑素的抑制效果随着照度的增加呈现出 S 型增长（图 2.4-2）。褪黑素抑制效果在照度为 20 ～ 600lx 范围内增长较为迅速，在大约 600 ～ 1000lx

时基本达到饱和，而在 18lx 以下褪黑素的抑制并不明显。

（2）光谱敏感性

与视觉效应类似，非视觉效应对不同波长的光谱敏感性同样存在较大差异。以褪黑素的抑制为例，现有数据表明，褪黑素的光谱敏感性在大约 480nm 达到峰值。值得注意的是，视觉效应（明视觉敏感性峰值波长约为 555nm）和非视觉效应的光谱敏感曲线相位存在较大差异（图 2.4-3）。

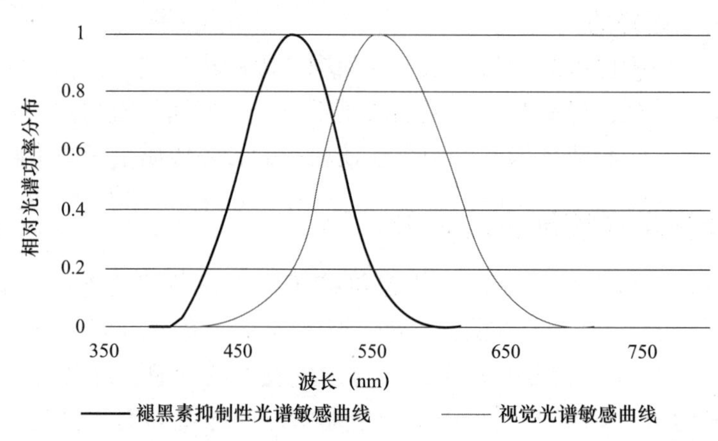

图 2.4-3　视觉光谱敏感性曲线与褪黑素抑制性光谱敏感性曲线

（3）一天中的时刻

一天中光辐射暴露的时刻决定影响生命节律的方向（延迟或提前），影响方向和强度如图 2.4-4 所示。在 6 ： 00 ～ 18 ： 00 时间范围内的足量光照会使得生物钟提前，而其余时间的足量光照则会令生物钟延迟，不同时刻的生物钟提前或延迟的作用效果也存在较为明显的差异。

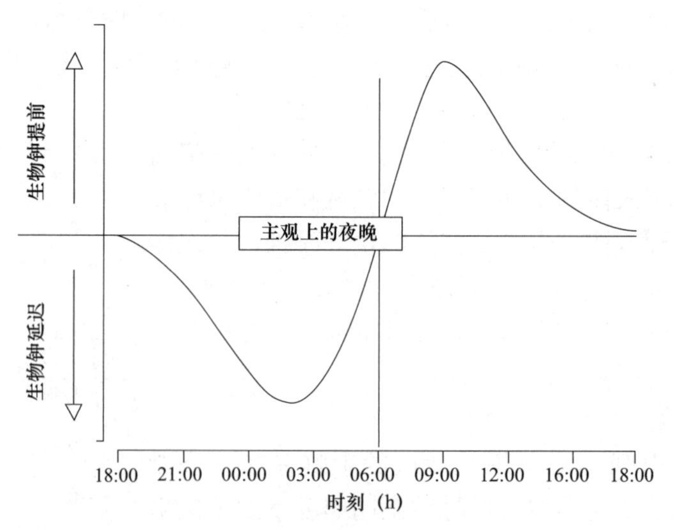

图 2.4-4　人眼光辐射相位相应曲线

（4）暴露时长

暴露时间的长短会带来影响程度的显著差异，数据表明相位移动的程度随着光辐射持续时间呈指数型增长。

（5）照射部位

与视觉系统不同，非视觉光感应不需要获知精确的空间分辨率，因为它只关心环境辐射的变化。研究表明，光线照射到视网膜下部会产生更强的非视觉效应。

（6）昼间光辐射暴露量

白天光辐射暴露量越大，晚上的光辐射敏感性越低。研究表明，生命节律系统更可能对光辐射强度的变化响应，而非单纯的光暴露。

2.4.3 光对心理健康的影响

人们通过眼睛感知光，但是会通过大脑进行信息的处理。因此，对光环境的判断也会产生相应的预期，也可能对相同的光环境产生不同的感觉，例如更令人愉悦，更具有吸引力，更适合空间功能，更能凸显公司形象等。不同的亮度和颜色则会改变吸引性、引导情绪以及影响人们的心情，光的影响在很大程度上受到个体和心态的影响。当照明无法达到用户的预期时，尽管能够充分满足视觉功效的要求，也会令人感到难以接受。因此，在这样的光环境下进行工作会由于积极性不足而降低工作效率。

2.4.4 光生物安全对生理健康的影响

人们长期生活在天然光和人工照明下，光辐射的暴露不当可能会对人体产生危害，包括紫外辐射危害、蓝光危害和热危害、红外辐射危害，光辐射的光生物危害性的主要表现在以下几个方面：

（1）对视觉系统的危害

紫外辐射危害。紫外辐射的暴露同时会对眼睛和皮肤产生影响。对于眼睛来说，暴露在紫外辐射下可能会引起光性角膜炎。在这种条件下暴露会带来短暂的疼痛，光性角膜炎的特征是角膜浑浊、眼睛变红、流泪、畏光、眼皮跳以及眼内异物感。光性角膜炎由角膜处的紫外辐射的光化学反应引起，但并非所有进入眼睛的紫外辐射都被角膜吸收，还有一部分被晶状体吸收，晶状体的紫外辐射暴露可能会引起白内障。

蓝光危害。暴露在不适当的可见光下，可能会带来视网膜即时的光化学损伤，称之为蓝光危害。这种损伤的机理并没有被完全揭示，研究表明，可能存在两种蓝光致视网膜损伤：第一种是通过每天照射 12h 后发生，视网膜光色素进行漂白，并可能存在视网膜上皮细胞的毒素累积，称为 1 类伤害；第二种伤害是指由视网膜上皮细胞的光敏反应引起的光致视网膜病变，与蓝光的大量暴露相关。蓝光通过产生活性氧和自由基激发脂褐质，引起视网膜上皮细胞的氧化应激反应，称之为 2 类伤害[40]。产生蓝光危害的波长范围主要集中在 300 ～ 600nm。对于一般人来说，蓝光危害作用光谱为 B（λ），如图 2.4-5 所示。但是，没有晶状体或采用人工晶状体的人群对于相同光源的照射来说会带来更严重的蓝光和紫外光暴露。在这些案例中，国际非电离辐射防护委员会（ICNIRP）可见光和红外光暴露限值指南定义了不同的作用光谱 A（λ）。对 2 岁以下的婴儿进行光生物安全评估时，建议按照 A（λ）作用光谱来进行。

热危害。波长在 400 ～ 1400nm 范围的电磁波通过灼烧视网膜组织的方式对视网膜产生危害，称之为视网膜热危害。这种危害需要长时间地暴露在光辐射条件下，典型的案例是长时间直视太阳。这种危害的主要特征是在光辐射吸收位置上形成“盲点”或暗点。对于此类危害，位置是很重要的因素，如果发生在视网膜中心凹上面，则有可能严重影响视觉；若其很小且发生在组织外围，可能就不会产生危害。值得注意的是，这种危害很难恢复。

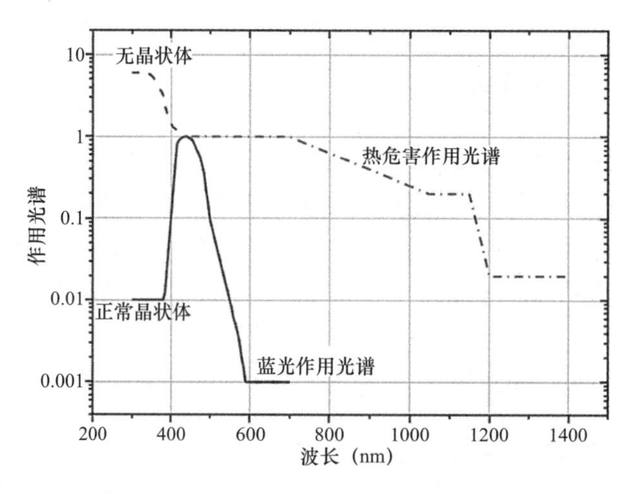

图 2.4-5 不同人群的蓝光危害和热危害作用光谱

注：实线为正常人群蓝光危害 B(λ)，虚线为无晶状体人群蓝光危害 A(λ)，点画线为热辐射危害 R(λ)。A（ λ ）和 B（ λ ）在波长大于 440nm 部分重合。

红外辐射危害。角膜、房水和晶状体吸收长波红外辐射，温度升高，并通过热传导提高周边区域的温度。值得庆幸的是，只有当角膜辐射达到较高程度时（一般超过 $100W/cm^2$），才会对晶状体产生不良影响。而对于角膜来说，较低水平的辐射就会产生明显的疼痛感 [41]。

（2）对皮肤系统的危害

紫外线辐射危害。紫外辐射的暴露同时会对眼睛和皮肤产生影响。在一段时间的紫外辐射暴露后，皮肤会变红，称之为红疹。高剂量的暴露还会引起红肿、疼痛、发疱以及脱皮等问题。此外，频繁持续地紫外辐射暴露与皮肤老化有一定的关系，并且会增加一部分类型癌症的风险。不过反复暴露在紫外辐射中会使得皮肤产生黑色素来进行自我保护。

红外辐射危害。对于皮肤来说，可见光和红外光只是简单地提高皮肤的温度。当温度达到一定程度时，会产生烧伤的情况。值得注意的是，可见光和近紫外光对于眼睛的影响明显高于对皮肤的影响。而当波长超过 1400nm 时，对眼睛和皮肤的危害程度相似，危害机理为热危害。皮肤在辐射条件下温度升高，其效果取决于暴露位置、皮肤反射率和照射时间。皮肤热危害的阈值较高，这种辐射很难由日光和传统室内照明产生，因此这些光源产生的辐射很难对皮肤产生任何程度的热危害。除非在很短时间的暴露下，事实上，在热损伤发生之前考虑热激反应更有意义一些。

2.5 热湿与健康

现代社会中，人的一生有超过 80% 的时间是在室内度过。随着社会生产力的飞速发展和人民生活水平的提高，人们对室内热环境的要求也越来越高，具备舒适性、满足心理健康和生理健康的室内热环境才是人们的理想追求。

由重庆大学调研结果可知，全国目前有 40% ～ 60% 的人对室内热环境现状不满意[42]。图 2.5-1 是全国室内环境现状示意图，由图可知，北方在集中供暖等主动调控措施的作用下，全年热环境都维持在一个较为舒适的状态下；南方由于不属于传统集中供暖区域，冬季室内阴冷潮湿，室内热环境的恶劣程度则远远高于北方。因此，如何根据地区气候差异营造一个舒适健康的热环境就是人们关心的重点。

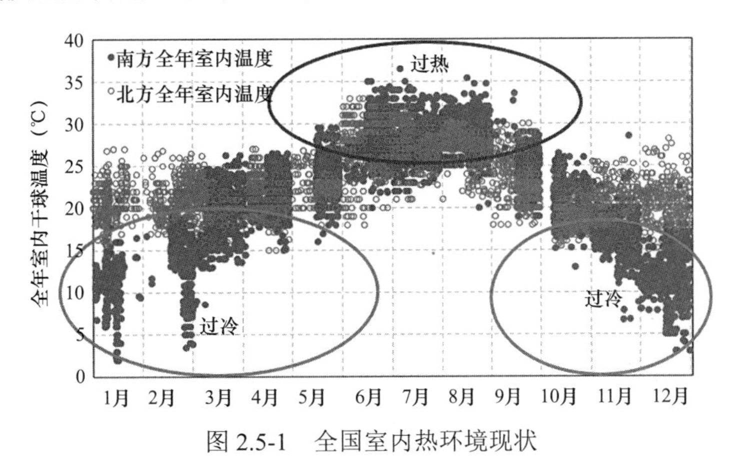

图 2.5-1　全国室内热环境现状

2.5.1 热湿环境的舒适性

（1）热舒适的含义

“热舒适”（Thermal Comfort），即对热环境表示满意的意识状态[43]。这一术语在研究人体对热环境的主观热反应时被广泛应用。在 20 世纪开始对热环境进行系统研究的过程中，Bedford 在 1936 年提出热舒适的 7 级评价指标（表 2.5-1）。1949 年，Winslow 和 Herrington 开始提出将热感觉和热舒适指标分开；此后 Gagge 和 Hardy 等人则采用两种评价指标；1966 年，在美国供暖制冷空调工程师学会的标准（ASHRAE 55）中，采用了 7 级热感觉指标，但该指标并未涉及“舒适”或“愉快”与否的评价。

热感觉和热舒适评价指标　　表 2.5-1

Bedford	ASHRAE	热舒适指标
1 冷	1 冷	1 舒适
2 凉	2 凉	2 稍微不舒适

续表

Bedford	ASHRAE	热舒适指标
3 舒适地凉爽	3 稍微凉	3 不舒适
4 舒适并不冷不热	4 中性·	4 很不舒适
5 舒适地温暖	5 稍微暖	
6 暖	6 暖	
7 热	7 热	

目前，国外标准均把热感觉为中性作为热环境营造的追求目标，并根据偏差值的大小把室内环境分成3级，热感觉浮动幅度越小的室内环境被定为级别越高，被认为是更好的环境[44]。所以，在室内环境的营造过程中，人们为了获得更高的环境品质，就拼命地追求无偏差、无刺激、稳定的室内环境，把建筑造得越来越密闭，全部采用空调供暖的机械系统并加上先进的自动系统来进行全范围的严格控制。然而，事实表明"恒温恒湿"的热中性环境不是符合人类舒适健康的需求的环境，而且消耗了大量的能源。热环境参数适当地动态化可能有利于实现在尽可能少的能量消耗和环境污染的前提下，提供健康、舒适和可承受居住环境的发展目标。因此，由于人体在长期进化中形成的对自然环境的适应，符合自然律动规律的热环境才是真正舒适的热环境。

（2）热舒适的影响因素

影响热舒适的室内热环境因素包括空气温度、空气湿度、平均辐射温度、空气流速等对人体的热感觉和舒适影响。而人体的活动状态和服装热阻直接影响人体与环境的热交换情况，是影响人们热舒适的个体因素[45]。

1）空气温度

室内空气温度是室内热环境因素当中对人体热感觉最重要的影响因素，但人并不能直接对环境的温度等参数产生相应的感知，而是通过身体的温度感受器，在其受到冷热刺激时，发出脉冲信号，从而使人产生热感觉。因此对温度感受器的刺激才是影响热感觉的直接因素。

皮肤上的温度感受器最为发达，且冷感受器远多于热感受器，前者的数量约为后者的10倍[46]。温度感受器受到温度信号的作用，因此认为位于皮肤表层的温度感受器受到的刺激主要与皮肤温度有关。在寒冷或炎热的环境中，感觉细胞受到刺激，然后将其传递到人的大脑，从而产生了冷或热的感觉。由于新陈代谢，人体要不断地与周围环境进行热量交换，而空气温度直接影响人体的热交换，从而影响皮肤温度，产生冷热刺激通过神经传导到大脑，从而对冷热感受形式热舒适的判断。

对于一般认为人体可接受的舒适性温度范围，标准中也有所规定。例如，

ASHRAE Standard 55—2004[47] 给出了在办公状态（坐姿，轻微体力劳动，新陈代谢率1.2met），室内风速不超过0.2m/s的条件下，室内操作温度的推荐值。

2）空气湿度

空气湿度对人体热舒适的影响受到其他环境和个体因素的耦合作用影响，并且取决于人体热感觉、皮肤湿度和呼吸系统舒适性的综合感觉。当空气温度在舒适范围内时，相对湿度对人体热感觉的影响很小，甚至可以忽略不计。与低湿相比，相同湿度对人体热感觉的影响在高湿时更显著。随着空气温度、相对湿度、代谢率等参数的升高，空气湿度的影响也会有所升高。在高温高湿环境下，人们通常会感觉更热。偏热环境下，相对湿度，尤其是高空气湿度对人体热感觉的影响是不容忽视的。这主要是因为偏热环境下，高湿会抑制皮肤表面水分的蒸发速率，增大皮肤表面湿度，从而造成人体不舒适。湿度造成人体不舒适，可能与皮肤表面的溶盐的特性有关。因为汗液的成分中除了大量的水分以外，有氯化钠晶体，溶解成液滴的湿度下限是67%，当空气中相对湿度较高时，盐粘着在皮肤表面，也会造成人体的不舒适。

此外，空气湿度对人体热感觉的另一影响体现在对人体上呼吸道（如鼻腔、喉管）及其黏膜表面的影响。湿度过高会造成上呼吸道黏膜表面的对流和蒸发冷却作用降低，黏膜表面得不到充分的冷却而使人感到吸入的空气闷热、不舒适。

3）热（冷）辐射均匀性

根据实践经验，在冬季的采暖室内空气温度虽然达到标准，但有大面积单层玻璃窗或保温不足的屋顶和外墙的房间中，人们仍然会感到寒冷；而在室内空气温度虽然不高，但有地板或墙面辐射采暖的房间中，人们仍然会感到温暖舒适。在夏季自然通风的房屋中，人们常常关注室内空气温度的高低，而忽视通过窗户进入室内的太阳辐射热，以及屋顶和西墙隔热性能差所引起的外墙内表面温度过高对人体冷热感产生的影响。在顶层房间和有西墙的房间中，在自然通风条件下，室内空气温度与其他房间相比，通常是稍高或接近，但由于屋顶和西墙隔热性能差，内表面温度过高，人们仍然会感到炎热。

当室内外过大温差造成某朝向外墙内侧温度与对面墙间产生水平方向温差，或是人工加热某侧墙面或地板造成垂直方向温差时，此时温度高一侧将向对面一侧产生辐射，称为不对称辐射（Δt_{pr}）。不对称辐射同样会不利于人员舒适与健康。图2.5-2展示了冷辐射或热辐射情况下，在水平方向和垂直方向上辐射温度不对称造成的室内热舒适不满意率[44]。图中PD代表人员不满意率；Δt_{pr}代表水平或垂直温差；曲线1表示夏季热辐射时，屋顶到地面的垂直温度分布（以下简称热屋顶）；曲线2表示冬季冷辐射时，两侧墙面的水平温度分布；曲线3表示冬季冷辐射时，屋顶到地面的垂直温度分布；曲线4表示夏季热辐射时，两侧墙面的水平温度分布。曲线趋势越陡峭，则说明人们对于温差变化反应越敏感。由图可知，人们对热屋顶或冷墙面造成的不对称辐射最为敏感。尤其当局部热不满意率大于10%，人们就会明显感觉到局部偏热或偏冷的状况。

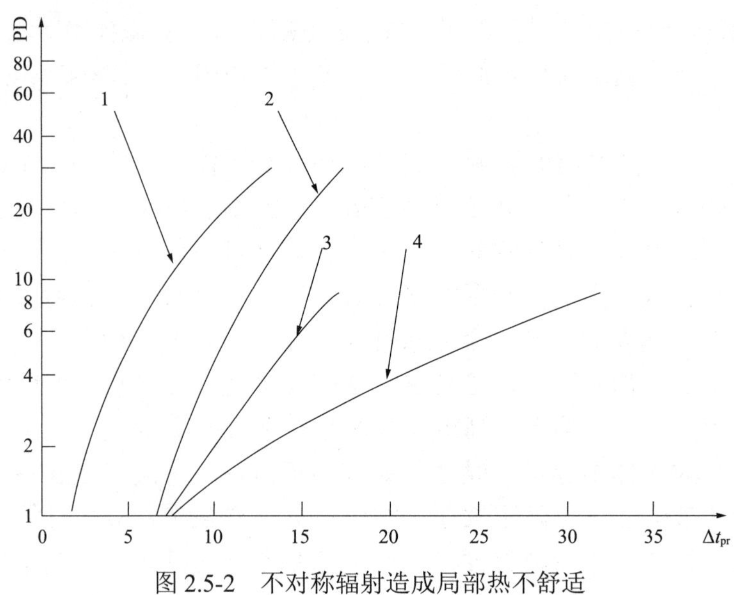

图 2.5-2 不对称辐射造成局部热不舒适

4）空气流速

人体对空气流动并没有特定的感受器，对气流的感受需要依靠人体的其他知觉系统，如皮肤的压力感受器可以感觉风的强度，温度感受器可以感知气流的冷热。空气流动对人体热反应体现在两个方面：一方面是局部吹风对热舒适的负面影响，也就是“吹风感”，并对其制定限制条件，如各温度下对应的最大可允许风速等。另一方面在偏热环境或极端热环境中使用空气流动可以进行整体或局部降温，提高舒适性。

Fanger[48] 等的研究发现，吹风感不仅和温度与时均风速有关，还受湍流强度（Turbulence intensity）影响。湍流强度定义为：$T_u = 100 \cdot (V_{SD}/V)$；其中，$V_{SD}$ 是风速的标准偏差，V 是平均风速。高湍流强度下，人体的吹风感不满意率要更高，原因是随着风速波动加大，皮肤温度的波动也会更大，虽然平均皮肤温度没有变化，但是不满意率提高了。并得到了吹风感预测模型：

$$PD = 3.143(34 - t_a)(v - 0.05)^{0.6223} + 0.3696vT_u(34 - t_a)(v - 0.05)^{0.6223} \quad (2.5.1)$$

其中，PD 为吹风感不满意率，t_a 为空气温度，v 为空气平均流速，T_u 为气流的湍流强度。PD 指标，对于办公环境中常见的 40% 的气流湍流强度，在 15% 不满意率条件下，20℃时气流速度应该限制在 0.12m/s 以下，26℃时则应该在 0.2m/s 以下。

而文献调研 [49] 发现在世界范围内，不管是在空调建筑还是在自然通风建筑中，均存在空气流动应用不足的问题，大部分受访者希望有更多的气流。在偏热环境下，通过开窗或使用电风扇，可以提高室内气流速度，以补偿因温湿度升高而造成的热不舒适感。

5）服装与环境

服装是人与环境接触的中间环节，在人与环境的热交换中发挥重大的作用，进而影响人与环境的热平衡及人体的热舒适感，被称作是人体的“第二层皮肤”。人们选择不同的服装来适应不同的热环境条件，以满足热舒适要求。例如在夏季，人们穿着单薄宽松的衣服，并且尽可能暴露身体表面，而在冬季则穿着又厚又多的服装，尽可能减少皮肤的裸露面积，并且将领口、袖口甚至裤口都束紧。这些都是人们为了达到舒适状态而自发进行的调节措施。有研究指出，合理地穿着服装，可以使调节室内环境的暖通空调系统的费用降低并达到同样的舒适效果。服装除了影响人体与环境之间的显热散热，还会影响潜热散热。这主要体现在高湿对皮肤表面蒸发散热起阻碍作用。由皮肤湿度造成的不舒适，某种程度上还与服装和皮肤表面之间直接的摩擦有关。随着皮肤表面汗液的增多，两者之间的摩擦力越大，人体感到越不舒适。

2.5.2 热湿环境对心理健康的影响

保持一个舒适的室内环境可以使人精神愉快、精力充沛，使人更富创造力，提高工作效率。人体与环境之间是在不停地进行能量交换的，环境变化对心理适应造成的影响虽然不持续，但却具有潜移默化的作用。大量的证据表明，环境能够显著影响人的心理反应。

（1）热环境的心理适应

热环境的心理适应是人们对热环境刺激的认知和接受过程，它是以生理适应为基础和前提，以往的热经历和当前热暴露的感知控制是影响心理适应的重要因素。对环境的适应会使人对该环境的不满意性降低。热环境的心理适应性让人们由于自己的经历和期望而改变了对客观环境的感受和反应，并随着时间和地点的变化，影响着人对舒适温度的要求。

一些研究者认为，心理适应可能在解释实际热响应与预测值之间的差异上起到非常重要的作用[50]。不同的环境背景之间尤其明显，例如在实验室、家和办公室之间，或是在空调环境和自然通风环境之间进行比较时。

1）热经历

在适应性热舒适的研究中发现，人对既定环境的适应性热经历会显著影响人对该环境的热感受，对偏热偏冷环境适应后，热感觉对温度的变化较不敏感。其中，偏热环境适应后，对偏热环境具有更强的耐受性，高温环境下的热感觉较低，热中性温度较高，对偏热环境的接受能力增强。偏冷环境适应后，对偏冷环境具有更强的耐受性，低温环境下的冷不舒适感显著减少，中性温度降低，对偏冷环境的接受能力增强。

2）热期望

人的热期望也可以直接而又显著地影响人对环境的热感受，当人们对环境的冷热程度有心理预期时，因期望降低而更容易满足。在早期 McIntyre[51] 的工作中发现心理期望对热舒适感的作用。

同时，由于个体的心理素质、对环境的期望值及心理适应能力存在差异，不同背景下同一个体对同一环境的感受可能是不同的，相同背景下不同个体对同一热环境的主观感受也会不一样，从而对热环境的综合评价也不尽相同。这就对适应性热舒适的评价工作和个性化热舒适调节措施提出了更高的要求。

个性化环境控制能力对期望感知的影响在热响应中的体现，表明了心理适应的作用。1990年Paciuk[52]对可得控制（适应机会）、运动控制（行为调节）和感知控制（预期）的分析揭示，对环境控制的被感知程度是办公建筑中热舒适最好的指标，对热舒适和满意度有显著的影响。1995年Williams[53]的研究也支持这个观点，当越感知自己对环境有良好的控制时，办公室人员表现越高的满意度。另有研究者通过对空调对被感知控制、预期热响应和实际热感觉的影响的调查发现，如果对室内热环境有一定控制机会的话，居住者就对室内热环境变化有一个很宽的耐受范围，例如在自然通风建筑中。相反，在空调建筑中，典型地缺乏环境个性控制能力（机会），对同样的环境有更高的预期，当没有达到预期时会导致满意度严重偏低。

（2）热环境与情绪反应

热环境会直接影响热感觉和热舒适，同时也会影响人的心理状态，表现为情绪和行为倾向。例如天气对心理的影响，Lynn[54]发现，气候因素会影响人的焦虑性从而影响到自杀情绪、精神疾病、酗酒倾向和食欲等。Mills[55]发现风暴造成了儿童的焦躁不安、易怒和暴躁，以及成人的易于争吵、挑剔和悲观的情绪。湿度升高和气压降低会恶化关节炎。“暖风”发生的区域伴随着自杀率和事故率的升高，但机理不清楚，可能是空气中正离子的增加造成的。Griffiths发现，相对于热舒适环境，在偏热环境下人对陌生人的观点更不易接受。而一系列研究表明，热环境可以激发社会动乱，其通常发生在炎热的夏天。Provins[56]认为这不是环境与心理的简单直接关系，相对于天气，人和环境的综合动态变化对心理造成了更大的影响。

通常情况下，高温高湿环境不利于通过热传导来降低体温，容易引起生理功能紊乱，影响人体热平衡，使体温升高，从而使情绪变得敏感而不稳，容易冲动。在高湿环境下，人们会感到抑郁不安，易激动或无精打采，注意力不集中，心烦意乱，同时也易引起血压上升，心率加快等。有研究表明，阴雨天气之所以影响人的心理健康，主要是因为阴雨天气下光线较弱，人体分泌的松果激素较多，这样，甲状腺素、肾上腺素的分泌浓度就相对降低，人也就变得无精打采。而当相对湿度低于30%的时候，会造成人眼所需水分不足，使人感到眼睛干涩、疼痛而变得烦躁、易怒。

（3）热环境与工作效率

环境过热或过冷都会影响工作绩效。室温可以通过加剧病态建筑综合征，降低空气品质，间接影响工作效率，另外，室温还会对人员工作效率产生直接影响。自20世纪60年代以来，研究者开展了大量热环境与工作绩效的研究。

一些研究显示高温环境下人员工作绩效下降。长期工作在暖环境下，人员脑力任务，尤其是那些需要协调视觉和手动操作的任务的错误率上升，而这些任务在办公任务中很常见。Pepler和Warner发现温度与任务反应时之间存在倒U型曲线关系，在26.7℃下用时最长，但错误率也最低[57]。在中度热应激环境下，一方面人员的病态建筑综合征症状加剧，另一方面，可能是为了避免流汗，人员会尽量降低新陈代谢率，唤醒水平也下降。这两个方面都会影响工作绩效。有病态建筑综合征症状的人员在操作计算机任务时速率下降，在操作其他任务时准确率下降。Provins 首次提出中度的热应激会降低人员唤醒水平，当热应激进一步增加，如达到排汗界限，就会增加唤醒水平[58]。而低脑力唤醒水平使人员的注意力水平和工作绩效下降。这些研究结论表明，即使是中度的热应激也会降低工作绩效。另外，工作满意度和努力投资也与工作环境相关。在热不舒适环境中，工作人员休息时间增加，这最终也会导致工作效率下降。部分研究也表明热舒适环境不一定会产生最佳的工作绩效，有些甚至显示在舒适温度区外反而能取得更好的工作绩效[59]。

2.5.3 热湿环境对生理健康的影响

（1）人体热生理调节机制

在不同环境的冷热暴露刺激下，人体生理会产生相应变化来适应热环境的改变。这种复杂的反应制约着人体的散热率，有时还制约着其产热率，虽然人体表面的热交换取决于皮肤与环境之间的温度差及水蒸气压力差等物理因素，但人体还是能够靠各种生理系统和举止形态的动态调节来主动控制这种热交换，从而维持热平衡。

人体对热应力的生理反应主要有血液循环调节血管的舒张和收缩及脉动率，皮肤温度及体内温度的变化，体重的减轻，排汗变化。感觉反应主要有热感觉温热感及皮肤湿度的感觉显汗。这些反应虽然均受到环境条件及体力活动量变化的影响，但有些反应对内部热应力新陈代谢率较敏感，有些则对外部环境的应力较敏感，受湿度的影响较大，还有些又受环境温度的影响较大等[60]。

人的适应能力首先表现为生理适应。人体对热环境的生理适应性必须满足两个重要条件，一是具有足够的代谢产热和各种影响体表散热的途径，二是能够随着体温和环境温度的变化，准确而快速地调节产热和散热。因此，需要人体在体温调节、出汗机能、水盐代谢、心血管系统以及神经系统调节等方面的一系列适应性变化来实现。由于感觉神经系统是人体生理各部分中对冷热最敏感的，可以直接支配皮肤感受温度变化，感觉和处理环境中的冷热信息，并通过人体皮肤表面存在的温度感受器将温度刺激转化为可以识别的生物电信号[60]。其中，介导人体这一信号传导、引起温度感觉的分子基础则是受控温度激活的离子通道，主要是一类非选择性瞬时受体电位阳离子通道（Transient receptor potential，TRP）[61,62]，包括介导热感觉响应的 TRPV1（43℃）、TRPV2（52℃）、TRPV3（31-39℃）、TRPV4（25-35℃）和介导冷感觉的 TRPM8（＜28℃）与 TRPA1（＜17℃）六种，基本揭示了机体探测和感受温度的分子机制。这些温度敏感的 Thermo-TRPs 主要分布在人体外周感觉神经和皮肤表层下，感受不同范围温度刺激并在相应温度阈值下激活表达，诱发动作电位，并以神经冲动的形式在感觉神经纤维上传导[63]，从而将温度信号传递到体温调节中枢，引起效应器响应，从而引起皮肤包面的血管舒缩反应，调节皮肤表面血流量和汗腺活动，从而维持人体 - 环境的产热、散热平衡。

由于上述人体的各种微观层面的生化反应需要维持一个稳定的内环境，因此人体的这种神经调节反应也存在一个生理热中性区 [64]。在热中性区域内，人体只需要依靠皮肤的显热调节（对流和辐射）即可维持机体热平衡，无代谢产热或者蒸发散热等生理活动发生。当环境温度低于人体维持热中性温度的下限时，人体则会首先通过非战栗性等肌肉活动增加机体产热。随着环境温度的继续降低，人体开始出现战栗性产热来增强代谢。同样的，当环境温度升高超过人体热中性温度上限时，则会引起人体汗腺调节加强，通过出汗蒸发来加强散热。总之，人体在漫长的生物进化过程中已经逐渐形成了精细复杂、完善的人体体温调节系统，在一定的温度变化范围内，人体体温调节系统可以通过各种适应性调节手段来维持体内温度的相对稳定，从而保证正常的生命活动。

（2）热生理健康问题的产生

1）温度的影响

对于空气温度的变化，人体只能在生理条件下借助神经系统，通过复杂的体温调节机制来增减产热量和散热量，达到体温的稳定和恒定。当外界温度变化时，机体可以借助生理热调节机制来获得平衡，但是这种调节是有一定限度的。当外界温度剧烈变化或者在异常高温或低温环境下工作时，可能引起体温调节紧张或调节障碍，非常不利于健康。在过热或过冷的环境中，人体的生理和心理将发生变化。最为直接的是，在过热环境中，人的心跳加快，皮肤血管内的血流量激烈增加（可达 7 倍之多）；而在过冷环境中，人的情绪将会受到影响，人的动作的灵活性也会受到影响。此外，随着环境温度的降低，手指、耳朵和脚都会产生疼痛感。（图 2.5-3）

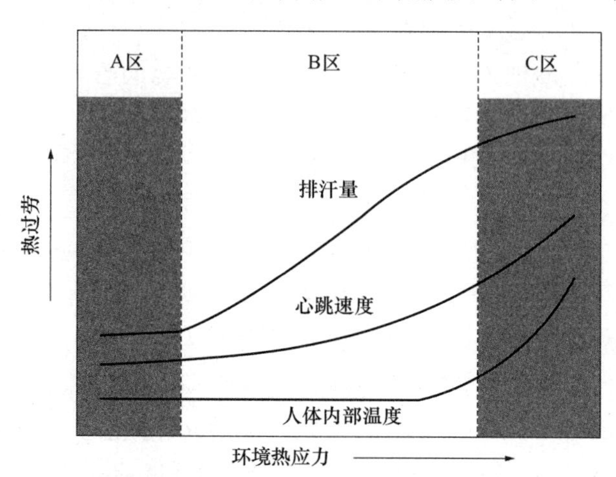

图 2.5-3 环境温度热应力对人体生理指标影响区间 [51]

如果人员长期处于过冷或过热的偏离中性温度的环境中，人体的自主性生理调节会一直处于紧张、疲劳状态，则会对人体的身体健康产生影响。而当环境温度再进一步降低或者升高，人体的这种生理调节就会处于极限甚至被完全抑制，这种情况下人体就会出现不可逆转恢复的生理性损伤。这种情况下不仅需要人体自主性生理调节，还需要辅助行为性生理调节来加强机体对环境温度变化的适应能力，从而保证人员健康。

2）湿度的影响

在低温情况下，空气湿度增高可以加速机体散热，此时身体的热辐射被空气中的水蒸气所吸收，同时衣服在潮湿的环境中吸收水分后导热性增高，使人体更感寒冷。由于寒冷而引起毛细血管收缩、皮肤苍白、代谢降低，甚至组织内血液循环和细胞代谢发生障碍，引起组织营养失调，发生冻伤。因此，高温高湿和低温高湿对人体都是不利的。

空气湿度对呼吸系统的直接影响体现在呼吸道及其黏膜表面的影响。湿度较低时，黏膜表面会变得干燥，在呼吸道外表面，干燥会使黏液聚集在一起，导致其上绒毛的清洁作用和噬菌作用都有所削弱，从而令人感到不舒适并容易感染呼吸道疾病。湿度过高则会造成上呼吸道黏膜表面的对流和蒸发冷却作用降低，黏膜表面得不到充分冷却而使人感到吸入的空气闷热、不舒适 [65]。

空气湿度还对人体健康产生间接影响。湿度的不同会影响室内微生物的生长，从而间接对人体健康产生影响。例如霉菌多喜欢在室温 20℃以上、湿度 60% 以上的环境生长，容易引发各种过敏症，对身体抵抗力弱的人还会造成真菌感染症。如果空气过于干燥，室内环境中容易飞扬尘土，也会影响人们的健康状况。

3）通风的影响

空气流速除影响人体与环境的显热和潜热换热量外，还影响人体的触觉感受。在较凉的环境中，空气流动会使人产生冷的感觉，破坏人体的热量平衡；而在较热的环境中，空气流速的适当提高则会容易使人感到舒适，也就是我们俗称的“穿堂风”。但空气流速过高或者吹风时间过久也会引起人体产生不良的后果，如皮肤紧绷、眼睛干涩、呼吸受阻甚至头晕等症状。

室内空气流速同样影响室内的空气品质，对人体的健康也会产生影响。如当室内空气流动性较低时，室内环境得不到有效的换气，会导致室内各种有害化学物质不能及时排出室外，污染物大量聚集于室内；室内生活中所排出的各种微生物可相对聚集于空气中，或在某个角落大量增殖，使室内空气质量恶化。化学性污染物和有害微生物共同作用于集体，导致人体健康受到损害，特别会使室内生活的婴幼儿和老年人等弱势人群的各类疾病的发病率明显增高。

（3）热生理健康的客观表征参数

感觉神经传导速度 SCV（m/s）和皮肤表面温度（℃）是温度敏感性生理参数，探索这两个生理指标在温度连续变化情况下的响应调节规律，可获得全温度范围内的人体感觉神经传导速度和皮肤温度随温度变化响应全图，见图 2.5-4 及图 2.5-5。

通过对全温度范围内人体的生理指标在自然环境下的变化规律分析可知当温度在中等程度范围内变化时（SCV:10.19-24.59℃；Tskin-scv:13.75-26.55℃），人体的这些生理指标会随着温度变化发挥最大的调节能力。但是，当环境温度变化超过一定范围后，这种线性变化规律则被打破，这些生理指标的变化逐渐趋于稳定，表明此时人体依靠 SCV 和皮肤温度变化的生理调节逐渐受到抑制。这反映了机体的调节活动在一定温度范围内具有自我保护机制，确保人体的生理指标不会超过调节阈值，人体基本上可以重建或者维持热平衡而不会对生理健康造成影响。

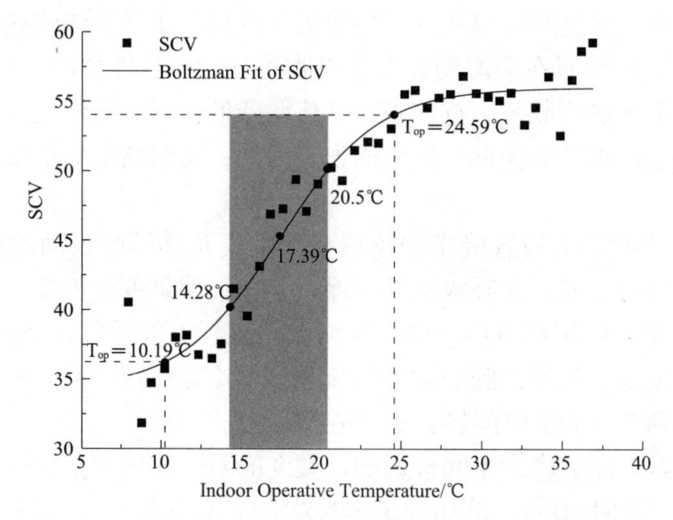

图 2.5-4 测点 SCV 随室内操作温度变化的响应特征曲线

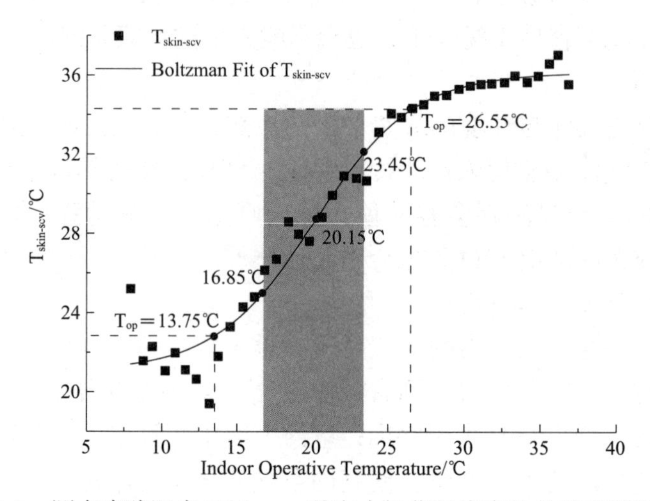

图 2.5-5 测点皮肤温度 Tskin-scv 随室内操作温度变化的响应特征曲线

2.6 食品与健康

食品对于人体的健康起着举足轻重的作用。食物是代谢的物质和能量基础，是一切生命活动的动力源泉，人体为了维持生命和健康，必须从食物中获取必需的营养物质，包括蛋白质、脂肪、碳水化合物、维生素、矿物质和水，也为身体抗御疾病侵袭提供能量。而饮食又是一把“双刃剑”，它还具有病因性作用。俗话说“病从口入”。据统计，人类目前的常见病有 2/3 与饮食有一定关系。比如经常食用腌制品的地区，消化道癌症的发病率稍高；经常食用油炸食品和久置冰箱的食品也导致某些癌症发病率增高等。科学研究表明，现代人的主要疾病模式已由过去的传染性疾病转化为慢性非传染性疾病，它们多数是由于不科学的饮食经日积月累形成的。

2.6.1 营养对生理健康的影响

食物中含有不同的营养素，对于维持机体的生理功能、生长发育、促进健康及预防疾病至关重要。营养素是指人体为维持机体繁殖、生长发育和生存等一切生命活动和过程，需要从外界环境中摄取的物质。食物中的营养素种类繁多，人体必需营养素约五十种，根据其化学性质和生理作用可分为五大类，即蛋白质、脂类、碳水化合物、矿物质和维生素。此外还有水，在营养学领域，可将水作为一种营养素。食物中还含有一些已被证实具有一定的生物活性的物质，对人体健康有不同程度的作用。因此，人体每日都需要从膳食中获取一定量的各种必需营养素。

根据人体对其需要量或体内含量的多少，通常可将营养素分为宏量营养素和微量营养素。蛋白质、脂类和碳水化合物三类营养素的人体需要量较大，属于宏量营养素。矿物质和维生素这两类人体需要量较少的营养素则称为微量营养素，前者又可分为常量元素和微量元素，后者又可分为脂溶性维生素和水溶性维生素。

膳食营养素参考摄入量是在每日膳食营养推荐摄入量基础上发展起来的一组每日膳食营养素平均摄入量的参考值。不仅考虑到防止营养不足的需要，也同时考虑到降低慢性疾病风险的需要，以及防止营养素过量危害的需要。中国营养学会颁布了符合我国国情的膳食营养素参考摄入量，包括平均需要量、推荐摄入量、适宜摄入量和可耐受最高摄入量，以及宏量营养素可接受范围、预防非传染性慢性病的建议摄入量以及植物化学物的特定指导值等概念和指标。如果人体长期摄入某种营养素不足就有可能发生该营养素缺乏症而危害健康。但若摄入量达到并超过一定水平，可能导致因摄入过量所带来的毒副作用风险增加。

维生素按其溶解性可分为脂溶性维生素和水溶性维生素。脂溶性维生素是指不溶于水而溶于脂肪及有机溶剂的维生素，包括维生素 A、D、E、K，可储存于体内脂肪组织和肝脏，摄入过多易在体内蓄积产生毒性，而长期摄入不足可引起缺乏。水溶性维生素是指可溶于水的维生素，包括 B 族维生素（维生素 B_1、B_2、B_6、B_{12}、尼克酸、叶酸、泛酸、生物素等）和维生素 C，在体内无储存，大量摄入后很快随尿排出体外，故一般无毒性。儿童长期缺乏钙和维生素 D 可导致生长发育迟缓，骨软化、骨骼变形。严重缺乏者可导致佝偻病。中老年人随年龄增加，易出现骨骼脱钙，易引起骨质疏松症；缺钙者还易患龋齿。过量摄入钙也可能产生不良作用，高尿钙是肾结石的重要危险因素之一，有研究表明补充钙剂能增加罹患肾结石的相对风险。

脂肪摄入过多，可导致肥胖症、心血管疾病、高血压和某些癌症发病率的升高，因此限制和降低脂肪的摄入量是预防此类疾病发生的重要措施之一。中国营养学会推荐成人脂肪摄入量应占摄入总能量的 20% ～ 30%。饱和脂肪酸多存在于动物脂肪和乳脂中，虽然可使低密度脂蛋白胆固醇升高，与心血管疾病的发生有关，但因其不易被氧化产生有害的过氧化物和氧化物等，且一定量饱和脂肪酸有利于高密度脂蛋白的形成，因此正常人体不应完全限制饱和脂肪酸的摄入。人体若脂肪摄入不足，可影响脂溶性维生素吸收，引起一系列维生素缺乏症状。儿童脂肪摄入不足，会出现体力不足、畏寒、易饥饿、易疲劳、注意力不集中、身体抵抗力下降等症状。长期脂肪摄入不足，会影响智力、体格生长发育，甚至引起代谢疾病。

蛋白质是机体细胞、组织和器官的重要组成结构成分，是一切生命的物质基础。正常成人体内蛋白质含量约为16% ～ 19%。蛋白质不足通常是由于食物蛋白质摄入不足、吸收不良，或疾病和饮食习惯等导致。蛋白质摄入不足会引起体力下降、水肿、抗病力减弱等症状。但是，蛋白质摄入过多，尤其是动物性蛋白摄入过多，对人体也可能带来有害影响。蛋白质摄入超过人体需求时，由于并不会在体内大量贮存，多余的蛋白质经分解后随尿液排出体外，加重肝脏和肾脏的负荷。过多动物性蛋白的摄入常会同时伴有较多动物脂肪和胆固醇的过量摄入，是导致动脉粥样硬化、糖尿病等疾病的危险因素。还可能加速骨骼中钙的流失，增加骨质疏松和发生骨折等风险。

2.6.2 食品安全对生理健康的影响

根据《中华人民共和国食品安全法》，食源性疾病，指食品中致病因素进入人体引起的感染性、中毒性等疾病，包括食物中毒。食源性疾病的致病因子根据其来源可分为生物性、化学性、物理性三大类。

1）生物性因素有：微生物及其毒素包括食物中毒病原菌、肠道传染病病原菌和人畜共患病病原菌等；霉菌毒素包括黄曲霉毒素、镰刀菌毒素等；病毒包括甲肝病毒、婴儿腹泻病毒等；寄生虫及虫卵有蛔虫、绦虫、旋毛虫等。细菌性食物中毒发生的原因包括食物在生产、贮藏、运输、销售、烹调等过程受到致病菌的污染。

2）化学性因素有：食品天然毒素及加工贮存过程中产生的有毒有害物质；农药和兽药残留；工业三废等所致的重金属和有机毒物污染；食品生产加工设备、包装材料和容器的污染；滥用食品添加剂；其他意外污染、人为污染、投毒或误食等。

3）放射性因素有：天然放射性核素污染和人为的放射性核素污染。主要来源于核爆炸，工业生产及科研、医疗单位排放的核废物，以及核事故等对环境造成的污染。

食物存放条件不当，导致致病菌大量繁殖或产生毒素，食物在食用前未烧熟煮透，或煮熟的食品被加工工具、食品操作人员带菌者污染。因此，在食物加工过程中要注意针对细菌性食物中毒发生的环节，采取相应的预防措施。如：防止沙门氏菌等致病菌污染食品，注意肉、禽、蛋类食品加工环境的卫生，防止熟肉类食品被操作人员、带菌容器及生食品污染。低温储存食品，每个环节均应注意冷藏，还应注意生熟分开储存。高温杀灭细菌，烹调时注意肉、禽、蛋类食物充分的加工温度和时间，加工后的熟肉制品较长时间放置后应再次彻底加热后才能食用，以保障身体的健康。

（1）食品化学性污染对生理健康的影响

食品的化学性污染涉及范围较广。这些有害化合物存在于食品中的方式很多，不同化合物进入食品的途径也会有不同，食物原料本身存在的天然物质，种植或养殖过程中蓄积，或者在生产加工过程中混入等。化学性污染是指有害化学物质对食品的污染。化学性污染物所造成的食品安全问题有别于生物性危害，蓄积性是其比较明显的特点之一。根据食品中化学危害的来源，可以将其分为：

1）天然存在的化学危害，如真菌毒素、细菌毒素、藻类毒素、植物毒素、动物毒素；

2）环境污染导致的化学危害，如重金属、环境中的有机物等；

3）有意加入的化学品，如防腐剂、营养添加剂、色素、违禁品等；

4）无意加入的化学品，如农业上的化学药品、养殖业中用的化学药品、食品企业生产过程中用的化学物质等；

5）食品加工中产生的化学危害；

6）来自于容器、加工设备和包装材料的化学危害；

7）放射性污染造成的化学危害。

食品中化学性污染对人体健康可能导致的危害有急性毒性、慢性毒性、慢性积累、致突变、致癌和致畸形。

（2）食品物理性污染对生理健康的影响

食品的物理性污染主要包括食品的放射性污染和食品被从外部来的物体或异物，包括在食品中非正常性出现的能引起疾病和对个人伤害的任何异杂物污染。与生物性污染和化学性污染一样，物理性污染可能在食品生产的任何环节中进入食品。环境中的放射性物质，大部分会沉降或直接排放到地面，导致地面土壤和水源的污染，然后通过作物、水产品、饲料、牧草等进入食品，最终进入人体。

一般来说，放射性物质主要经消化道进入人体（其中食物占94%～95%，饮用水占4%～5%），可通过呼吸道和皮肤进入的较少。而在核试验和核工业泄漏事故时，放射性物质经消化道、呼吸道和皮肤这几条途径均可进入人体而造成危害。对食品中异杂物所导致的物理性危害进行分类是非常困难的，因为有时难以给出明显的界限。因此，控制食品中非食源性物质危害的预防措施十分重要，对于不同的非食源性异杂物的来源，采取相应的预防措施。

（3）食品微生物污染对生理健康的影响

食品的微生物污染是指食品在加工、运输、贮藏、销售过程中被微生物及其毒素污染。它一方面降低了食品的安全，另一方面对食用者本身可造成不同程度的危害。根据污染的途径分为两类：内源性污染（第一次污染）：凡是作为食品原料的动植物体在生活过程中，由于本身带有的微生物而造成食品的污染；外源性污染（第二次污染）：是指食品在生产加工、运输、贮藏、销售、食用过程中，通过水、空气、人、动物、机械设备及用具等而使食品发生微生物污染。

根据对人体的致病能力可将污染食品的微生物分为三类：直接致病微生物，包括致病性细菌、人畜共患传染病病原菌和病毒、产毒霉菌和霉菌毒素，可直接对人体致病并造成危害；条件致病微生物，即通常条件下不致病，在一定条件下才有致病力微生物；非致病性微生物，包括非致病菌、不产毒霉菌及常见酵母，它们对人体本身无害，却是引起食品腐败变质、质量下降的主要原因。

2.7 健身与健康

有这样一个实验：一组正常健康人躺在床上不做任何动作，20天后就会肌肉萎缩，肌力衰退，从床上站起来时就会头晕目眩，心跳加快，脉搏细弱，血压下降，甚至晕厥，心脏功能也下降70%。而另一组在床上每天做四次器械练习的人，则不出现以上现象，仍能保持实验前的工作能力。这个实验说明肌肉运动是维持身体健康必需的重要因素。事实上，合理的健身可以增进身体对疾病的抵抗力，同时还能增强神经系统、心血管、呼吸器官和皮肤的功能，有利于保持体形，促进睡眠，并有研究显示，合理的健身可以起到延年益寿的作用[66]。

日常健身主要分为室内健身以及室外健身，两者优势互补。室内健身不受天气影响，恶劣天气以及不良大气品质不会对身体产生副作用；同时，易于普及、易学易练并且时间限制小，设备种类丰富、易于维护等，适合各年龄段的人。同时室内健身也有相应的不足，室内空间狭小、单位空间内空气中的携氧量少；室内运动纯阳光照射不足，活动时间久了易疲劳，产生脑缺氧，身体乏力。

室外健身以跑步和简单器械为主，同时配以球类等团体项目。室外健身空间的空气携氧量高，外界环境变化比较多，人体经受各种气候条件变化的影响，经久锻炼，就能提高人体对自然环境的适应能力，更有利于新陈代谢，增强体质。同时室外阳光照射可促进身体对钙、磷的吸收，紫外光还能提高肌肉和关节的活动性等作用，有助于骨骼生长发育。阳光中的紫外线还能杀死人体、衣服上的病菌，对人体能起到消毒作用[67]。

2.7.1 健身对生理健康的影响

（1）健身对消化系统健康的影响

消化系统由消化管与消化腺组成。消化系统可把食物转化为身体所需要的营养物质，将它送入淋巴和血液，以供身体生长和维持生命，并将代谢过程中的残渣排出体外。

健身对消化系统的机能有良好影响，可使胃肠的蠕动增强，消化液的分泌增多，因而使消化和吸收的能力提高，也能增加人体对食物的欲望和需要量，有利于增强体质。

健身消耗大量的营养物质，进一步加快新陈代谢的过程，从而促使胃肠消化机能同步加强。在这种情况下，消化系统分泌的消化液增多，消化道的蠕动加强，胃肠的血液循环得到改善，从而使食物的消化和营养物质的吸收进行得更加充分和顺利。

健身能使呼吸加深，膈肌大幅度上下移动，腹肌大量活动，这对胃肠能产生一种特殊的按摩作用，对增强胃肠的消化功能有良好影响，经常参加健身活动对防治肠胃疾病有良好作用。例如：腹肌过分松弛无力，往往容易导致内脏下垂、消化不良、便秘等，通过健身锻炼加强腹肌力量，可以预防这些疾病。同时，利用健身锻炼使人增进食欲，提高消化能力，改善肠胃消化功能的良好作用，来作为治疗消化不良、胃肠神经官能症、溃疡等疾病的手段，也能取得良好效果。

（2）健身对神经系统健康的影响

神经系统包括中枢神经系统和周围神经系统。中枢神经系统是指挥整个机体活动的司令部。人体的一切活动，其本质都是神经系统的反射活动，都是经过感知、分析、判断、作出反应这个过程来完成的。

健身能有效提升大脑的工作强度、均衡性和灵活性，使大脑的兴奋与抑制过程合理交替，避免精神紧张，消除疲劳，使思维敏捷，学习效率提高。

健身可以改善和提高神经系统的反应能力，使之思维敏捷，调控身体运动更准确协调。人体的一切活动都是在神经系统的调节和支配下进行的。反过来，身体的每个动作及各器官的生理活动都可以对神经系统产生刺激作用。这种刺激作用可以增强神经细胞的工作能力和神经系统的调节能力，使大脑的兴奋性、灵活性和反应速度大大提高，视觉、听觉更加敏锐，记忆力和分析综合能力增强，还可消除大脑疲劳，提高学习和工作效率。

健身可以改善神经系统，尤其是大脑的供血、供氧情况，从而一方面可以使中枢神经系统及其主导部分大脑皮层的兴奋性增强，抑制加深，抑制兴奋更加集中，改善神经过程的均衡性和灵活性，提高大脑皮层的分析、综合能力，以保证机体对外界不断变化的环境有更强的适应性；另一方面，可以改善和提高中枢神经系统对身体内部各器官、组织的调节能力，使各器官、组织的活动更加灵活、协调，机体的工作能力得到提高。

健身能有效地消除脑细胞的疲劳，提高学习和工作效率。消除疲劳的方法有两种：静止性休息和活动性休息。静止性休息主要是通过睡眠，使大脑细胞产生广泛的抑制，从而使已经疲劳的脑细胞恢复机能。活动性休息则是通过一定的健身活动，使大脑皮层不同功能的细胞产生兴奋与抑制过程相互诱导，从而使细胞得到交替休息。这两种休息的方法和效果是不尽相同的，后者要优于前者。由于健身活动使得血液循环加快，在单位时间内流经脑细胞的血液增多，能量物质的补充较快。

健身可以预防和治疗神经衰弱，神经衰弱一般是由于长期长时间用脑，不注意休息，使大脑皮层兴奋、抑制长时间失衡而引起的神经系统机能下降的一种功能性疾病。健身可以使大脑皮层的兴奋与抑制经常保持平衡状态，及时消除脑细胞的疲劳，对于一些患有轻度神经性失眠者来说，能起到帮助快速进入睡眠的作用。

（3）健身对心肺循环系统健康的影响

在人体的各器官系统中，由呼吸系统与心血管系统组成的人体氧运输系统，对人的健康及生命活动有十分重要的作用。人体通过心肺循环系统将氧气和营养物质源源不断地输送到人体的各个细胞，同时将其代谢最终产物向体外运输与排出，这是维持人体新陈代谢的基础。

健身能有效提高呼吸功能，使呼吸肌发达，胸廓和膈肌收缩幅度增大，扩大胸腔容积，提高肺活量。加速血液循环，以适应肌肉活动的需要，这样就能从结构上和功能上改善心血管系统。

健身时，全身血液循环加快，心脏和全身的供血状况改善。心肌细胞内的蛋白质和肌糖元增多，心肌纤维增粗，心壁增厚，心脏血容量增大，每搏输出量增加，安静时的心率变慢，心脏的体积和重量增加。健身还可使冠状动脉口径增大，弹性增加，对预防冠心病起到积极作用。由于消耗体内大量脂肪，减少了心脏的压力，从而降低心脏病的发生。通过增加动脉血管的弹性，起到预防高血压的作用。经常进行健身活动，能使心脏产生工作性肥大，心肌增厚，收缩有力，心搏徐缓，血容量增大，这就大大减轻了心脏的负担，心率和血压变化比一般人小，表现出心脏工作的"节省化"现象。

健身活动时，机体消耗的氧和产生的二氧化碳均增多，为了满足肌体的需要，呼吸系统加倍工作，使呼吸肌逐渐发达，功能加强。同时还可扩大胸廓活动的幅度，增大胸围和肺活量，使安静时的呼吸频率变慢且呼吸深度加深。健身可使人体更多肺泡参与工作，使肺泡富有弹性，可增加肺活量。经常适量地健身还有助于预防呼吸道疾病的发生。

（4）健身对运动系统健康的影响

运动系统主要由骨、软骨、关节和骨骼肌等组成。其主要功能是起支架作用、保护作用和运动作用。人体的运动系统是否强壮、坚实、完善，对人的体质强弱有重大影响。

健身能增强运动系统功能。体育锻炼有助于骨骼的生长，可使骨变得更加坚强，对人体起到更好的支撑和保护作用。还可使关节囊和韧带增厚，加强关节的牢固性和对压力的承受性。通过提高神经系统对肌肉的控制能力，使肌肉对神经刺激产生反应的速度和准确性以及各肌群间相互协调配合的能力改善，以致发挥出最大的运动效果，并可使肌肉粗壮，力量增强，提高抗疲劳和耐酸痛的能力。

健身能提高人体应变能力，使人善于应付各种复杂多变的环境。经常健身，大脑皮层对各种刺激的分析综合能力强，感觉敏锐、视野开阔、判断空间、时间和体位能力增强，因而能判断准确，反应灵敏。同时由于经常在严寒和炎热环境中运动，可以提高机体调节体温的能力，增强身体对气温急剧变化的适应能力。经常健身可使白细胞数量增加、活性增强，增强机体免疫能力，提高人体对疾病的抵抗力，可以使中老年人保持充沛精力和旺盛生命力，延缓老化过程，健康长寿。

2.7.2 健身对心理健康的影响

心理健康是身心健康的重要组成部分，是对健康的全面关注的表现。它是指一个人处于自我感觉良好，并与他人和社会保持和谐的状态。良好的心理健康和健身活动密不可分，健身可以培养顽强的意志品质，调节心理平衡，降低紧张的心理。

健身有助于情感与情绪的调节和改善。健身可以转移不愉快的意识、情绪和行为，使人从烦恼和痛苦中摆脱出来，而且不良情绪可以得到及时的宣泄。

健身有助于坚强意志品质的培养和形成。在健身活动中，要不断地克服客观困难和主观困难，在战胜自我的前提下，越是努力克服主客观方面的困难，就越能培养良好的意志品质。

健身有助于自我正确观念的确立和人际关系的改善。通过健身活动结识更多的朋友，使每个人都融入集体中，为自己成为集体中的一员而心情舒畅，精神振奋。

健身有助于减轻疲劳，消除心理障碍。通过健身活动，使自身的心理机能、身体素质得到改善，身心得到一种舒适的感受，减轻疲劳，产生积极的成就感，从而增强自信心，摆脱压抑、悲观等消极情绪，消除心理障碍。

2.7.3 不良健身环境对身体造成的危害

在环境不良的健身房锻炼，很可能导致一些疾病的产生。有的健身房里的空气，比雾霾天的户外空气还差。健身房室内空气里的灰尘、有机性挥发物（含甲醛）以及二氧化碳浓度都超标。特别是当健身房达到人员高峰期的时候，室内的灰尘和二氧化碳浓度达到了惊人的程度，这样的空气质量极易引发哮喘和其他呼吸系统的疾病。

CO_2 污染。CO_2 虽然对人体无害，但它会让人体感到疲劳、影响脑部运作，对于需要高度专注力的有氧运动有所阻碍。CO_2 主要来自于人的呼吸，人的活动量不同，所产生的 CO_2 数量也不同，激烈活动时是静止时的 10 倍左右，特别是室内人群密集、通风不良时，容易使人产生恶心、头痛等不适，这是因为 CO_2 含量增高所致。

运动造成的可吸入颗粒物污染。一般指由于人们运动造成的地面扬尘以及衣服、鞋袜、表皮脱落等，这些粒径小于 5 μm 的微粒物，可吸入人体呼吸系统，甚至深入肺泡。可吸入颗粒物不仅可能成为微生物的载体，其本身就含有有毒物质或其他致病、致癌物。

体表排出的臭气和微生物。室内空气中的恶臭物质主要有氨、甲基硫醇、硫化氢、甲基二硫三甲基胺、乙醛、苯乙烯等。同时细菌、病毒与空气颗粒物相伴存在，也可以随空气尘量变化而变化。特别是在人员集中的公共场所内，可发现大量空气微生物和悬浮颗粒物。

此外，一些健身房的健身器材卫生情况存在问题。如跑步机扶手、哑铃等人手接触比较多的地方，都可能有大量细菌滋生。清洁工作不及时跟上，很可能会造成一些交叉感染。

2.7.4 健身时应注意的健康问题

空腹时不宜进行健身活动。长时间清晨空腹进行运动，体内的能量大量消耗，对身体不利，最好适量进食后开始轻微活动，使休息了一整夜，长时间处于安静状态的肌肉、关节及内脏器官积极活跃起来。

饭后不宜立即进行健身活动。饭后，人体大量血液流向消化系统，此时如进行剧烈运动，血液就会流向运动器官，以保证肌肉工作的需要，造成消化系统血液供应不足，胃肠蠕动减慢，影响消化和吸收过程的正常进行，严重的会导致胃痛、消化不良、溃疡等疾病，一般在饭后 0.5 ～ 1h 再进行活动比较合理。

健身运动后不宜马上洗澡。因为运动消耗大量能量，应该等人体各系统机能恢复正常后（大约半小时）才去洗澡。

健身运动后切忌暴饮。因大量水分进入血液，会将血液稀释，使血量增加，加重心肾负担，同时稀释胃液，导致消化功能和食欲减退。运动后，饮适量的淡盐水，以补充因汗水带走的盐分，千万不要喝生水，以免大量病菌带入体内，感染疾病。

2.8 人文与健康

“人文”指人类社会的各种文化现象[68]。不仅包含了人们外在的衣、食、住、行，还包含了人们内在的心理、意识或者思维活动[69]。人文的集中表现是：重视人、尊重人、关心人、爱护人，其核心思想是“以人为本”。体现在健康建筑上，表现为对人的生理、心理以及行为的呵护与关照，为人们提供“促进交流”“调节心理”“适老护幼”“尊重女性”的，安全、舒适、健康的人居环境。

2.8.1 人际交流对健康的影响

交流是信息互换的过程，即彼此间通过沟通交流、信息传播的过程，把自己的信息提供给对方。交流的意义非常广泛，有意识的，也有物质的。交流是人与人之间的互动，没有交流，也就没有情感，可以说交流是人生中不可缺少的一种与他人交往的方式[70]。交流能增进彼此的感情，消除误解，增进对彼此的了解。交流能让人敞开心扉，让人变得更加开朗，让生活更加和谐而多姿多彩。

交流是营造良好人际关系的主要方式，更是维护和促进心理健康的重要渠道[71]。交流可以缓解心理压力，促进心理健康。在人的卫生保健中，人际关系起着非常重要的作用。哈佛大学针对“什么会使我们保持健康快乐”做了一项调查，调查从 1938 年开始，进行了 70 多年，研究者跟踪记录了 724 人，从少年到老年，年复一年地询问和记载他们的工作、生活和健康状况等。最后得出的结论是：好的人际关系可以使人们更快乐和健康[72]。一项发表于《美国科学院学刊》的研究报告指出，人际关系对身体健康的影响不容小视，当人际关系不佳时，心理的压力对个体生理状况亦会产生消极影响[73]。

2.8.2 心理因素对健康的影响

人的心理对人的机体产生影响。正如哲学上所说，物质决定意识，而意识对物质有能动的反作用。健康的心理有利于增加免疫力，提高抗病能力；而负性心理则有害健康，使机体容易患病。如心情愉快的时候，食欲增加，消化液分泌旺盛，消化道运动增加，呼吸、脉搏、血压平稳；而愤怒、惊慌、恐惧等消极情绪常使血压升高，食欲减退；经常闷闷不乐、忧虑，可促使肾上腺皮质激素分泌增多、胃酸增加，造成胃病；长期情绪不安，可使大脑处于紧张状态，减弱人体免疫功能，易患多病。心理上的痛苦必然导致肉体上的不适，久而久之，就会影响健康，加速衰老。现代医学研究表明，消极情绪有害人体健康。

国外有的学者经过实验认为，人的性格与心脏病的发生是有一定的关系的。他们指出:情绪波动大、易激动的冠心病者的发病率比遇事冷静、不慌张的人大约高6倍[74,75]；实验研究还发现，在愤怒与痛苦时，由于动脉外周阻力增加，可使舒张压明显升高，在恐惧时，由于心输出量增加，造成收缩压升高。国外有的学者对医学院的192名学生进行调查，发现在考试前30分钟，有51人的血压明显升高，23人收缩压一般升高20～40mm水银柱，最高者可达60mm水银柱。而在考试后30分钟，在51人中只有19人有轻度的血压升高，其他的人都恢复了正常。可见，心理因素对于人的健康影响很大[76]。

2.8.3 人文环境对健康的作用

健康建筑中的人文环境是指为了满足现代人物质和精神方面的需求而营造的可以促进交流、调节心理、适老护幼、尊重女性的人居环境。主要表现在：通过建筑场地与空间、景观环境、室内外设施等的人性化设计，满足各类人群的需求，营造优美的环境，从而增进人们的交流与沟通，释放压力，提高全体使用者的舒适度，有利于减少生理与心理疾病的产生，促进身心健康，充分体现对人的健康与尊严的关心和呵护。

（1）交流场地与空间对健康的作用

广场、公共绿地、活动场地等均是人们进行交往活动的主要室外场地，可以丰富人们的业余生活，不仅可以促使人体运动，促进新陈代谢、增强体质，有利于身体健康，而且还能营造良好的社交环境，激发使用者相互间的沟通，促进人与人之间的交流等，使人们心情变得开朗愉悦，有利于减少生理疾病，促进身心健康。

建筑中的交往空间是人在紧张繁重的工作以外赖以放松身心的地方，可以缓解压力，调节放松心情，提高工作效率和增进身心健康。因此在建筑中增加公共交往空间作为休息、交流、观赏、娱乐等活动的场所，可以给长时间伏案工作、脱离自然生活的人们一些亲切感，减缓使用者的疲劳感和压抑感，为人们提供愉悦的环境。通常可以利用中庭、大堂、门厅、过厅等作为交流场所，也可专门设置共享空间或交流平台，通过空间及家具设施的合理设置，为人们提供舒适的交流环境。

此外，居住区文化活动中心也是供社区居民活动、交流的重要场所，既可以丰富居民的业余生活，又能加强居民之间的交流与沟通，缓解工作压力，提高生活品质。

（2）景观环境对健康的作用

优美的景观环境有利于调适人的心理，好的心理状态有利于人的身心健康[77]。

1）绿化环境

绿化不仅有调节微气候、降低噪声干扰等功能，同时还具有改善视觉环境、陶冶情操的功效。优美的环境可以增加人们对美的感受，具有减轻压抑、缓解使用者的工作压力、释放过激情绪等作用，从而促进使用者的心理健康，减少心理疾病发生的概率。例如：高低错落、色彩缤纷的绿化可以使简单的室外场地产生丰富变化的环境景观，产生和谐美观的视觉效果；不同季节的花期搭配设计，可使观赏期延长，并在不同季节展现不同色彩，每季都能带给观者带来不同的美的享受，为欣赏者带来愉悦感。此外，优美的场地环境不仅可以吸引更多的使用者参与户外活动，而且为使用者提供人际交往的机会，有利于使用者的身心健康。

对于使用者长期停留的房间，配置相应的绿色植物不仅可以调节湿度、净化空气，有利于使用者的生理健康，同时还可以点缀室内空间，提升空间品质与美感，有利于人的心理健康。

2）景观小品

景观小品包括建筑小品、生活设施小品、道路设施小品以及艺术品等，如亭廊、座椅、指示牌、灯具、雕塑、壁画等。景观小品不仅可吸引人们驻留休憩，增加人们交流机会，而且还可以给人带来美的感受和心灵的愉悦，提高人们对美学的感知和鉴赏能力，具有让使用者缓解工作压力、释放过激情绪等作用，有利于促进人的身心健康。

（3）心理调节空间对健康的作用

现代人的生活中面临着各种压力，心理健康问题日益严重，尤其是学生和白领阶层。因此，在学校、办公等建筑中设置相应的心理调整空间，有利于消除或缓解使用者紧张、焦虑、忧郁等不良心理状态，达到心理放松和减压作用[78]。心理调节空间具有平衡情绪、冷静头脑的功能，可帮助人们缓解心理压力，使人紧绷的情绪得到缓解，心态也随之得到平衡。心理调节空间主要包括有心理咨询室、放松室、宣泄室等。心理咨询室是辅助心理健康调节的重要功能房间，需要对有心理问题的人进行心理辅导，帮助他们自我调节和治疗，促进提高个体的心理健康水平；放松室通过语言和特定的音乐背景，引导听者产生一个放松平静的情景想象，达到初步的精神放松。它有助于消除紧张、焦虑、忧郁、恐怖等不良心理状态，克服睡眠障碍[79]；宣泄室可以让个体在一个安全可控的地方将心里的焦虑、苦闷、愤怒等消极情绪释放出来，为不良情绪提供一个出口[80]，在这里可以通过唱歌、听音乐等方式消除工作生活中的心理压力，改善心理问题，让人们心理向着积极健康的方向发展。

（4）特别关爱对弱势群体健康的作用

人文关爱措施以及积极的环境与空间设置，将有助于弱势群体的正常使用，从而保障各类使用者的安全、舒适与健康。

1）适老设计

随着我国老龄化程度的日益加深，老年群体将成为社会重要的组成部分，适老设施的设置需求迫切而巨大。随着年龄的增长，老年人有着十分明显的体征变化，他们的感知觉发生了较大的衰退，视觉不断降低，听觉衰退更快，对味觉和嗅觉敏感度持续下降，甚至身体很多部位的触觉感觉消失；他们的记忆也会发生明显变化，遗忘较快且记忆混淆；他们智力变化主要表现为对事物的洞察力略有提高，思维和判断能力随着年纪增长而降低。此外，老年人在情绪和情感方面有强烈的变化，他们更加关注自身的健康情况，对疾病较为重视，对影响健康的生活环境有较强的敏感性。因此，在健康建筑设计中应充分考虑到老年群体的体征和情感变化，从人性化角度着眼来设置适老的服务设施，让老年人的生活和出行更加便利、安全，以减少老年人意外损伤的机率，同时又能使老年人在发生意外时得到及时的帮助与救治，不仅有利于提高老年人日常生活的安全与舒适性，而且对老年人的健康也是一个重要的保障。

此外，由于老年人身体各项机能下降，患病率高，因此医疗服务对老年人来讲是非常重要的。快速的医疗救援可最大程度地保障使用者的身体健康和生命安全。

2）关爱妇幼

妇女儿童是相对弱势的群体，关爱妇幼的身体健康，不仅体现了社会的文明和进步，更重要的是妇幼健康是全民健康的基础，妇幼健康是衡量人类社会发展水平的重要指标，妇女在孕育后代和民族兴旺昌盛方面发挥着不可替代的作用。健康的儿童是祖国和民族的未来，没有妇女儿童的健康，就没有家庭幸福，全民健康也实现不了。

作为社会群体中的重要组成部分，妇幼有着不同于一般人群的人性化设施需求，建筑中对妇幼的关爱措施，可使妇女及婴幼儿得到精心呵护和关照，不仅可提高母婴出行活动的安全、便捷与舒适性，而且可有效减少母婴疾病感染的概率，保障母婴的健康，有利于婴幼儿童的茁壮成长。

2.9 人体工程学与健康

人体工程学（Ergonomics）是20世纪40年代后期发展起来的一门新学科[81]。国际人类工效学学会（IEA）将其定义为："研究人在某种工作环境中的解剖学、生理学和心理学等方面的各种因素；研究人和机器及环境的相互作用；研究人在工作中、家庭生活中和休假时怎样统一考虑工作效率、人的健康、安全和舒适等问题的学科"[82, 83]。

自从工业革命以来，健康、安全、舒适的居住、工作条件，已成为人们共同关注的话题。人体工程学顺应时代需求，以人为主体，结合先进的人体计测、心理学计测、生理学测量等手段，使"人—物—环境"紧密地联系在一个系统中，让人们能更主动地、高效能地支配生活环境。因此人体工程学在室内设计中的应用也越来越广泛，主要体现在四个方面：

1）提供人在室内活动所需空间的主要依据。根据人的尺度、动作域、心理空间以及人际交往的空间等有关计测数据，考虑多数人适宜以及使用者舒适、安全等因素，确定空间范围。

2）提供家具、设施的形体、尺度及其使用范围的主要依据。家具、设施为人所用，因此其形体、尺度须以人体尺度为主要依据。同时，人们使用时所需的活动空间，都由人体工程学提供数据依据。

3）提供适应人体的室内物理环境的最佳参数。室内物理环境主要有室内热环境、声环境、光环境、重力环境、辐射环境等，室内设计有了上述要求的科学参数后，设计时就有可能有正确的决策。

4）提供室内视觉环境设计的科学依据。“色彩的感觉是美感中最大众化的形式”。人体工程学通过计测得到的数据，对室内光照设计、室内色彩设计、视觉最佳区域等提供科学的依据。

由于室内声、光、热等物理环境参数对人体的影响已在本书2.3～2.5节中进行了详细阐述，因此本节将从心理健康、运动系统健康、血液循环系统健康、其他系统健康四方面，就室内活动空间、家具、设施形体、尺度以及室内色彩对人体健康的影响进行阐述。

2.9.1 人体工程学对心理健康的影响

（1）室内环境的人际关系心理

室内环境中个人空间常需与人际交流、接触时所需的距离通盘考虑。领域性原是动物在环境中为取得食物、繁衍生息等的一种适应生存的行为方式。人与动物毕竟在语言表达、理性思考、意志决策与社会性等方面有本质的区别，但人在室内环境中的生活、生产活动，也总是力求其活动不被外界干扰或妨碍[84]。人际接触实际上根据不同的接触对象和在不同的场合，在距离上各有差异。赫尔以动物的环境和行为的研究经验为基础，提出了人际距离的概念，根据人际关系的密切程度、行为特征确定人际距离，即分为密切距离、人体距离、社会距离、公众距离。不同的活动有其必须的生理和心理范围与领域，保持相对的人际距离[85]。

如果说领域性主要在于空间范围，则私密性更涉及在相应空间范围内包括视线、声音等方面的隔绝要求。私密性在居住类室内空间中要求更为突出。日常生活中人们还会非常明显地观察到，集体宿舍里先进入宿舍的人，如果允许自己挑选床位，他们总愿意挑选在房间尽端的床铺，可能是由于生活、就寝时相对地较少受干扰。同样情况也见之于就餐人对餐厅中餐桌座位的挑选，相对地人们最不愿意选择近门处及人流频繁通过处的座位，餐厅中靠墙卡座的设置，由于在室内空间中形成更多的“尽端”，也就更符合散客就餐时“尽端趋向”的心理要求[86]。

（2）室内环境的舒适性心理

由各个界面围合而成的室内空间，其形状特征常会使活动于其中的人们产生不同的心理感受。著名建筑师贝聿铭曾对他的作品“具有三角形斜向空间的华盛顿艺术馆新馆”有很好的论述，贝聿铭认为三角形、多灭点的斜向空间常给人以动态和富有变化的心理感受[87]。

不仅空间形状，空间尺寸也对人心理舒适性产生重要作用。人的运动是靠肌肉收缩实现的，收缩就要耗费人的肌力，连续活动到达一定限度后，则会引起人体的疲劳。与室内设计相关运动局部尺寸，如洗脸盆的高度、淋浴把手的高度等，使其距离、高度有一个合适人体运动需要的合理尺寸，可以大大减少肌力和体能的损耗，亦即减少疲劳。一般民用建筑中，大多家具布置较为灵活，可依需求不同自由选择和移动，而卫生间设施较为固定，如果在平面设计阶段未做合理的布局考虑，造成淋浴房过于局促、坐便器纵向空间过小等，则会令人产生不快和缺乏舒适体验。

（3）室内环境的安全性心理

生活活动在室内空间的人们，从心理感受来说，并不是越开阔、越宽广越好，人们通常在大型室内空间中更愿意对物体有所“依托”。在火车站和地铁车站的候车厅或站台上，人们并不较多地停留在最容易上车的地方，而是愿意待在柱子边，人群相对散落地汇集在厅内、站台上的柱子附近，适当地与人流通道保持距离。在柱边人们感到有所“依托”，更具安全感。

（4）心理引导与暗示

色彩心理学是人体工程学的一个重要研究方向，不同的色彩视觉刺激会让人产生不同的心理感受。比如，红、黄、橙等鲜亮明丽的颜色给人的视觉冲击力强，属于暖色调，能让人产生欢快活泼、温馨舒适的感受；青、绿、蓝色属于冷色调，能让人产生清凉舒适、内心沉静的心理感受。

人们的生活条件、收入水平、审美情趣、性格特征不同，对于其所处环境的色彩要求也不相同。比如，富贵之家喜欢以金色为主色调，产生金碧辉煌的富贵效果;儿童房间多采用糖果色，营造活泼可爱、轻快明丽的多彩世界和想象空间；餐厅多采用橙黄色，可以增进顾客食欲；办公室或学校教室多采用白色，简单明了，采光良好，营造严谨的工作和学习氛围；针对老年人情绪不稳、易波动的特点，老年人家具采用稳重、淡雅、纯度和明度都相对较低的色彩，可以达到镇定、安神、活跃思维作用[88]，等等。

2.9.2 人体工程学对运动系统健康的影响

人类自开始生产活动以来，就出现了因接触生产环境和劳动过程中有害因素而发生的疾病。近年来，我国各种形式的职业危害日趋严重，职业病的发病率也呈上升趋势。随着我国产业结构的逐渐调整和发展，职业病的范围也从传统认知的矿场、化学车间的职业病，扩展到办公室职业病，且日益受到人们的重视。

美国职业安全与健康研究所（NIOSH）的调查表明，使用电脑办公的人员，普遍会受到以下几个方面的伤害：肌肉骨骼损伤、重复性运动损伤和眼睛紧张性伤害[89]。办公室职业病中，电脑屏幕与身体的距离不当，容易造成皮肤粗糙、脸色发白、眼神木讷、皮肤干燥、痤疮、肌肉僵硬等危害，屏幕低于眼睛水平线，容易造成颈椎生理曲度改变，进而刺激颈管内神经或血管，引发颈椎病，有些人脊柱还出现了不同程度的侧弯。这些危害可以通过人为调整来避免或者减轻。国内外多名医学研究发现，人体的臀部和腰腹部都是脂肪比较容易堆积的部位，如果长期久坐不运动，易形成“办公臀”，不仅影响美观，日后还更容易患肥胖症、代谢综合征、心脑血管疾病，脂肪堆积还会引起腰椎、关节问题等。

2.9.3 人体工程学对血液循环系统的影响

家具尺度、室内界面材料、室内气流组织是否科学合理，都会影响人体血液循环，影响健康[90]。人的血液在全身始终沿着一定的管道，按照一定的方向流动着。人体的血液循环系统由心脏和血管组成，血液循环系统可以分成三个部分。左心室里含有大量O_2的血液，经过主动脉、中动脉、小动脉，不断分枝流到全身的毛细血管中，将氧气和养料供给各个组织，回收废物和CO_2，后经过小静脉、中静脉、大静脉返回右心房和右心室。这种循环要经过全身，故称作“大循环”。

与“大循环”相对应，人体中还存在“小循环”和“微循环”。“小循环”又称作“肺循环”，返回右心室的充满CO_2的血液从这里出发，经过肺动脉在肺部的毛细血管里放出CO_2，吸收新鲜O_2，然后又通过肺静脉返回左心房和左心室。“微循环”又叫“末梢循环”，血液在毛细血管中流动循环，完成传输任务。

当我们使用的家具尺度不合理时，比如椅面太高，脚够不着地，坐久了会影响下肢的血液循环，造成腿脚麻木。人体的血液循环是抗重力循环，头和脚是“散热器”，如果室内地面材料的蓄热系数太小，如水泥地或石材地面，生活久了对人的下肢血液循环不利。如果设置采暖或空调系统，其设备布置和空调方式，也要考虑人体血液循环的特点，以保障人体健康。

2.9.4 人体工程学对其他人体系统健康的影响

科学的人体工程学设计对保障人体健康舒适具有重要的作用，如不进行合理设计，除了对心理健康、运动系统健康、血液循环系统健康的影响之外，还存在一系列的健康危害，如：由于时间原因或空间限制，上班族往往没有午睡或习惯趴在桌子上午睡。午睡不仅可以消除由于白天工作的紧张，还可以消除烦躁并保持良好的情绪。一些国内外医学研究学者还发现，午睡习惯可以减少冠心病的发病率。但趴在桌子上午睡，则易造成胃炎、加重脑部缺血等问题。

现代办公方式，人们对电脑的使用日益依赖，人们长时间坐在座位上，全天面对电脑屏幕，引发出不少办公职业病。电脑屏幕与身体的距离不当，容易造成皮肤粗糙、脸色发白、眼神木讷、皮肤干燥、痤疮、肌肉僵硬等危害。

参考文献

[1] Klepeis N E,Nelson W C, Ott W R, et al. TheNational Human Activity Pattern Survey(NHAPS): a resource for assessing exposure to environmental pollutants. [J]. Journal of Exposure Analysis& Environmental Epidemiology, 2001, 11(3): 231.

[2] Zhang Y,mo J,WeschlerC J. Reducing Health Risks from Indoor Exposures in Rapidly Developing Urban China[J]. Environmental Health Perspectives, 2013, 121(7): 751-755.

[3] 国家环境保护总局卫生部 . GB/T 18883—2002 室内空气质量标准 [S]. 2002.

[4] L W. Indoor particles: a review. [J]. Journal of the Air&Waste Management Association(1995), 1996, 46(2): 98.

[5] Ozkaynak H, Xue J, Spengler J, et al. Personal exposure to airborne particles and metals: results from the Particle TEAM study in Riverside, California[J]. Journal of Exposure Analysis & Environmental Epidemiology, 1996, 6(1): 57.

[6] Oezkaynak H, Xue J,Weker R, et al. Particle team(pteam)study: Analysis of the data. Final report, Volume 3[J]. 1996.

[7] Brauer M, Hirtle R, Lang B, et al. Assessment of indoor fine aerosol contributions from environmental tobacco smoke and cooking with a portable nephelometer[J]. J Expo Anal Environ Epidemiol, 2000, 10(2): 136-144.

[8] Abt E, Suh H H, Allen G, et al. Characterization of Indoor Particle Sources: A Study Conducted in the Metropolitan Boston Area[J]. Environmental Health Perspectives, 2000, 108(1): 35-44.

[9] Conner T L,Norris G A, Landis M S, et al. Individual particle analysis of indoor, outdoor, and community samples from the 1998 Baltimore particulate matter study[J]. Atmospheric Environment, 2001, 35(23): 3935-3946.

[10] Long CM, Suh H H, Koutrakis P. Characterization of indoor particle sources using continuous mass and size monitors[J]. Journal of the Air & Waste Management Association, 2000, 50(7): 1236-1250.

[11] Weschler C J, Shields H C. Potential reactions among indoor pollutants[J]. Atmospheric Environment, 1997, 31(21): 3487-3495.

[12] Oie L, Hersoug L G,Madsen J O. Residential exposure to plasticizers and its possible role in the pathogenesis of asthma. [J]. Environmental Health Perspectives, 1997, 105(9): 972-978.

[13] Bornehag C G, Sundell J,Weschler C J, et al. The association between asthma and allergic symptoms in children and phthalates in house dust: a nested case-control study. [J]. Environmental Health Perspectives, 2004, 112(14): 1393-1397.

[14] 周中平 . 室内污染检测与控制 [M]. 化学工业出版社环境科学与工程出版中心 , 2002.

[15] 刘占琴 , 朱振岗 , 王贤珍 . 厨房煎炸油烟对实验动物肺部影响的研究 [J]. 环境与健康杂志 , 1988(5).

[16] 李峰光 . 厨房食用油烟与肺癌关系的研究进展 [J]. 预防医学情报杂志 , 1998(2): 93-94.

[17] Zanobetti A, Franklin M, Koutrakis P, et al. Fine particulate air pollution and its components in association With cause-specific emergency admissions[J]. Environmental health : a global access science source, 2009, 8(1): 58.

[18] Spengler J D, Samet J M. Indoor air quality handbook[M].McGraw-Hill, 2001.

[19] 王云 , 丰伟悦 , 赵宇亮 , 等 . 纳米颗粒物的中枢神经毒性效应 [J]. 中国科学 , 2009(2): 106-120.

[20] Sharpe R M. Guest Editorial: Phthalate Exposure during Pregnancy and Lower Anogenital Index in Boys: Wider Implications for the General Population?[J]. Environmental health perspectives, 2005, 113(8): 504-505.

[21] Colón I, Caro D, Bourdony C J, et al. Identification of phthalate esters in the serum of young Puerto Rican girls with premature breast development. [J]. Environmental Health Perspectives, 2000, 108(9): 895-900.

[22] Adibi J J, Perera F P, Jedrychowski W, et al. Prenatal exposures to phthalates among Women in New York City and Krakow, Poland. [J]. Environmental Health Perspectives, 2003, 111(14): 1719.

[23] Swan S H,Main KM, Liu F, et al. Decrease in Anogenital Distance among Male Infants with Prenatal Phthalate Exposure[J]. Environmental Health Perspectives, 2005, 113(8): 1056.

[24] Hoppin J A, Ross U, London S J. Phthalate exposure and pulmonary function. [J]. Environmental Health Perspectives, 2004, 112(5): 571-574.

[25] Meeker J D, Calafat AM, Russ H. Di(2-ethylhexyl)Phthalate Metabolites May Alter Thyroid Hormone Levels in Men[J]. Environmental Health Perspectives, 2007, 115(7): 1029.

[26] Nisbet I C, Lagoy P K. Toxic equivalency factors(TEFs)for polycyclic aromatic hydrocarbons(PAHs). [J]. Regulatory Toxicology & Pharmacology Rtp, 1992, 16(3): 290-300.

[27] 董姝君 , 郑明辉 . 烹饪温度对油烟中二噁英类和多氯联苯生成的影响 : 全国环境化学大会暨环境科学仪器与分析仪器展览会 , 2011[C].

[28] 刘婷 , 刘志宏 . 烹调油烟的毒性研究 [J]. 宁夏医科大学学报 , 2004, 26(4): 297-300.

[29] 邹介智 , 朱莉芳 , 瞿永华 , 等 . 菜油油烟凝聚物的细胞遗传毒理和潜在致癌性的研究——Ⅰ、诱发 V_(79) 细胞姐妹染色单体交换 [J]. 肿瘤 , 1988, 8(4).

[30] WHO. Drinking-water Fact sheet. [EB/OL]. [7]. http: //www.who. int/mediacentre/factsheets/fs391/en/.

[31] 金银龙 . GB 5749—2006《生活饮用水卫生标准》释义 [M]. 中国标准出版社 , 2007.

[32] 蔡宏道 . 现代环境卫生学 [M]. 人民卫生出版社 , 1995.

[33] Brenner D J, Steigerwalt A G, Epple P, et al. Legionella pneumophila serogroup Lansing 3 isolated from a patient with fatal pneumonia, and descriptions of L. pneumophila subsp. pneumophila subsp.nov. , L. pneumophila subsp. fraseri subsp.Nov. , and L. pneumophila subsp. pascullei subsp. nov. [J]. Journal of Clinical Microbiology, 1988, 26(9): 1695-1703.

[34] 金银龙 , 刘凡 , 陈连生 , 等 . 集中空调系统嗜肺军团菌扩散传播途径研究 [J]. 环境与健康杂志 , 2010, 27(3): 189-192.

[35] 陶静 , 洪亮 , 张静 , 等 . 上海市集中式中央空调冷却塔水嗜肺军团菌污染状况分析 [J]. 医学信息 (上旬刊), 2010, 23(3): 664-665.

[36] 罗勇军 , 牟同升 , 温晓芳 . 光健康与国际标准化的进展 [J]. 照明工程学报 , 2013(s1): 14-18.

[37] 詹庆旋 . 建筑光环境 [M]. 清华大学出版社 , 1988.

[38] 杨恒 , 林太峰 , 康玉柱 . LED 调光技术及应用 [M]. 中国电力出版社 , 2016.

[39] Society I P E. IEEE Recommended Practices for Modulating Current in High-Brightness LEDs for Mitigating Health Risks to Viewers: IEEE Std, 2015[C].

[40] Ning L I, Meng X, Liu Y, et al. Analysis of 2013 Version ICNIRP Guidelines on Limits of

Exposure to Incoherent Visible and Infrared Radiation[J]. China Medical Devices, 2017.

[41] Boyce P R. Review: The Impact of Light in Buildings on Human Health[J]. Indoor & Built Environment, 2010, 19(1): 8-20.

[42] Li B, Yao R,Wang Q, et al. An introduction to the Chinese Evaluation Standard for the indoor thermal environment[J]. Energy & Buildings, 2014, 82(82): 27-36.

[43] American Society Of Heating V A A E. ASHRAE 55 Thermal Environmental Conditions for Human Occupancy. In: American Society of Heating[S]. Atlanta,US: 2013.

[44] Standardization I O F. ISO 7730 Ergonomics of the thermal environment -Analytical determination and interpretation of thermal comfort using calculation of the PMV and PPD indices and local thermal comfort criteria[S]. 2005.

[45] Fanger P O. Thermal comfort. Analysis and applications in environmental engineering. [J]. Thermal Comfort Analysis & Applications in Environmental Engineering, 1972.

[46] 黄建华 , 张慧 . 人与热环境 [M]. 科学出版社 , 2011.

[47] American Society Of Heating V A A E. ASHRAE 55 Thermal Environmental Conditions for Human Occupancy[S].US: 2004.

[48] Fanger P O, Melikov A K, Hanzawa H, et al. Air turbulence and sensation of draught[J]. Energy & Buildings, 2014, 12(1): 21-39.

[49] Zhang H. Air Movement Preferences Observed in Office Buildings: Ashrae Meeting, 2006[C].

[50] Fanger P O, Toftum J. Extension of the PMV model toNon-air-conditioned buildings in Warm climates[J]. Energy & Buildings, 2002, 34(6): 533-536.

[51] McIntyre D A. Indoor Climate[M]. London: Applied Science, 1980.

[52] Paciuk M. The role of personal control of the environment in thermal comfort and satisfaction at theWorkplace[J]. 1990.

[53] WilliamsRN. Field investigation of thermal comfort, environmental satisfaction and perceived controls levels inUK office buildings[J]. 1995.

[54] Lynn R. Personality and national character. [J]. Personality & National Character, 1971, 111: 195-200.

[55] Mills, Clarence A. Medical Climatology: Climatic and Weather Influences in Health and Disease[J]. American Journal of the Medical Sciences, 1940, 198(5): 720.

[56] Paciuk M. The role of personal control of the environment in thermal comfort and satisfaction at the workplace[J]. 1990.

[57] Pepler R D A W. Temperature and learning: An experimental study[J]. ASHRAE Transactions, 1968, 74(2): 211-219.

[58] Provins K A. ENVIRONMENTAL CONDITIONS AND DRIVING EFFICIENCY: A REVIEW[J]. Ergonomics, 1958, 2(1): 97-107.

[59] Parsons K C. Human Thermal Environments-The effect of hot,modetate, and cold environments on human helath, comfort and performance[M]. London: Taylor & Francis Group, 2014.

[60] 李百战 . 室内热环境与人体热舒适 [M]. 重庆大学出版社 , 2012.

[61] Clapham D E. TRP channels as cellular sensors. [J].Nature, 2003, 426(6966): 517-524.
[62] Damann N, VoetsT, NiliusA B. TRPs in Our Senses[J]. Current Biology, 2008, 18(18): R880-R889.
[63] 李百战 , 杨旭 , 陈明清 , 等 . 室内环境热舒适与热健康客观评价的生物实验研究 [J]. 暖通空调 , 2016, 46(5): 94-100.
[64] Kingma B, FrijnsA, Van M L W. The thermoneutral zone: implications for metabolic studies[J]. Front Biosci, 2012, 4(4): 1975-1985.
[65] 朱大年 , 王庭槐 . 生理学 . 第 8 版 [M]. 人民卫生出版社 , 2013.
[66] 李运铭 . 对体育与健康的认识 [J]. 宿州教育学院学报 , 2005, 8(2): 99-100.
[67] 白莉等 . 体育健康实践与探索 [M]. 东北林业大学出版社 , 2004.
[68] 张志顺 , 王鹤岩 . 文化哲学视域下科学与人文的整合 [J]. 学术交流 , 2012(4): 47-50.
[69] 王玉香 . 思想及其基础 [D]. 山东大学 , 2017.
[70] 屈锡华 . 管理社会学 [M]. 成都 : 电子科技大学出版社 , 2005.
[71] 王志强 . 浅谈人际关系在人生中的意义 [J]. 企业文化旬刊 , 2013(1).
[72] 环球网 . 调查显示好的人际关系可以使我们更快乐和健康 [EB/OL]. [2. 14]. http: //health. huanqiu. com/health_news/2016-02/8532918. html.
[73] 何茜茜 , 崔丽娟 . 心理负荷与身体负担的关系——一种具身的视角 [J]. 教育生物学杂志 , 2016, 4(1): 34-38.
[74] 地力努尔·吾布力 . 浅谈心理健康 [J]. 时代经贸 , 2013(11): 160.
[75] 赵惠芬 . 延缓衰老的基本措施与方法 [J]. 同济大学学报 (医学版), 2000, 21(3): 108.
[76] 吕玲春 . 健康成人坐位和卧位间接血压测量值的观察和研究 [D]. 温州医学院 , 2006.
[77] 赵彤 , 吕静 . 艺术院校校园景观特色营造中的景观小品设计 [J]. 设计 , 2014(7): 71-72.
[78] 曾宇 , 吴小波 . 《健康建筑评价标准》解读——健身 [J]. 建设科技 , 2017(4): 25-27.
[79] 大学生心理健康教育中心 . 音乐放松室 [EB/OL]. [12. 18]. http: //xinli. hnuahe. edu. cn/info/2018/1083. htm.
[80] 刘琳 . 常村煤矿安全心理咨询室建设研究 [D]. 辽宁工程技术大学 , 2014.
[81] 谢和鹏 . 人体工程学在室内设计中的应用 [J]. 黎明职业大学学报 , 2005(4): 17-19.
[82] 高东辉 , 张蓉 . 我国家具人体工程学标准体系研究 [J]. 家具与室内装饰 , 2016(5): 16-17.
[83] 王湃 . 人体工程学及其未来 [J]. 中国环境管理干部学院学报 , 2003(2): 71-73.
[84] 顾凡 . 人际空间距离的实验研究 [J]. 心理科学 , 1993(5): 56-58.
[85] 周静 . 分析领域性行为在社区环境中的适应性 [J]. 建筑工程技术与设计 , 2014(9).
[86] 许带娣 . 试述人体工程学在室内设计中的应用 [J]. 智能城市 , 2016(9): 329.
[87] 林晓净 . 人体工程学在室内设计中的运用 [J]. 学术交流 , 2013(s1): 129-130.
[88] 罗德宇 . 人体工程学在老年家具设计中的应用 [J]. 温州职业技术学院学报 , 2008, 8(3): 51-53.
[89] 吴新林 , 申黎明 . 基于人体工程学的办公椅设计研究与办公人员的职业健康 [J]. 中国社会医学杂志 , 2011, 28(1): 26-28.
[90] 刘胜璜 . 人体工程学与室内设计 [M]. 二 . 北京 : 中国建筑工业出版社 , 2004.

第3章　标准解读

2017年1月，中国建筑学会标准《健康建筑评价标准》T/ASC 02—2016发布实施。该标准是我国首部以“健康建筑”理念为基础研发的评价标准，该标准的落地实施，标志着我国建筑行业向崭新领域的又一步跨越。标准建立了以空气、水、舒适（声、光、热湿）、健身、人文、服务六大健康要素为核心的指标体系，本章将对标准的各健康要素展开详细解读。

3.1　总述

3.1.1　编制工作概况

健康是促进人的全面发展的必然要求，是经济社会发展的基础条件，是民族昌盛和国家富强的重要标志，也是广大人民群众的共同追求。根据党的十八届五中全会战略部署，中共中央、国务院于2016年10月25日印发了《“健康中国2030”规划纲要》（简称“《纲要》”），明确提出了推进健康中国建设的国家战略。在建筑领域，建筑室内空气污染问题、建筑环境舒适度差、适老性差、交流与运动场地不足等由建筑所引起的不健康因素凸显，且人类超过80%的时间在室内度过，建筑与每个人的生活息息相关，因此建筑的健康性能直接影响着人的身心健康。为贯彻健康中国战略部署，推进健康中国建设，提高人民健康水平，营造健康的建筑环境和推行健康的生活方式，实现建筑健康性能提升，规范健康建筑的评价，同时为实现“健康中国2030”发展目标贡献积极力量，由中国建筑科学研究院、中国城市科学研究会、中国建筑设计研究院有限公司会同有关单位开展了中国建筑学会标准《健康建筑评价标准》（以下简称《标准》）的研制研究工作。

前期，《标准》编制组开展了广泛的调查研究工作。主要包括：国内外建筑标准中的健康性能对比分析，包括美国WELL建筑标准、国内外绿色建筑评价类标准、国内外声、光、热、食品、水质等建筑设计和卫生相关标准、国内协会标准《健康住宅建设技术规程》CECS 179—2009等；选取典型的15项公共建筑和7项居住建筑项目进行研究分析，开展了包括建设方案、实地考察、性能对比等工作。上述工作为《标准》编制提供了重要技术依据。

《标准》编制过程中，按照评价指标体系对编制专家进行分组，成立了专题工作小组，开展专题研究和条文编写工作。《标准》编制工作共召开编制组工作会议9次，另有专题小组会若干次，对标准具体内容进行了反复讨论、协调和修改。同时广泛征求了全国不同单位、不同专业专家的意见。在《标准》编制期间，编制组还选取 11 栋典型建筑进行试评价，所选试评项目兼顾不同气候区、不同建筑类型，以及时发现条文在适用范围、评价方法、技术要求难度等方面存在的问题；合理确定了各星级健康建筑得分要求和评价指标权重，对增强《标准》的科学性、适用性和可操作性起到了重要作用。《标准》经审查定稿后，由中国建筑学会于 2017 年 1 月 6 日发布并实施。

《标准》共有 10 章，前 3 章分别是总则、术语和基本规定；第 4 ～ 9 章为健康建筑评价的 6 大类指标，具体为空气、水、舒适、健身、人文、服务；第 10 章是提高与创新，通过奖励性加分鼓励进一步提升建筑的健康性能。

3.1.2 “总则”内容

《标准》第 1 章“总则”共包括 4 条，分别说明了标准制定目的、适用范围、健康建筑评价原则及符合其他有关标准规定。

制定目的：为提高人民健康水平，贯彻健康中国战略部署，推进健康中国建设，实现建筑健康性能提升，规范健康建筑评价，制定本标准。《“健康中国 2030”规划纲要》提出了包括健康水平、健康生活、健康服务与保障、健康环境、健康产业等领域在内的 10 余项健康中国建设主要指标，而建筑是上述各领域的重要构成部分和影响因素。发展健康建筑，不仅可以满足人民群众的健康需求，也是推进健康中国建设的重要途径之一，是实现健康中国的必然要求。

适用范围：本标准适用于民用建筑健康性能的评价。特别指出的是，人的健康状况受多种复杂因素的影响，是由身体状况、心理因素、生活习惯、外部环境等多方面共同作用的结果，因此《标准》并非保障建筑使用者的绝对健康，而是有针对性地控制建筑中影响身心健康所涉及的建筑因素（室内空气污染物浓度、饮用水水质、室内舒适度等），进而全面提升建筑健康性能，促进建筑使用者的身心健康。

评价原则：健康建筑评价应遵循多学科融合性的原则，对建筑的空气、水、舒适、健身、人文、服务等指标进行综合评价。人的健康，是由多种复杂因素共同作用的结果，健康建筑在指标设定方面不只是建筑工程领域内学科，还包含了病理毒理学、流行病学、心理学、营养学、人文与社会科学、体育学等多种学科领域。故建筑的健康性能应涵盖空气、水、舒适、健身、人文、服务等内容，应遵循多学科融合性原则。

3.1.3 “基本规定”内容

《标准》第 3 章“基本规定”分 2 节共 14 条，规定了健康建筑评价对象、申请评价的基本要求、评价阶段、申请评价方要求、评价机构要求、评价指标体系、得分及分数计算方法、评价指标权重、等级划分等评价基础性内容。

（1）参评对象及要求

《标准》第 3.1.1 和 3.1.2 条对评价对象及其需要满足的基本要求进行了规定。建筑群、建筑单体或建筑内区域均可以参评健康建筑。为保证建筑的健康性能，对参评建筑提出了基本要求，即：

1）全装修。为避免装饰装修涂料、家具等污染物散发影响建筑室内空气品质，进而降低建筑的健康性能甚至将健康建筑变得不健康，《标准》明确要求健康建筑评价应以全装修的单栋建筑、建筑群或建筑内区域为评价对象，毛坯建筑不可参与健康建筑评价。全装修是指房屋交付前，所有功能空间的固定面全部铺装或粉刷完毕，厨房与卫生间的基本设备全部安装完成。全装修并不是简单的毛坯房加装修，而是装修设计在住宅主体施工动工前进行的装修与土建一体化设计。

2）满足绿色建筑要求。健康建筑是绿色建筑更高层次的深化和发展，即保证“绿色”的同时更加注重使用者的身心健康；健康建筑的实现不应以高消耗、高污染为代价。因此，《标准》规定申请评价的项目应满足绿色建筑的要求，即获得绿色建筑星级认证标识，或通过绿色建筑施工图审查。

（2）评价指标和权重

第3.2.1条规定了《标准》的评价指标体系。《标准》遵循多学科融合性的原则，建立了涵盖生理、心理和社会三方面要素的评价指标作为一级评价指标，分别为空气、水、舒适、健身、人文、服务，各一级指标下又细分多项二级指标。为鼓励健康建筑的性能提高和技术创新，另设置“提高与创新”章节。

第3.2.7条规定了《标准》中各评价指标的权重。《标准》在各指标权重研究中，以“抓主因、顾次因”的原则充分考虑了不同类型的民用建筑的健康影响因素，并按照民用建筑的分类，建立了居住建筑和公共建筑指标权重的调研问卷，采用问卷调查、层次分析、专家咨询、项目试评等多途径结合的方式，建立了健康建筑各类评价指标的权重，见表3.1-1。

健康建筑各类评价指标的权重 **表3.1-1**

		空气 w_1	水 w_2	舒适 w_3	健身 w_4	人文 w_5	服务 w_6
设计评价	居住建筑	0.23	0.21	0.26	0.13	0.17	——
	公共建筑	0.27	0.19	0.24	0.12	0.18	——
运行评价	居住建筑	0.20	0.18	0.24	0.11	0.15	0.12
	公共建筑	0.24	0.16	0.22	0.10	0.16	0.12

注：1. 表中“——”表示服务指标不参与设计评价。
2. 对于同时具有居住和公共功能的单体建筑，各类评价指标权重取为居住建筑和公共建筑所对应权重的平均值。

（3）评价方法和等级划分

第3.1.3、3.2.2、3.2.3、3.2.4、3.2.5、3.2.6和3.2.9条规定了标准的评价方法。健康建筑评价充分考虑了民用建筑设计和运行两个阶段的健康性能影响因素，将健康建筑评价分为设计评价和运行评价，其中设计评价应在施工图审查完成之后进行，运行评价应在建筑通过竣工验收并投入使用一年后进行。

设计评价指标体系由空气、水、舒适、健身、人文 5 类指标组成；运行评价指标体系由空气、水、舒适、健身、人文、服务 6 类指标组成。每类指标均包括控制项和评分项。为鼓励健康建筑在提升建筑健康性能上的创新和提高，评价指标体系还统一设置加分项。控制项是参评建筑必须满足的要求，其评定结果为满足或不满足；评分项和加分项是通过措施性或结果性的指标来衡量参评建筑的健康设计和健康运行的程度，其评定结果为分值。对多功能的综合性单体建筑，应按全部评价条文逐条对适用的区域进行评价，确定各评价条文的得分。

评价指标体系 6 类指标的总分均为 100 分。由于健康建筑系统复杂，不同类型民用建筑系统又不尽相同，它们在功能、地域气候、环境、使用者行为习惯等方面存在差异，评价指标会存在在某些建筑中不适用的情况。因此，考虑到不参评条文，6 类指标各自的评分项得分 Q_1、Q_2、Q_3、Q_4、Q_5、Q_6 按参评建筑该类指标的评分项实际得分值除以适用于该建筑的评分项总分值再乘以 100 分计算。这样就避开因不参评条文引起的健康建筑等级降低的情况。

总得分为各类指标得分经加权计算后与加分项的附加得分之和，其计算式为

$$\Sigma Q = w_1Q_1 + w_2Q_2 + w_3Q_3 + w_4Q_4 + w_5Q_5 + w_6Q_6 + Q_7 \tag{1}$$

式中，Q 为总得分；$w_1 \sim w_6$ 为各指标对应的权重系数（见表 3.1-1）；$Q_1 \sim Q_6$ 为 6 类指标的评分项得分；Q_7 为加分项的附加得分，即“提高与创新”章得分。

第 3.2.8 条规定了健康建筑的等级划分。为使健康建筑的健康性能更为直观地表现出来，《标准》对健康建筑的健康性能进行了等级划分，详见表 3.1-2。

健康建筑等级划分　　表 3.1-2

	参评指标	必要条件	得分与星级		
			≥ 50	≥ 60	≥ 80
设计评价	空气、水、舒适、健身、人文	满足所有控制项	一星	二星	三星
运行评价	空气、水、舒适、健身、人文、服务				

3.1.4 “提高与创新”内容

健康建筑对建筑设计与管理提出了更高的要求，在技术及产品选用、运营管理方式等方面都有可能使建筑健康性能得以提高。为建设更高性能的健康建筑，鼓励在健康建筑的各个环节采用高标准或创新的健康技术、产品和运营管理方式，本标准设置了第 10 章“提高与创新”，主要包括两部分：第 10.1 节“一般规定”和第 10.2 节“加分项”。

“一般规定”包括两条条文第 10.1.1 条和第 10.1.2 条，分别给出了加分项评价要求和附加得分不大于 10 分的规定。“加分项”共有 6 条加分项条文，评价总分值为 11 分。

第 10 章“提高与创新”的“加分项”条文评价要点如下：

第 10.2.1 条为 TVOC、甲醛、苯、二甲苯、臭氧等室内主要空气污染物浓度更低，评价总分值为 2 分。

第 10.2.2 条为更加严格控制室内 $PM_{2.5}$ 日平均浓度，评价分值为 1 分。

第 10.2.3 条为设有小型农场并运转正常，评价分值为 1 分。

第 10.2.4 条为建立个性化健身指导系统，评价分值为 1 分。本条仅适用于运行评价。

第 10.2.5 条为设置健康相关的互联网服务，评价总分值为 2 分。

第 10.2.6 条为鼓励《标准》范围外在促进公众身心健康、提升建筑健康性能方面有突出贡献的技术措施的开放性得分，评价总分值为 4 分。

3.2 空气

3.2.1 概况

《标准》第 4 章“空气”是保障建筑使用者身心健康的重要内容，该章节分为两部分：第 4.1 节为“控制项”，包括 4 条控制项条文；第 4.2 节为“评分项”，包括 11 条评分项条文。此外，对应本章第 4.1.1、4.2.6 条，第 10 章“提高与创新”还设有对应的加分项条文（第 10.2.1，10.2.2 条），对室内空气质量提出了更高层次的要求。从指标的单项权重来看，对于居住建筑，“空气”章节的评分权重在所有指标中位列第二；对于公共建筑来说，“空气”章节的评分权重在所有指标中位列第一。根据其所涉及的评价内容，本章内容主要可划分为污染源、浓度限值、净化、监控 4 部分，其技术指标及评分值如表 3.2-1 所示。

“空气”技术指标内容及其分值设定　　表 3.2-1

条文类型		条文号	技术指标关键词	分值设定
4.1 控制项		4.1.1	室内空气质量及预评估	必须达标
		4.1.2	颗粒物	必须达标
		4.1.3	装饰装修材料	必须达标
		4.1.4	家具类产品	必须达标
4.2 评分项	Ⅰ污染源（50%）	4.2.1	特殊散发源空间	10 分
		4.2.2	厨房	8 分
		4.2.3	外窗及幕墙	7 分

续表

条文类型		条文号	技术指标关键词	分值设定
4.2 评分项	I 污染源（50%）	4.2.4	装饰装修材料	15分
		4.2.5	家具和室内陈设品	10分
	II 浓度限值（15%）	4.2.6	颗粒物	10分
		4.2.7	其他气态污染	5分
	III 净化（15%）	4.2.8	净化	15分
	IV 监控（20%）	4.2.9	室内空气质量	10分
		4.2.10	地下车库	5分
		4.2.11	空气质量主观满意率	5分

3.2.2　标准控制项的解读

控制项是必须满足的基本要求，主要针对室内空气污染源及污染物浓度限值，包括室内空气质量及预评估、颗粒物、装饰装修材料、家具类产品4个重要条文，以“达标”或“不达标”评判。

（1）室内空气质量及预评估

标准4.1.1条的目的是从建筑空气质量提出基本控制目标。要求在设计施工阶段通过预评估手段控制室内空气污染，进而保障运行阶段建筑室内空气质量。预评估工作综合考虑室内装修设计方案和装修材料的使用量、建筑材料、施工辅助材料和室内新风量等诸多影响因素，可有效预测工程完工后的室内空气质量状况，从而在工程设计施工阶段即采取有效措施对室内空气污染源进行控制，保证运行期间建筑室内空气中甲醛、TVOC、苯系物等典型污染物浓度满足《室内空气质量标准》GB/T 18883的相关控制要求。若预评估或运行结果表明建筑室内空气质量无法达到标准限值要求，则应根据建筑实际情况采取不同的控制策略、优选装饰装修材料、采用空气净化装置等，确保达到本条的规定。

（2）颗粒物

标准4.1.2条的目的是保障建筑室内空气中颗粒物浓度（特别是$PM_{2.5}$浓度）对使用者身心健康无显著负面影响。近年来，我国很多地区雾霾天气频现，大气颗粒物污染严重，对人体呼吸道及心血管健康造成很大威胁。综合对我国国情及使用者健康进行考量，本条参考世界卫生组织（WHO）《空气质量准则》第一阶段目标值和我国《环境空气质量标准》GB 3095—2012二级标准值，对建筑室内空气颗粒物年均浓度值进行了限定。对于大气环境较差的地区，应采取增强建筑围护结构气密性能、采用空气净化装置等控制措施，以确保建筑空气颗粒物浓度达到本条的规定。

（3）装饰装修材料

标准 4.1.3 条的目的是对建筑室内装饰装修材料做出限制，避免过量添加危害人体健康的有害物质。装饰装修材料中的挥发性化学物质是建筑室内空气污染的重要来源。本条与 4.1.1 条相互补充制约，相辅相成。以我国现行相关建材产品国家标准为主要依据，要求所使用材料满足相应国家标准；同时借鉴发达国家相关标准的基础材料安全控制要求，进一步提出禁止在室内空间使用石棉及其制品，禁止直接使用苯作为溶剂，禁止将含有异氰酸盐的聚氨酯产品用于室内装饰和现场发泡的保温材料中等要求，达到从污染源头控制室内空气典型污染物的目标。

（4）家居类产品

标准 4.1.4 条的目的是对室内使用的木家具和塑料家具的健康环保性能作出规定。家具是室内甲醛和 VOCs 等污染的重要释放源，本条要求参评健康建筑在采购阶段就应严格限定木家具和塑料家具中有害物质的含量：满足现行国家标准《室内装饰装修材料 木家具中有害物质限量》GB 18584、《塑料家具中有害物质限量》GB 28481 中的各项限量要求。同时，在现场施工时应注意按比例进行复检以确认产品质量，避免出现质量控制风险。

3.2.3 标准评分项的解读

评分项是用于评价和划分健康建筑星级的重要依据，依据评价条文的规定以“得分”或“不得分”进行评判。根据“空气”涉及的内容，本章共设置 11 个评价条文，涵盖污染源、浓度限值、净化、监控 4 个部分。

（1）污染源

污染源涉及特殊散发源空间、厨房排风、外窗气密性、装饰装修材料、家居产品共计 5 个评价条文（4.2.1-4.2.5），满分 50 分，是评价建筑室内空气质量控制的关键性内容。

1）特殊散发源空间。4.2.1 条的目的是将建筑内具有空气污染散发源的特殊功能空间对建筑整体室内空气质量的恶劣影响最小化。对于卫生间、浴室、文印室、清洁用品及化学品存储间等具有气味、臭氧、热湿和化学物质散发的特殊空间区域，应合理采用门窗隔离、局部通风等措施，防止有害气体向其他空间区域逸散。

2）厨房。4.2.2 条的目的是控制厨房颗粒物污染对建筑整体室内空气质量的影响。中国传统的烹饪方式会导致室内可吸入颗粒物浓度明显增高，是室内颗粒物的重要污染源，却经常被建筑使用者所忽视。本条可视作对 4.2.1 条的强调补充，意在突出建筑（特别是居住建筑）对厨房污染源控制的重要性。为达到理想的厨房排风效果，可采取设置开启外窗或机械补风等方式对厨房内进行适当补风。厨房排风口不得位于人员经常活动的区域，以及建筑其他空间的自然通风口和新风入口，防止对建筑产生二次污染。同时，油烟排放应满足相关排放标准要求。

3）外窗及幕墙。4.2.3 条的目的是防止室外污染物通过建筑外窗和幕墙缝隙穿透进入建筑内。现阶段我国大气污染形势比较严峻，控制 $PM_{2.5}$、PM_{10}、O_3 等室外污染源的穿透渗入对控制室内空气质量十分重要。对于建筑外窗气密性，本条依据《建筑外门窗气密，水密，抗风压性能分级及检测方法》GB/T 7106—2008 要求及建筑所在地环境空气质量状况，对不同地区进行了分级别的要求;对于建筑幕墙，本条依据《建筑幕墙》GB/T 21086—2007 统一按 3 级标准进行统一要求。

4）装饰装修材料。4.2.4 条的目的是对室内装饰装修材料的健康环保性能提出要求，此条文根据我国目前产品标准现状，对地板、地毯、地坪材料、墙纸、百叶窗、遮阳板、涂料、木器漆和腻子等产品提出了要求（高于现行国家强制标准及环保标志要求），同时也对吸声材料、防火涂料和防水涂料等特殊功能材料提出了相应的限值要求，从污染源头进行控制，提高建筑的健康性能。

5）家具和室内陈设品。4.2.5 条的目的是对室内家具和室内陈设品的健康环保性能提出要求，进一步控制可能产生的空气污染。首先要求厂家完善产品的标识标注，做到质量溯源，同时规定厂家有责任声明所售产品的有害物质信息及其健康要求，借鉴发达国家相关标准对几种敏感物质的安全使用限值作出规定，包括全氟化合物（PFCs）、溴代阻燃剂（PBDEs）和邻苯二甲酸酯类（PAEs）等。其次，结合我国目前最新修订《木家具中挥发性有机物质及重金属迁移限量》GB 18584 标准，对于木家具提出更高要求。同时对床垫、沙发等软体家具，以及常用的皮革、纺织品类软装材料也作出了规定。

（2）浓度限值

室内空气污染物浓度限值涉及颗粒物、二氧化碳和氡共计 2 个条文（4.2.6、4.2.7），满分 15 分，是评价建筑室内空气质量的重要内容。

1）颗粒物。4.2.6 条的目的是对室内颗粒物浓度限值要求进行进一步提升，提高建筑健康性能。本条参考 WHO《空气质量准则》第三阶段目标值，与控制项 4.1.2 相比可降低约 15% 暴露死亡风险。此外本条颗粒物浓度限值要求从年均值提升为日均值，对于建筑内颗粒物浓度的控制手段也潜在地提出了更高要求。评价要求出具全年的建筑室内颗粒物浓度监测报告，考虑到我国室外颗粒物污染现状及现有净化处理技术效能水平，允许颗粒物浓度日均值全年不保证天数占全年 5% 左右，即 18 天。

2）其他气态污染。4.2.7 条的目的是对室内空气中的氡浓度和 CO_2 浓度作出规定，进一步提高室内空气质量。WHO 早已将氡列为使人致癌的 19 种物质之一。本条采用国家标准《民用建筑工程室内环境污染控制规范》GB 50325—2010 中 I 类限值，要求所有民用建筑的年均氡浓度均不大于 $200Bq/m^3$。室内 CO_2 浓度作为室内空气质量状况的一种指示物，可反映室内新风水平，其浓度过高会引起头昏、憋闷或精神不佳等情况，对生活和工作效率具有不利影响。参考国际相关标准，综合考虑使用者健康和建筑能耗，本条按国家标准《室内空气质量标准》GB/T 18883—2002 标准限值的 90% 进行要求。

（3）净化

净化涉及 1 个重要条文（4.2.8），满分 15 分，是评价建筑室内空气质量控制的关键性内容。

4.2.8 条的目的是保持室内空气质量。我国室内外空气污染相对严重，单纯的通风或新风输送难以总是保证较好的室内空气质量，因此空气净化控制策略对我国建筑室内环境质量的保持很有必要。常用的空气净化技术包括吸附技术、负（正）离子技术、催化技术、光触媒技术、超结构光矿化技术、HEPA 高效过滤技术、静电集尘技术等。本条旨在结果控制，建筑可根据自身特点及室外大气特点，通过在室内设置独立的空气净化器或在空调系统、通风系统、循环风系统内搭载负荷匹配的空气净化装置，实现建筑室内空气净化。

（4）监控

监控涉及室内空气质量、地下车库、空气满意率 3 个重要条文（4.2.9 ～ 4.2.11），满分 20 分，是评价建筑室内空气质量控制策略和成果的关键性内容。

1）室内空气质量。4.2.9 条的目的是通过室内空气质量的实时监测、发布、预警，联动通风及净化等系统，实现室内环境的智能化调控，在维持建筑室内环境健康舒适的同时减少不必要的能源消耗量。此外，本条新引入了室内空气质量表观指数的概念，通过一个简单的指数直接反映室内空气质量的优劣，解决非专业人员和普通民众较难理解室内空气各种污染物的浓度及浓度限值意义的问题，从而使室内空气质量概念更加通俗易懂。考虑到目前传感器的发展现状（测试精度、价格等），目前仅设置 $PM_{2.5}$、PM_{10}、CO_2 三个监测及评价指标。该条评价的关键是传感器的选择、传感器的布点及数据发布等。

2）地下车库。4.2.10 条的目的是通过对 CO 浓度的实时监测和与排风通风的系统联动，确保地下车库空气质量健康安全。我国汽车保有量大，建筑地下车库是解决停车问题的主要途径。当汽车在地下车库内慢速行驶或空挡运转时，尾气中 CO 含量会明显增加，危害人体健康，且地下车库相对封闭，不利于 CO 等空气污染物的扩散，因此关注并有效控制 CO 浓度是控制地下车库内空气污染的关键。

3）空气满意率。4.2.11 条的目的是结合使用者主观感受对室内空气质量进行综合评价。由于室内空气中污染物成分复杂，一些微量或未知化学物质无法被仪器进行准确测量，但其气味或刺激性可能引起人体不适，因此单凭室内空气污染物的客观检测评价并不能完全满足人体对室内空气质量的要求。标准将主观评价与客观评价进行了结合，即在大多数人（80% 以上）没有对室内空气质量表示不满意的前提下，且空气中没有已知污染物达到可能对人体健康产生威胁的浓度，则认定室内空气质量可接受。

3.3 水

3.3.1 概况

水是人类的生命之源，是建筑不可或缺的要素之一。高品质用水、健康用水、安全用水、高效排水、无害排水与健康建筑追求的健康环境、健康性能息息相关。《标准》中的“水”指标是《标准》评价指标体系中的6大类指标之一，指标权重仅次于“空气”指标，位居第二。指标包含控制项和评分项两部分。《标准》“水”指标的设置框架及评分值如表3.3-1所示。

“水”指标内容及其分值设定　　表3.3-1

条文类型		条文号	技术指标关键词	分值设定
5.1 控制项		5.1.1	生活饮用水及直饮水水质	必须满足
		5.1.2	其他用水水质	必须满足
		5.1.3	储水设施清洁维护	必须满足
		5.1.4	防止结露及漏损	必须满足
5.2 评分项	I 水质（35%）	5.2.1	直饮水系统选择及维护	7分
		5.2.2	生活饮用水水质优化	10分
		5.2.3	集中生活热水系统水温及水质维持	8分
		5.2.4	给水管材选择	10分
	II 系统（45%）	5.2.5	管道及设备标识	10分
		5.2.6	分水器配水	7分
		5.2.7	淋浴恒温控制	5分
		5.2.8	卫生间同层排水	8分
		5.2.9	厨卫分流排水	5分
		5.2.10	水封设置	10分
	III 监测（20%）	5.2.11	水质送检	9分
		5.2.12	水质在线监测	11分

3.3.2　标准控制项的解读

控制项是《标准》评价的前提要求和必备条件，必须先满足所有控制项要求后，才能按照评分项的要求进行评价，评价结果只有满足和不满足两种情况，只要有一条控制项条文不满足，项目就无法进行后续评价。《标准》“水”指标控制项包括生活饮用水及直饮水水质、其他用水水质、储水设施清洁维护、防止结露及漏损4项条文。

（1）生活饮用水及直饮水水质

水是人体的主要组成部分，起到保障人体多种生理功能的作用，饮水是人的基本生理需求。能够提供清洁的生活饮用水或直饮水是健康建筑的基本前提之一。《标准》5.1.1 条是对健康建筑生活饮用水及直饮水水质的基本要求。现行标准《生活饮用水卫生标准》GB 5749—2006、《饮用净水水质标准》CJ 94—2005 是从保护人们身体健康和保证人类生活质量出发，对生活饮用水、管道直饮水与人群健康相关各水质指标的基本规定，是生活饮用水及直饮水水质的达标"门槛"，必须满足。对于未设置直饮水的建筑，只对生活饮用水水质进行评价。

（2）其他用水水质

大部分建筑的用水需求不仅仅只有饮用水，还包括用于生活杂用水的非传统水源、泳池用水、采暖空调用水及水景补水等各类用水。《标准》5.1.2 条是对健康建筑中除生活饮用水及直饮水以外的其他用水水质的基本要求，各类用水必须满足现行有关国家标准的要求。未设置条文所述各项用水系统的项目可以不参评该条文。

（3）储水设施清洁维护

储水设施的定期清洁维护能够有效避免建筑二次供水的水质污染及水量漏损，是建筑供水水质安全和水量安全的必要保证。《标准》5.1.3 条根据国内各地储水设施维护管理相关规定的调研结果，对健康储水设施的清洗维护频率作出了最低要求。条文中所指的储水设施包括生活饮用水储水设施、中水及雨水等非传统水源储水设施、集中热水储水设施、消防储水设施、冷却用水储水设施、游泳池及水景平衡水箱（池）等。

（4）防止结露及漏损

少量的管道结露和漏损会引起室内湿度增大，导致虫害、霉菌和细菌的滋生，危害人体健康；大量的管道结露和漏损更会导致室内积水，影响建筑使用功能、破坏建筑构件等严重问题。维持正常的室内湿度和清洁的空气环境是健康建筑的必要条件之一，《标准》5.1.4 条要求健康建筑必须采取有效措施避免室内给排水管道结露和漏损。

3.3.3 标准评分项的解读

《标准》评分项条文根据评价内容设有递进式或叠加式的得分规定，参评建筑可以根据具体情况选择适宜的目标、技术措施、得分策略，《标准》"水"指标评分项根据评价内容分为水质、系统、监测三部分，共计 12 项条文。

（1）水质

水质部分涉及的评价内容包括直饮水系统选择及维护、生活饮用水水质优化、集中生活热水系统水温及水质维持、给水管材选择 4 项条文，体现了《标准》对健康建筑用水水质的评价要求。

1）直饮水系统选择及维护。直饮水是高品质的生活用水，提供直饮水有助于提高建筑的健康性能，《标准》5.2.1 条旨在鼓励建筑根据设置直饮水系统，通过技术经济比较，选取合理的直饮水供水系统形式及处理工艺。直饮水系统的设计、施工及维护应满足现行标准《管道直饮水系统技术规程》CJJ 110、《饮用净水水质标准》

CJ 94、《生活饮用水水质处理器卫生安全与功能评价规范》等的规定。物业管理部门应有科学完善的直饮水系统运行管理制度。

2）生活饮用水水质优化。营造更好的健康环境、追求更高的健康性能是健康建筑的宗旨。硬度和菌落总数是水质指标中直接影响用水体验和健康性能的两个指标，《标准》5.2.2 条从用水舒适和用水健康的角度出发，在现行国家标准《生活饮用水卫生标准》GB 5749—2006 的基础之上，对生活给水的总硬度和微生物指标中的菌落总数提出更高的要求。鼓励建筑根据具体用水情况，通过技术经济比较，确定水处理目标和处理形式。

3）集中生活热水系统水温及水质维持。水温对于水中细菌的控制有着很大影响，热水系统的水温控制直接影响到使用体验和水质安全。特别是输水管路较长的集中生活热水系统，水温和水质控制显得尤为重要。《标准》5.2.3 条对集中生活热水的供水温度作出了最低要求，鼓励设置更为完善的热水循环系统以保证供水温度，鼓励设置消毒杀菌装置、规范运行维护以保障供水水质安全。

4）给水管材选择。《标准》5.2.4 条的设置目的是引导健康建筑选择强度高、耐久性好、耐腐蚀、不易产生二次污染及寿命长的给水管材。尽量降低甚至避免生活给水、直饮水系统在输配水过程中可能出现的二次污染风险。

（2）系统

系统部分涉及的评价内容包括管道及设备标识、分水器配水、淋浴恒温控制、卫生间同层排水、厨卫分流排水、水封设置 6 项条文，体现了《标准》对健康建筑给排水系统设置的评价要求。

1）管道及设备标识。《标准》5.2.5 条旨在引导和鼓励健康建筑给排水系统管线及设备采取明确、方便辨识、永久性的标识，避免在施工或日常维护、维修时发生误接的情况，消除误饮误用给用户带来的健康隐患。

2）分水器配水。建筑中用水点多且用水集中的区域，采用单根配水支管串联配水难以避免多个用水器具同时使用时互相影响而出现水压波动、水流较小、冷热不均的问题，影响使用品质。《标准》5.2.6 条鼓励采用分水器实现用水点并联配水，保证各用水点较为稳定的工作压力和流量，稳定供应冷热水。

3）淋浴恒温控制。《标准》5.2.7 条对淋浴器设置恒温混水阀作出了要求，目的是维持出水温度恒定，不受水温、流量、水压变化的影响，保证用水品质并避免老年人和糖尿病人因对温度不敏感而造成的烫伤。

4）卫生间同层排水。同层排水具有管道检修清通不干扰下层、器具灵活布置不受结构构件限制、排水噪声对下层用户影响小、地面积水渗漏几率低等优点。《标准》5.2.8 条根据同层排水形式设置分档得分，鼓励健康建筑卫生间采用同层排水，并根据经济技术比较尽量选择更优的同层排水形式。

5）厨卫分流排水。

《标准》5.2.9 条在现行国家标准《建筑给排水设计规范》GB 50015—2010 中强制要求厨房和卫生间的排水立管应分别设置的基础上，提出除不能共用排水立管外，直到室外排水检查井以前的排水横干管也分别设置的要求。旨在将厨房和卫生间的排水系统彻底分开，最大限度地避免有害气体串流的可能性。

6）水封设置。《标准》5.2.10 条对卫生器具和地漏的水封作出了要求，并鼓励选用具有防干涸功能的地漏，以求在最大限度上避免水封失效，防止排水系统中的有害气体逸入室内，避免室内环境受到污染，有效保护人体健康。

（3）监测

监测部分涉及的评价内容包括水质送检和水质在线监测 2 项条文，体现了《标准》对健康建筑运行期间水质监测的评价要求。

1）水质送检。《标准》5.2.11 条鼓励健康建筑物业管理部门委托具有资质的第三方检测评价机构定期进行水质检测，鼓励对各类用水水质定期送检，全面掌握运行期间各类用水的水质安全情况，对于水质超标状况应能及时发现并进行有效处理，避免因水质不达标对人体健康及周边环境造成危害。水质定期检测范围涵盖生活饮用水、直饮水、游泳池池水、生活热水、非传统水源、采暖空调系统用水。参评建筑根据用水系统种类参评各款。

2）水质在线监测。除定期水质送检外，健康建筑鼓励对建筑内各类用水水质在线监测，连续、实时监测各类用水系统的水质状况，进一步提高水质安全保障工作的及时性和有效性。《标准》5.2.12 条对生活饮用水、直饮水、游泳池水、非传统水源的水质在线监测提出了要求，根据监测指标种类和数量设置分档得分，同时鼓励物业部门对建筑各类用水水质检测情况进行公示，既能实现水质安全监督，还能使用户及时掌握水质指标状况。

3.4 舒适

3.4.1 概况

《标准》第 6 章“舒适”是健康建筑的重要内容，分为两部分：第 6.1 节为“控制项”，包括 5 条控制项条文；第 6.2 节为“评分项”，包括 16 条评分项条文。从内容上包含“声环境、光环境、热湿环境和人体工程学”的舒适性对健康的影响（表 3.4-1）。

“规划与建筑”技术指标内容及其分值设定　　表 3.4-1

条文类型	条文号	技术指标关键词	分值设定
6.1 控制项	6.1.1	室内噪声	必须达标
	6.1.2	隔声性能	必须达标
	6.1.3	天然光	必须达标
	6.1.4	人工照明	必须达标
	6.1.5	围护结构节能	必须达标

续表

<table>
<tr><th colspan="2">条文类型</th><th>条文号</th><th>技术指标关键词</th><th>分值设定</th></tr>
<tr><td rowspan="16">6.2 评分项</td><td rowspan="5">I 声环境（30%）</td><td>6.2.1</td><td>场地环境噪声</td><td>4 分</td></tr>
<tr><td>6.2.2</td><td>室内噪声</td><td>9 分</td></tr>
<tr><td>6.2.3</td><td>隔声性能</td><td>9 分</td></tr>
<tr><td>6.2.4</td><td>混响和清晰度</td><td>4 分</td></tr>
<tr><td>6.2.5</td><td>设备隔振降噪</td><td>4 分</td></tr>
<tr><td rowspan="4">II 光环境（30%）</td><td>6.2.6</td><td>天然光利用</td><td>10 分</td></tr>
<tr><td>6.2.7</td><td>照明控制</td><td>10 分</td></tr>
<tr><td>6.2.8</td><td>生理照明</td><td>5 分</td></tr>
<tr><td>6.2.9</td><td>室外照明</td><td>5 分</td></tr>
<tr><td rowspan="4">III 热湿环境（30%）</td><td>6.2.10</td><td>室内人工冷热源热湿环境</td><td>13 分</td></tr>
<tr><td>6.2.11</td><td>室内非人工冷热源热湿环境</td><td>7 分</td></tr>
<tr><td>6.2.12</td><td>空气相对湿度</td><td>5 分</td></tr>
<tr><td>6.2.13</td><td>热环境动态调节</td><td>5 分</td></tr>
<tr><td rowspan="3">IV 人体工程学（10%）</td><td>6.2.14</td><td>卫生间平面布局</td><td>3 分</td></tr>
<tr><td>6.2.15</td><td>设备屏幕调节</td><td>4 分</td></tr>
<tr><td>6.2.16</td><td>可调节桌椅</td><td>4 分</td></tr>
</table>

3.4.2　标准控制项的解读

（1）声

声舒适控制项包括室内噪声和隔声性能 2 条。

标准 6.1.1 条规定的是作为健康建筑，各类主要功能房间的室内噪声级应满足的最低要求。为了突出健康建筑评价中和健康密切相关的要素特点，且尽量做到条文简洁、可操作性强、民众可感知，本条综合考虑人的不同行为对噪声的需求和建筑内主要房间的不同用途，将所有房间类型归纳为四类主要功能房间，对这四类房间，参考国内相关标准中的低限要求，制定本条。

标准 6.1.2 条的目的是通过规定噪声敏感房间围护结构的隔声性能，提高噪声敏感房间抵御外部噪声源干扰的能力。保证噪声敏感房间的室内声压级水平，以及保证居家生活中声音的私密性，进而提高建筑的健康水平。以人住进房间之后的实际可感知为核心，本条规定的是建筑建成后现场实际测得的隔声性能，包括房间之间的空气声隔声性能和楼板撞击声隔声性能两部分。需要说明的是，空气声隔声性能需要考核同层相邻房间的隔声性能和楼上楼下相邻房间的隔声性能。对于设计阶段评价，由于建筑尚未建成，可依据现行国家标准《民用建筑隔声设计规范》GB 50118，对建筑拟选用的各类建筑构件（如隔墙、门窗等）实验室测得的隔声性能，进行评价。

（2）光

光舒适控制项包括天然光光环境和人工照明光环境 2 条。

标准 6.1.3 条的目的在于营造健康舒适的天然光光环境，其内容包括对日照、采光系数、采光显色性、采光均匀度以及太阳反射光污染等。良好的天然光环境可以使人心情舒畅，有助于人们保持健康的生理和心理状态。因此，健康建筑应采取合理措施满足各类指标的要求。此外，由于玻璃幕墙的广泛使用，其产生的光污染危害也日益严重，应加以控制。

标准 6.1.4 条的目的在于保证安全、健康、舒适的人工照明光环境，其中室内照明包括空间照度分布、色温、显色性、色容差、频闪、光生物安全的相关内容；室外照明包括照度、色温及光污染等要求。照明光环境对健康有很大的影响，其影响因素也表现在多个方面，例如蓝光成分容易导致白内障以及黄斑病变等眼睛病理危害；工作视野内亮度差别过大，或视线在不同亮度之间频繁变化，容易导致视觉疲劳；光谱中红色部分缺乏会导致照明场景呆板、枯燥，影响使用者的心情；相同光源间色差较大，导致视觉环境的质量变差；照明系统频闪，轻则导致视觉疲劳、偏头痛和工作效率的降低，重则引发工伤事故，甚至诱发癫痫疾病等。此外，除直接的生理健康影响外，夜间昏暗的光照环境，也容易产生交通事故、犯罪率增加等恶劣影响。

（3）热湿

热湿舒适控制项包括围护结构性能 1 条。

标准 6.1.5 条的目的是通过良好的围护结构热工设计避免围护结构内表面结露，以及内表面过高的辐射温度。建筑物内表面出现结露现象后，会发生发霉、腐蚀、材料性质变质；同时由于霉菌孢子扩散，会产生臭味、恶化室内环境，危害身体健康。另外，围护结构隔热性能是体现建筑围护结构热特性好坏最基本的指标，我国南方地区夏季屋面外表面综合温度会达到 60℃以上，西墙外表面温度达 50℃以上，围护结构外表面综合温度的波幅可超过 20℃，造成围护结构内表面温度出现很大的波动，使围护结构内表面平均辐射温度大大超过人体热舒适热辐射温度，直接影响室内热环境的好坏。

3.4.3 标准评分项的解读

（1）声

1）场地环境噪声。标准 6.2.1 条的目的是减少环境噪声对人们工作和生活带来的影响。优化场地声环境质量主要作用包括：1. 保证人员在建筑室外活动时的良好声环境；2. 为控制建筑为室内声环境创造良好的前提条件。健康建筑的定位是在绿色建筑基础上，对建筑关乎健康的要素进行性能提升，是绿色建筑深层次发展的需求。因此本条评价时，仅考虑室外环境噪声对人健康的影响。不考虑建筑所处的声环境功能分区。主要是考虑人在室外活动时，并不会因为声环境功能分区的不同，对环境噪声的需求不同；另外也可避免出现同一类型的建筑，仅因为所处声环境功能分区不同，导致得分不同这样的结果。对于具有明确作息规律的建筑（如办公建筑），可在确保建筑内外无大量人员受噪声污染影响的时段（如夜晚），不对室外环境噪声进行要求。

2）室内噪声。标准 6.2.2 条是在本标准控制项 6.1.1 条要求基础上的提升。高得分值对应的噪声级数值参考了现行国家标准《民用建筑隔声设计规范》GB 50118、世界卫生组织（WHO）《Guidelines For Community Noise》（1999 版）等相关标准对类似房间的高标准要求。低得分值对应的噪声级数值参考高标准要求和控制项低限要求的平均值。只有所有参评类型房间的噪声级限值均满足某一级别要求，才能得到该级别对应的分数，否则得分为低一级别分数或不得分。

3）隔声性能。标准 6.2.3 条是在本标准控制项 6.1.2 条要求基础上的提升。高得分值对应的隔声性能数值参考现行国家标准《民用建筑隔声设计规范》GB 50118 等相关标准对类似房间的高标准要求。低得分值对应的噪声级数值参考高标准要求和低限要求的平均值。只有所有参评类型房间的全部隔声性能指标值都满足某一级别要求，才能得到该级别对应分数。有任一类房间达不到该级别，就只能得到低一级别的分数或不得分。

4）混响和清晰度。标准 6.2.4 条是针对人员密集的大空间，为了保证语言清晰度、避免出现声缺陷、保证具有良好的听闻条件而制定的。对于人员密集的大空间，应首先保证语言清晰度。语言清晰度是衡量讲话人语音可理解程度的物理量，反映厅堂或扩声系统的声音传输质量。人员密集的大空间还需要控制大空间内的混响时间。当混响时间超过 4s 时甚至更长时，由于人员密集的大空间远处传来的无法了解内容的混响声的干扰，会导致人们不能用正常的嗓音进行交流，不得不提高说话的音量。提高的音量会导致大空间内的噪声水平越来越高，出现“鸡尾酒会效应”。降低混响时间的最有效方式是在大空间内设置足够多的吸声材料。

5）设备隔振降噪。标准 6.2.5 条主要是针对建筑内产生设备的噪声设备及其组成的系统进行噪声与振动控制的条文。影响噪声敏感房间内噪声级水平的因素除了外界噪声通过空气声传播至建筑内外，还有另外一个重要影响因素就是建筑内部服务设备系统产生的振动与噪声通过固体传声的途径传播至噪声敏感房间。这种传播方式和空气声传播相比，传播距离更远，声衰减更慢，影响范围更广。而且固体传声传播的多是低频噪声，对人健康影响更为突出。解决建筑内设备及管道噪声与振动干扰首先要合理安排建筑平面和空间功能，并在设备系统设计时就考虑其噪声与振动控制措施。变配电房、水泵房、空调机房等设备用房的位置不应放在卧室、病房等噪声敏感房间的正上方或正下方。其次建筑内的服务设备应优先选用低噪声产品。另外应对产生噪声的设备、与之相连接的管道系统采取有效的隔振、消声和隔声措施。主要包括：设置设备隔振台座、选用有效的隔振器；降低管路系统的流量速度、设立消声装置；提高设备机房围护结构的隔声性能等措施。

（2）光

1）天然光利用。6.2.6 条的目的在于充分利用天然光，提升室内光环境品质，同时降低能源消耗。第 1 款对于大进深、地下和无窗空间推荐采用导光管、反光板、棱镜玻璃等合理措施充分利用天然光；第 2 款从舒适健康的采光基本需求出发，通过能够更加真实反映天然光利用效果的动态采光指标对室内采光效果进行评价。

2）照明控制。6.2.7 条的目的在于优化照明控制系统性能，为营造良好的光环境创造条件。第 1 款是对照度的要求，在有天然光的情况下，天然光与人工照明的总照度不宜低于采光标准规定的对应等级的天然光照度值要求；第 2 款是对色温调节的要求，人在不同的时间、场景下对于色温的需求存在差异，通过调节色温来满足这种差异性可以进一步提升光环境质量。此外，与天然光混合照明时，两者的色温不宜存在较大偏差；第 3 款是对控制功能的要求，为了避免过度的阳光进入室内带来的眩光等问题，建筑往往会采用各种遮阳措施。此时照明与遮阳设施联动可以及时调节照明，保证室内足够照度的同时尽可能减少不必要的照明能耗。

3）生理照明。6.2.8 条的目的在于提高室内人员的工作效率，同时保障人们夜间良好的休息。光是影响人体生理节律的重要因素，人体生理节律是指体力节律、情绪节律和智力节律，也就是人们常说的“生物钟”。人体生理节律的紊乱，将直接影响人们的生活、工作和学习。健康建筑的照明设计宜考虑人们的生理节律特点，进行科学合理的设计，在满足视觉功能的同时与人们正常的生理节律相协调。

4）室外照明。6.2.9 条的目的在于保证夜间室外人员活动的视觉舒适。夜间室外照明环境中，若照明光源的显色性较差，会导致室外物体失真，造成视觉上的不舒适。此外，由于夜间室外背景亮度很低，室外灯具若亮度过高，会引起眩光对人眼造成不适，影响其视觉功能，甚至引发意外危险。

（3）热湿

1）室内人工冷热源热湿环境。6.2.10 条的目的是确保人们在供暖空调环境下感受到热舒适，从整体评价指标和局部评价指标两个方面进行综合评价。热环境的整体性评价能在一定程度上反映热舒适水平，但局部热感觉的变化也应考虑，局部评价包括冷吹风感引起的局部不满意率（LPD_1）、垂直空气温度差引起的局部不满意率（LPD_2）和地板表面温度引起的局部不满意率（LPD_3）。

2）室内非人工冷热源热湿环境。6.2.11 条的目的是确保建筑在自由运行状态下室内热湿环境的热舒适水平。鼓励采用自然通风等被动调节措施保障室内热湿环境质量，使用者在自由运行状态的建筑中具有更强的适应性，同时合理的自然通风调节措施，也有助于建筑节能。在建筑自由运行状态下，以预计适应性平均热感觉指标（APMV）作为评价以及指导运营依据。

3）合理的湿度范围。6.2.12 条的目的是采用合理的措施使主要功能房间空气相对湿度维持在 30% ～ 70% 之间。相对湿度过高，会增加人体的冷感和热感，降低舒适性；空气湿度过低，一方面会使空气中飘浮的颗粒物增多，另一方面造成人体皮肤和呼吸道的干燥，危害人的健康。可在空调系统中集中设置具有加湿和除湿功能的装置，或在室内或空调系统末端设置独立的具有加湿和除湿功能的空气调节设备。

4）供暖空调系统舒适可调。6.2.13 条目的是确保室内热环境可根据人体的热感觉进行动态调节。长期处在稳态空调环境中会降低人的热适应能力，导致人体体温调节功能衰退和抗病能力的下降，甚至出现“空调不适症”“SBS”等症状。室内热环境可根据人体热感觉进行调控，既能够为用户提供满足其需求的舒适热环境，又能够防止不合理温度设定值带来的供暖及空调用能浪费。

（4）人体工程学

1）卫生间平面布局合理。6.2.14 条的目的是指导项目在平面设计阶段，即综合考虑项目投入运行后卫生间使用舒适性的问题。以往的设计过程，建筑师往往依据甲方的主要功能房间要求，在考虑建筑造型、平面流线等主要问题之后，“拼凑”出卫生间平面图。而一般民用建筑中，卫生间设施又较为固定，如果在平面设计阶段未作合理的布局考虑，易造成例如淋浴房过于局促、坐便器与隔间门间距过小等问题，则会令使用者产生不快和缺乏舒适体验。

2）设备屏幕可调。6.2.15 条适用于各类民用建筑中办公空间，其目的是降低设备屏幕对人身体造成的危害。随着电脑、网络等信息化方式的普及，电脑设备已俨然成了各类民用建筑的基本“构成要素”，人们在建筑中的大部分时间都要与各类设备屏幕接触，无论是办公、学习还是生活。但众多研究显示，长时间与电子屏幕的近距离接触，易造成眼睛疲劳、肌肉僵硬、脊椎病等危害，而这些危害可以通过调整屏幕与人之间的距离、屏幕与眼睛水平线的关系来减轻的。因此，本条要求项目方在进行设备选择时，优先选择屏幕高度及与用户之间的距离可自由调节的设备，并向用户展示合理的屏幕设定准则，帮助用户做好相关疾病的防控工作。

3）桌面座椅可调。6.2.15 条适用于各类民用建筑中办公空间，其目的同样是减轻部分常见办公室疾病造成的危害，提供给建筑使用者更加舒适的办公体验。桌面高度可调，可以令使用者灵活选择坐姿办公或站立办公。座椅高度、椅座角度，可使不同身高人群或依据不同使用需求来调节座椅，减少脊椎骨等部位不必要的弯曲，进而避免引起腰肌劳损、颈椎病等疾病。椅背角度可调，可满足使用人员临时休息的需求。

3.5　健身

3.5.1　概况

健康建筑除了提供有利于人体健康的空气和水，具有良好的声环境、光环境和热湿环境外，还可以通过设置健身、锻炼的场地和设施，促进人积极运动，提高身体健康水平。健身活动有利于人体骨骼、肌肉的生长，增强心肺功能，改善血液循环系统、呼吸系统、消化系统的机能状况，有利于人体的生长发育，提高抗病能力，增强身体的适应能力。

《标准》中的“健身”指标，是6大类评价指标体系之一，对促进人们的身体健康有着重要的作用，是健康建筑不可缺少的重要部分。健身相关的内容相对较少，本章内的每条得分相对较高，因此通过降低本章整体权重与其他章节平衡。

评价指标分为“控制项”和“评分项”，设置框架及评分值如表3.5-1所示。

“健身”指标内容及其分值设定 **表3.5-1**

<table>
<tr><th colspan="2">条文类型</th><th>条文号</th><th>技术指标关键词</th><th>分值设定</th></tr>
<tr><td colspan="2" rowspan="2">7.1 控制项</td><td>7.1.1</td><td>健身场地</td><td>必须满足</td></tr>
<tr><td>7.1.2</td><td>健身器材</td><td>必须满足</td></tr>
<tr><td rowspan="8">7.2 评分项</td><td rowspan="3">Ⅰ室外
（40%）</td><td>7.2.1</td><td>室外健身场地</td><td>16</td></tr>
<tr><td>7.2.2</td><td>健身步道</td><td>12</td></tr>
<tr><td>7.2.3</td><td>健康出行方式</td><td>12</td></tr>
<tr><td rowspan="3">Ⅱ室内
（40%）</td><td>7.2.4</td><td>室内健身空间</td><td>16</td></tr>
<tr><td>7.2.5</td><td>便于日常使用的楼梯</td><td>12</td></tr>
<tr><td>7.2.6</td><td>健身服务设施</td><td>12</td></tr>
<tr><td rowspan="2">Ⅲ器材
（20%）</td><td>7.2.7</td><td>室外健身器材</td><td>10</td></tr>
<tr><td>7.2.8</td><td>室内健身器材</td><td>10</td></tr>
</table>

3.5.2 标准控制项的解读

健康建筑应提供的健身设施包括充足的健身场地、丰富的健身器材、完善的健身服务设施等。《标准》“健身”指标的控制项，包括健身场地和健身器材两条要求，因为是必须满足的控制项，相关指标比评分项低，是健康建筑的基本要求。

1）健身场地。健身运动场地，可以为使用者提供更多的运动机会，并带来更多的健康效益，包括体重控制、缓解压力、降低疾病风险、改善骨骼健康、提升认知力等。《标准》7.1.1条是对健康建筑健身运动场地规模的最低要求。场地面积大小采用占用地面积比例和最小面积双控的方式，应达到两个指标中最高的值。本条的健身场地可以在室外或者室内，可以利用室外绿地内的公共活动空间，也可以利用建筑内的公共空间（如小区会所、入口大堂、休闲平台、茶水间、共享空间等）设置免费健身区，提供健身运动场所。免费开放的羽毛球场地、篮球场地、乒乓球室、瑜伽练习室、游泳馆等在本标准中也可算作健身运动场地。

2）健身器材。健康建筑应免费提供健身器材，并应有充足的数量，有丰富的种类，给不同需求的人群提供不同的选择，满足建筑使用者的运动需求。《标准》7.1.2条规定了健康建筑中配置健身器材的最少数量，以建筑总人数的比例测算。本条的健身器材可以在室外或者室内，并应配有使用说明书。常见的健身器材有提高心肺功能的跑步机、椭圆机、划船器、健身车等，促进肌肉强化的组合器械、举重床、全蹲架、上拉栏等，本标准中乒乓、羽毛球、篮球等球类设施也可算做健身器材。

3.5.3 标准评分项的解读

《标准》的评分项，分为三个部分：室外健身场地与设施，室内健身场地与设施，健身器材。从建筑的多个方面满足人们的健身需求。

（1）室外

室外部分包括室外健身场地、健身步道和健康出行方式3项条文，体现了《标准》对室外健身场地和设施的要求。

1）室外健身场地。室外健身活动让人们在锻炼的同时，可以接触自然，提高对环境的适应能力，也有益于心理健康。《标准》7.2.1条要求设置集中的室外健身活动区，并有足够的面积，不仅能放置足够的健身器材，还能有空余场地进行太极、舞剑、拳术等活动，健身场地的设置位置应避免噪声扰民，并根据运动类型设置适当的隔声措施。健身场地附近（不超过100m）应能提供直饮水，如饮水台、饮水机、饮料贩卖机等，便于运动锻炼人员随时补充水分。

2）健身步道。健身步道是供人们行走、跑步等体育活动的专门道路，健身走或慢跑可以控制体重，锻炼骨骼强度，改善心肺机能，还能缓解压力，放松身心，是喜闻乐见的便捷的运动方式。《标准》7.2.2条要求建筑场地根据其自身的条件和特点，设置流畅且连贯的健身步道，并优化沿途人工景观，合理布置配套设施。健身步道宜采用弹性减振、防滑和环保的材料，如塑胶、彩色陶粒等。步道路面及周边宜设有里程标识、健身指南标识和其他健身设施（如拉伸器材），步道旁宜设置休息座椅，种植行道树遮阴，设置艺术雕塑。参考《城市社区体育设施建设用地指标》等相关要求，步道宽度应不少于1.25m，长度应根据用地条件合理设置。

3）健康出行方式。自行车既是一种绿色交通工具，也可以运动到全身各处不同的肌肉，增强心肺功能，是一种非常有效的锻炼方式。公共交通站点合理的距离和路线数量，会促使人们选择步行乘坐公共交通的出行方式，给人们提供更多步行锻炼的机会。《标准》7.2.3条的要求为人们选择自行车和公交的健康出行方式提供便捷设施和条件，如设有充足的自行车停车位，备有打气筒、六角扳手等维修工具，停车位置宜结合建筑出入口布置，并尽量设置在地上，有遮阳防雨设施。

（2）室内

室内部分包括室内健身空间、便于日常使用的楼梯、健身服务设施3项条文，体现了《标准》对室内健身场地和设施的要求。

1）室内健身空间。与室外运动相比，室内运动可以不受天气、空气质量等室外环境因素的限制，通过运动促进人体的新陈代谢，帮助人们养成坚持锻炼的习惯。

《标准》7.2.4 条要求建筑内有免费的健身空间，可以利用建筑的公共空间（如小区会所、入口大堂、休闲平台、茶水间、共享空间等）设置健身区，配置一些健身器材，提供人们进行全天候健身活动的条件，鼓励积极健康的生活方式。

2）便于日常使用的楼梯。设置便捷、舒适的日常使用楼梯，可以鼓励人们减少电梯的使用，在健身的同时节约电梯能耗。《标准》7.2.5 条鼓励建筑至少有一部楼梯便于日常使用，设在靠近主入口的地方，并有明显的楼梯间引导标识，同时配合以鼓励使用楼梯的标识或激励办法，促进人们更多地使用楼梯锻炼身体。楼梯间内应有良好的采光、通风和视野，以提高使用楼梯间的舒适度。

3）健身服务设施。健身服务设施的完善不仅能为健身设施的有效使用提供必要的保障，促进人们进行健身活动，也能使健身活动更加科学合理、更加人性化。《标准》7.2.6 条鼓励有条件的建筑配置可供健身和骑自行车人使用的更衣、淋浴设施，为健身提供人性化的服务，并鼓励使用自行车。男、女更衣室的大小、淋浴室的数量，均需依据健身者数量进行匹配，可以单独设置也可以借用建筑中其他功能的更衣和淋浴设施。

（3）器材

器材部分包括室外健身器材和室内健身器材 2 项条文，体现了《标准》对室内外健身器材的数量和种类等要求。

1）室外健身器材。《标准》7.2.7 条要求在室外健身场地中免费提供健身器材，健身器材应有足够数量，并有不同的种类，给不同需求的人群提供不同的选择，如住宅小区中可设置适合老年人的腰背按摩器、太极推揉器、肩背拉力器、扭腰器、太空漫步机、腿部按摩器等。健身器材应有相关的产品质量与安全认证标志，并配有使用说明书，有明显的标识牌指导。

2）室内健身器材。《标准》7.2.7 条要求在室内免费提供健身器材并不少于三种，常见的室内健身器材有跑步机、划船器、健身车、组合器械等。室内健身器材可选用占地面积较小的综合式多功能器材，并应有减振隔振措施，防止噪声对其他房间的影响，可设置地毯、软包墙面等吸声降噪和安全防护措施。

3.6 人文

3.6.1 概况

除了身体健康外，人的心理健康也十分重要，健康建筑应满足人交流、沟通和活动的需求，提供丰富的精神文化生活场所，用色彩、艺术品、绿化给人们带来身心的愉悦。我国人口面临着老龄化的趋势，适老设施的设置需求日益迫切。老年人的视力、体力等各身体机能都有不同程度的衰退，在建筑中要充分考虑到老年人的身体机能及行动特点，并作出相应的设计。

《标准》中的“人文”指标，是6大类评价指标体系之一，对促进人们的心理健康和适应老龄化需求有着重要的作用，是健康建筑不可缺少的重要部分。建筑中涉及人文的范畴相对较广，本章主要围绕与健康直接相关的交流活动场地、心理健康、适老设施和医疗设施几个方面进行规定，以在健康建筑中营造和谐、友好、愉悦、舒缓、便捷、安全的人文环境。评价指标分为“控制项”和“评分项”，设置框架及评分值如表3.6-1所示。

“人文”指标内容及其分值设定 **表3.6-1**

<table>
<tr><th colspan="2">条文类型</th><th>条文号</th><th>技术指标关键词</th><th>分值设定</th></tr>
<tr><td colspan="2" rowspan="3">8.1 控制项</td><td>8.1.1</td><td>植物安全</td><td>必须满足</td></tr>
<tr><td>8.1.2</td><td>色彩与私密性</td><td>必须满足</td></tr>
<tr><td>8.1.3</td><td>无障碍设计</td><td>必须满足</td></tr>
<tr><td rowspan="11">8.2 评分项</td><td rowspan="4">Ⅰ交流
（35%）</td><td>8.2.1</td><td>室外交流场地</td><td>12</td></tr>
<tr><td>8.2.2</td><td>儿童游乐场地</td><td>9</td></tr>
<tr><td>8.2.3</td><td>老人活动场地</td><td>8</td></tr>
<tr><td>8.2.4</td><td>公共服务食堂</td><td>6</td></tr>
<tr><td rowspan="4">Ⅱ心理
（35%）</td><td>8.2.5</td><td>文化活动场地</td><td>12</td></tr>
<tr><td>8.2.6</td><td>绿化环境</td><td>11</td></tr>
<tr><td>8.2.7</td><td>入口大堂</td><td>6</td></tr>
<tr><td>8.2.8</td><td>心理调整房间</td><td>6</td></tr>
<tr><td rowspan="3">Ⅲ适老
（30%）</td><td>8.2.9</td><td>适老设计</td><td>12</td></tr>
<tr><td>8.2.10</td><td>无障碍电梯</td><td>6</td></tr>
<tr><td>8.2.11</td><td>医疗救援</td><td>12</td></tr>
</table>

3.6.2 标准控制项的解读

《标准》中“人文”指标的控制项，是健康建筑环境的基本要求，是必须满足的内容，包括植物的无毒无害、色彩的协调、空间的私密性、无障碍设计，有些项是比较定性的指标，可由专家综合判断。

1）植物安全。绿化植物可以有效阻挡粉尘、净化空气、装饰环境、增加含氧量，但有些植物有一定的毒害，如散发的气体易引发气管炎，接触后会导致过敏红肿等。《标准》8.1.1条要求选择无毒无害的植物，这是健康环境的基本保证。可以选择具有除甲醛、吸收有害气体、净化空气等功能的植物，如芦荟、吊兰、君子兰、橡皮树等。在健身场地、活动场地或儿童活动的区域，原则上不应种植夹竹桃、茎叶坚硬或带刺等具有毒性或伤害性的植物。如果种植对人体健康有潜在毒性危险或具有伤害性的植物，应设立标语警示、围栏或采取避免儿童接触的措施，以避免误食和接触。

2）色彩与私密性。建筑的色彩会直接或间接地影响人的情绪、精神和心理活动，色彩协调能让人感到舒适，保持愉悦的精神状态。建筑私有空间具有适宜的私密性，避免窗户的对视，是人的心理安全需求。《标准》8.1.2 条要求建筑室内和室外的色彩应协调，比如没有刺眼的色彩、明显不协调的色彩，建筑宜采用明亮、温馨的色彩，与环境气氛、空间大小相适应。建筑私有空间需具有适宜的私密性，公共空间与私有空间应明确分区。良好的视野也是人在建筑中保持心理舒适的基本需求之一，对于居住建筑，两栋住宅居住空间的水平视线距离超过 18m 并避免窗户的对视，可以满足人基本的心理安全需求；对于公共建筑，要求 70% 以上主要功能房间均能看到室外的绿地和天空，且没有构筑物或建筑物对视野造成完全遮挡。

3）无障碍设计。建筑场地、空间和设施应充分考虑不同程度生理伤残缺陷者和正常活动能力衰退者的使用需求。《标准》8.1.3 条要求按照《无障碍设计规范》GB 50763 的要求进行建筑设计，并特别强调无障碍系统应完整连贯，保持连续性。如建筑场地的无障碍步行道应连续铺设，不同材质的无障碍步行道交接处应避免产生高差，所有存在高差的地方均应设置坡道，并应与建筑场地外无障碍系统连贯连接。住宅建筑内的电梯不应平层错位。建筑室内有高差的地方，也应设置坡道方便轮椅上下。

3.6.3 标准评分项的解读

《标准》中“人文”指标的评分项，分为三个部分：交流场地，心理健康，适老与医疗。这些内容围绕着人的交往需求、精神需求，以及对老年人、病人的关爱，给人们提供更全面的身心健康的保证。

（1）交流

交流部分包括室外交流场地、儿童游乐场地、老年人活动场地和公共服务食堂 4 项条文，满足不同人群的沟通、休闲需求，构建和谐的人际关系，保持人们的心理健康。

1）室外交流场地。室外交流场地可提供给人们进行交谈、散心、下棋、举行集体活动的场所，可以活跃文化生活，提升和谐关系，打造充满活力和友好的人际关系环境。《标准》8.2.1 条要求交流场地应有足够的面积，并应配置不少于 10 人的座椅。交流场地宜设有避雨遮阴设施，如乔木、亭子、廊子、花架、雨棚等，以提高场地的舒适度和利用率。交流场地周边宜有直饮水设施，并设有公用卫生间，公共卫生间应不仅服务于建筑常驻使用者，还应向社会公众开放，缓解路人找厕所难的普遍现象。

2）儿童游乐场地。室外游乐对儿童的成长是非常重要的，玩耍能增强儿童的免疫系统、增加体育活动、激发想象力和创造力，获得知识和经验。《标准》8.2.2 条要求儿童游乐场地应有充足的日照，促进血液循环、增强新陈代谢、促进钙质吸收。还应设置丰富的娱乐设施，有监护人使用的座椅，有洗手点或有小型的公共卫生间，为孩子在玩耍过后提供及时清洁的条件，解决儿童活动时急于找厕所的问题。同时，鼓励在室内设置儿童活动室，以便在天气恶劣、空气质量不好的情况下，也能给儿童提供一个娱乐活动的空间。

3）老年人活动场地。老年人更需要经常在室外活动区进行体育锻炼，通过锻炼可以延缓骨质疏松，延缓大脑衰退，提高免疫力，有助于老年人延年益寿；锻炼中的交往与交流，也有利于减少孤独感、保持心理健康。《标准》8.2.3条要求老年人活动场地应有充足的日照，应配置供老人使用的座椅，无障碍设施完善。场地内可配置适宜的中等强度的健身器材，还可设置阅报栏、紧急呼叫按钮等。老年人活动场地和儿童游乐场地之间可以相邻设置，既相互独立使用，又可以方便老人兼顾照顾孩子。

4）公共服务食堂。设置社区食堂、公共食堂，提供放心、方便、经济、卫生的餐食，可以为建筑使用者（特别是上班人员、老年人和单身人员）就近解决吃饭问题，提高生活效率，食品安全也有一定保障。《标准》8.2.4条要求在建筑中设有公共服务食堂并对所有建筑使用者开放。公共服务食堂应从正规渠道采购食材，严格保障食品卫生，保证饭菜质量，为居民、办公人员等提供丰富多样的健康餐食。鼓励食堂公示采购来源，标明营养含量，提供营养建议，提醒体重控制，宣传节约理念。

（2）心理

心理部分主要关注影响和促进人的心理健康的建筑因素，包括文化活动场地、艺术装饰品、绿化环境、建筑大堂的布景、心理调整房间等，体现了健康建筑丰富精神生活、舒畅心情、创造良好心理状态的作用。

1）文化活动场地。设置公共图书馆、公共音乐舞蹈室等文化活动场所，可以丰富人们的精神文化生活，形成浓厚的文化氛围，提高生活品质，为人们带来身心的健康与愉悦，也可避免音乐舞蹈活动的噪声扰民现象。雕塑、绘画等艺术品，让人驻足欣赏、想象、产生共鸣，能美化环境、陶冶情操、抚慰心灵。《标准》8.2.5条要求公共图书馆、公共音乐舞蹈室应有足够的面积，室内艺术装饰品可以摆设在走廊、楼梯间、茶歇间、休息区等公共空间，室外场地可在出入口、广场、活动场地、人行步道、绿地中适当设置艺术雕塑。

2）绿化环境。园林绿化能为建筑环境增添大自然的美感，帮助人们放松心情、消解疲劳，还能起到净化空气、降低噪声等作用。《标准》8.2.6条鼓励通过保证场地绿地率，设置屋顶绿化和垂直绿化，在房间中摆放绿色植物等措施来增加绿化量，用自然元素舒缓室内环境，净化室内外空气，给人带来更多亲近大自然的感受。还要求植物品种多样，乔灌草结合配置，考虑不同季节的色彩，给人们提供丰富的视觉感受。

3）入口大堂。入口大堂是建筑中人员集中、停留、集散的重要节点，是进入建筑物的第一个主要空间，应设置具备艺术功能、休憩功能和保洁功能的服务设施。《标准》8.2.7条提出大堂里应设置植物、艺术品或水景布景，可以增加空间的趣味性，让人驻足欣赏，带来美好的情绪，水景产生的声音也能带给人回归自然的悦耳感受。休息座椅区为人的等候提供方便，也给大堂提供交流、放松的空间。放置雨伞的设施可以避免雨伞滴水污染地板，有利于保持清洁整洁的室内环境。

4）现代人的心理健康问题日益严重，心理调整房间有利于消除或缓解紧张、焦虑、忧郁等不良心理状态，达到心理放松和减压作用。《标准》8.2.8条鼓励建筑中设置静思、宣泄或心理咨询室等心理调整房间。心理宣泄室里可以通过击打沙袋、涂鸦、唱歌等方式消除心理压力，发泄不良情绪，让心理向着积极健康的方向发展。心理咨询室是辅助心理健康调节的有效设施，尤其在学校建筑、办公建筑中，更需要对有心理问题的人进行心理辅导，帮助他们自我调节和治疗，保持良好的心理健康状态。

（3）适老

适老部分主要包括为适应老龄化设置的适老设施，无障碍电梯的设置，医疗服务和紧急救援的便利条件等内容，体现了对老年人的关爱，帮助伤残缺陷者无障碍使用建筑，满足病人医治和紧急救援的需求。

1）适老设计。老年人很容易滑倒，可能出现视力衰退、体能下降，甚至生活走路困难、生活难以自理等问题，在建筑中要充分考虑到老年人的身体机能及行动特点，在地面材料、扶手、标识、墙面、家具等方面作出相应的设计。《标准》8.2.9条要求在老年人经常活动和使用的区域，如老人活动区、公共活动区、公共卫生间、走廊、楼梯等，地面应采用防滑铺装，以提高安全性；在容易带来不便的通道高差处，应设有坡道或缓坡，以保证老年人顺利通行。引导标识系统应采用大字标识，如建筑门牌编号、路线指示、安全提示等，方便老年人识别。在建筑公共区以及老人用房的墙面或者易接触面不应有明显棱角或尖锐突出物，老人用房间的墙、柱、家具等处的阳角宜做成圆角，设置安全抓杆或扶手，以尽可能方便老人行走，防止滑倒和磕碰伤害，保障老年人的行走安全。

2）无障碍电梯。无障碍电梯方便乘轮椅者及视残者出入建筑。可容纳担架的无障碍电梯可保证建筑使用者出现突发病征时，能更方便地利用垂直交通，安全快速地运送病人就医。尤其老年人容易突发心脑血管等疾病，更加需要快速运送就医。《标准》8.2.10条参考现行国家标准《无障碍设计规范》GB 50763、《住宅设计规范》GB 50096的要求，适当有所提高。二层及以上的公共建筑应至少设有1部无障碍电梯，住宅建筑应每单元设置担架电梯，以利于危重病人抢救。

3）医疗救援。步行可达的距离内设有医疗服务点，或在建筑内部设置医疗服务点，可方便病人及时便捷地得到医疗服务。配置有基本医学救援设施，医疗急救绿色通道畅通，设有紧急求助呼救系统，可在突发卫生事件时，迅速、高效地组织医疗救援工作，为医疗救治争取宝贵时间，最大程度地减少人员伤亡，保障人员的身体健康和生命安全。《标准》8.2.11条鼓励的医疗服务点包括医院、卫生服务中心、卫生服务站等，可开展诊疗、护理、康复、健康教育、妇幼保健等工作。基本医学救援设施可设置急救包、心脏复苏装置、洗眼器、氧气瓶等，应定期检查设备的性能，定期维修、保洁和消毒，保证应急使用性能完好。医疗急救绿色通道应畅通，以保证救护车能顺畅到达每个楼栋出入口。应在老年人经常活动的区域，如卫生间、卧室，高度适宜的地方设置方便的紧急求助呼救按钮，及时通知到物业管理等人员。

3.7　服务

3.7.1　概况

《标准》第 9 章“服务”是健康建筑的重要内容，分为两部分：第 9.1 节为“控制项”，包括 5 条控制项条文；第 9.2 节为“评分项”，包括 15 条评分项条文。此外，第 10 章“提高与创新”还设有加分项条文（第 10.2.5 条）提出了更高层次的要求。从指标的条文数量来看，“服务”为 6 大类指标中条文数量第二多的一章，仅次于舒适章节，和空气章节相同，涉及范围较广；从指标的单项权重来看，对于居住建筑和公共建筑，“服务”的评分权重均为 0.12。“服务”章节由于其特点，只适用于运行评价。根据其所涉及的评价内容，本章分为物业、公示、活动、宣传部分，其技术指标及评分值如表 3.7-1 所示。

“服务”技术指标内容及其分值设定　　表 3.7-1

条文类型		条文号	技术指标关键词	分值设定
4.1 控制项		9.1.1	管理制度	必须达标
		9.1.2	气象服务和灾害预警	必须达标
		9.1.3	餐饮厨房	必须达标
		9.1.4	厨房虫害	必须达标
		9.1.5	垃圾收集	必须达标
4.2 评分项	I 服务（45%）	9.2.1	管理认证	6 分
		9.2.2	虫害控制	6 分
		9.2.3	禁烟	6 分
		9.2.4	厨房清洁	9 分
		9.2.5	空调清洗	10 分
		9.2.6	满意度调查	8 分
	II 公示（20%）	9.2.7	信息平台	10 分
		9.2.8	预包装食品	5 分
		9.2.9	散装食品	5 分

续表

条文类型		条文号	技术指标关键词	分值设定
4.2 评分项	III 活动（20%）	9.2.10	健身活动	5 分
		9.2.11	公益活动	5 分
		9.2.12	体检	5 分
		9.2.13	兴趣小组	5 分
	IV 宣传（15%）	9.2.14	使用手册	5 分
		9.2.15	健康宣传	10 分

3.7.2 标准控制项的解读

控制项是对健康建筑评价的基本要求，本章设置了管理制度、气象服务和灾害预警、餐饮厨房、厨房虫害和垃圾收集 5 个重要条文，以“达标”或“不达标”进行评判。

（1）管理制度

标准 9.1.1 条的目的是通过制定合理的健康建筑管理制度，确保建筑健康性能在建筑运行过程中保持稳定。健康建筑管理制度主要包括责任划分原则、明确各方责任、制度实施方案及方式、建立管理和约束机制。

（2）气象服务灾害和灾害预警

标准 9.1.2 条的目的是通过对室外空气质量、温度、湿度、风级及气象灾害预警等气象条件的展示，为业主提供出行及建筑使用参考，提醒业主采取有效手段降低可能遭受的健康风险。物业管理机构应提供能够展示室外空气质量、温度、湿度、风级及气象灾害预警的设施，并纳入健康建筑管理制度中。

（3）餐饮厨房

标准 9.1.3 条的目的是减少食物交叉污染发生风险。餐饮厨房区、食品加工销售场所应合理布局，各功能区域划分明显，并有适当的分离或分隔措施。餐饮厨房区通常可划分为清洁作业区、准清洁作业区和一般作业区，或清洁作业区和一般作业区等。

（4）厨房虫害

标准 9.1.4 条的目的是防止昆虫、鼠类传播疾病、破坏食品性状。餐饮厨房区、食品加工销售场所应采取有效措施（如纱帘、纱网、防鼠板、防蝇灯、风幕等），防止鼠类昆虫等侵入。若发现有虫鼠害痕迹时，应追查来源，消除隐患。应准确绘制虫害控制平面图，标明捕鼠器、粘鼠板、灭蝇灯、室外诱饵投放点、生化信息素捕杀装置等放置的位置。杀虫剂、杀鼠剂及其他有毒有害物品存放，均应有固定的场所（或橱柜）并上锁，包装上应有明显的警示标志，并有专人保管。

（5）垃圾收集

标准 9.1.5 条的目的是避免垃圾滋生蚊蝇、繁殖细菌。采用具有自动启闭箱盖的垃圾箱，可减少垃圾气味的散发，减少蚊蝇的滋生，降低对周边环境的影响。此处，应制定合理、有序的垃圾管理办法，废弃物、垃圾等必须及时清运，定期冲洗，并做到垃圾不散落、不污染环境、不散发臭味，且对有害垃圾必须单独收集、单独运输、单独处理。

3.7.3　标准评分项的解读

评分项是用于评价和划分绿色建筑星级的重要依据，依据评价条文的规定以“得分”或“不得分”进行评判。根据“服务”涉及的内容，本章共设置 17 个评价条文，涵盖物业、公示、活动、宣传 4 个部分。

（1）物业

物业涉及管理认证、虫害控制、禁烟、厨房清洁、空调清洗、满意度调查 6 个评价条文（9.2.1 ～ 9.2.6），满分 45 分，是评价建筑服务的关键性内容。

1）管理认证。9.2.1 条的目的是保证物业管理公司有相应的能力认证。ISO 14001 环境管理体系标准，包括环境因素识别、重要环境因素评价与控制，适用环境法律、法规的识别、获取和遵循，环境方针和目标的制定和实施。ISO 9001 是一类标准的统称。是由 TC 176（质量管理体系技术委员会）制定的所有国际标准，其质量管理体系适合希望改进运营和管理方式的任何组织，不论其规模或所属部门如何。

2）虫害控制。9.2.2 条的目的是避免虫害防治引起环境污染。对于病虫害，应坚持以物理防治、生物防治为主，化学防治为辅，并加强预测预报。一方面提倡采用生物制剂、仿生制剂等无公害防治技术，另一方面规范杀虫剂、除草剂、化肥、农药等化学品的使用，防止环境污染，促进生态、人类可持续发展。

3）禁烟。9.2.3 条的目的禁止吸烟。烟草中含有多种有害物质，可增大肝脏负担，影响肝脏功能，很容易引起喉头炎、气管炎，肺气肿等咳嗽病，还会增加患口腔、咽喉、食管及肾脏等处癌症的机会。不仅如此，二手烟对呼吸系统的健康影响更为严重，如今二手烟雾已被美国环保署和国际癌症研究中心确定为人类 A 类致癌物质，美国国立职业安全和卫生研究院已作出结论：二手烟雾是职业致癌物。

4）厨房清洁。9.2.4 条的目的是避免食品污染变质。微生物是造成食品污染、腐败变质的重要原因，进而对人体健康产生影响。食品中的微生物可能会造成食物中毒现象，甚至会危及人的生命，因此必须给予高度重视。食品生产经营者应依据食品安全法规和标准，结合生产实际情况确定微生物监控指标限值、监控时点和监控频次。在通过清洁、消毒措施做好食品加工过程微生物控制的同时，还应当通过对微生物监控的方式验证和确认所采取的清洁、消毒措施能够有效达到控制微生物的目的。监控对象包括食品接触表面、与食品或食品接触表面邻近的接触表面、加工区域内的环境空气、加工中的原料、半成品，以及产品、半成品经过工艺杀菌后微生物容易繁殖的区域。

5）空调清洗。9.2.5 条的目的是通过对空调通风系统和净化设备进行定期检查和清洗，确保设备正常运行的同时，保障用户的健康。物业管理机构应定期对空调通风系统和净化设备进行检查，如检查结果表明达到清洗条件，空调通风系统应严格按照现行国家标准《空调通风系统清洗规范》GB 19210 的规定进行清洗和效果评估，净化设备按照厂家的相关维保说明进行清洗。如检查结果表明未达到必须清洗的程度，则可暂不进行清洗，仅对检测结果进行记录即可。

6）满意度调查。9.2.6 条的目的是通过满意度调查促使物业机构进行服务改进。问卷调查工作一年不少于两次，调查内容至少包括下列大类中所涉及的内容：1. 声环境；2. 热舒适（采暖季和空调季，至少各调查一次）；3. 采光与照明；4. 室内空气质量（异味、不通风以及其他空气质量问题）；5. 保洁和维护；6. 物业服务水平。根据问卷结果制定改进计划和措施，进行有针对性的改进。

（2）公示

公示涉及信息平台、预包装食品和散装食品 3 个条文（9.2.7 ～ 9.2.9），满分 20 分。

1）信息平台。9.2.7 条的目的是通过信息化手段向用户推送需要的信息。随着信息技术的进步，通过移动终端接收相关信息越来越受大众欢迎。对于健康建筑，通过健康建筑信息服务平台向建筑使用者有组织地无偿推送健康相关知识、天气信息、活动消息等讯息，方便了大众的生活。

2）预包装食品。9.2.8 条的目的是保证预包装食品的健康和安全。《食品安全法》第六十七条规定，预包装食品的包装上应当有标签。标签应当标明下列事项：名称、规格、净含量、生产日期；成分或者配料表；生产者的名称、地址、联系方式；保质期；产品标准代号；贮存条件；所使用的食品添加剂在国家标准中的通用名称；生产许可证编号；法律、法规或者食品安全标准规定应当标明的其他事项。专供婴幼儿和其他特定人群的主辅食品，其标签还应当标明主要营养成分及其含量。

3）散装食品。9.2.9 条的目的是保证散装食品的健康和安全。根据《食品安全法》第六十八条规定，食品经营者销售散装食品，应当在散装食品的容器、外包装上标明食品的名称、生产日期或者生产批号、保质期以及生产经营者名称、地址、联系方式等内容。国家标准《食品安全国家标准 食品经营过程卫生规范》GB 31621—2014 还规定，散装食品标注的生产日期应与生产者在出厂时标注的生产日期一致。

（3）活动

活动涉及健身活动、公益活动、体检和兴趣小组 4 个重要条文（9.2.10 ～ 9.2.13），满分 20 分。

1）健身活动。9.2.10 条的目的是通过健身宣传促进用户加强健身活动。通过健身宣传，可以宣扬健身理念，鼓励、提醒建筑使用者积极健身，养成运动锻炼的习惯。2016 年，国务院印发的《全民健身计划（2016—2020 年）》指出：实施全民健身计划是国家的重要发展战略。要以增强人民体质、提高健康水平为根本目标，以满足人民群众日益增长的多元化体育健身需求为出发点和落脚点。

2）公益活动。9.2.11 条的目的是通过亲子、邻里或公益活动提高人们的心理健康水平。通过亲子活动可以锻炼孩子参与探索的性格，能让孩子在少年时期身心健康发展。公益活动对于推动精神文明建设，建设社会主义和谐社会，促进人类社会进步也有重要的意义。参加公益活动不仅帮助了他人，也有助于提高参与者的心理健康水平。研究表明参加志愿活动能加深个体对自我的认识，体会到更多的生活乐趣，提高生活满意度、幸福感、社会适应能力、人际交往能力和自我认同感。

3）体检。9.2.12条的目的是通过体检及早发现疾病风险。随着生态环境的恶化，生活、工作节奏的加快和心理压力的增加，很多疾病的发作呈现出年轻化趋势。而对于很多疾病来说，能否早期发现，及时治疗，是决定日后的关键。通过体检早期发现亚健康状态和潜在的疾病，早期进行调整和治疗，对提高疗效，缩短治疗时间，减少医疗费用，提高生命质量有着十分重要的意义。

4）兴趣小组。9.2.13条的目的是通过丰富的兴趣小组活动提升生活质量。现代都市人因工作压力大，生活节奏快，很容易导致各种身体亚健康症状。成立各种兴趣小组，能够营造良好的文化氛围，丰富大家的业余文化活动，培养健康向上的兴趣爱好，促进心理健康和身体健康。

（4）宣传

宣传涉及使用手册和健康宣传2个重要条文（9.2.14、9.2.15），满分15分。

1）使用手册。9.2.14条的目的是通过使用手册的形式使用户更好地使用健康建筑。编制健康建筑使用手册，对使用者免费发放，一方面可以宣传健康生活理念，传播更多健康知识，使用户更加注重自身健康水平，另一方面可以加强用户对其所工作生活建筑的认识，以便更好地使用和维护建筑，使建筑更好地发挥促进身心健康的作用。健康建筑使用手册应该图文并茂，详细介绍建筑的健康设计理念、日常操作和使用指南、故障处理方式等。

2）健康宣传。9.2.15条鼓励申报方通过多种多样的形式进行健康建筑理念宣传。物业管理部门应多渠道展开健康建筑、健康生活方式、健康行为、健康活动等方面的宣传活动；通过多次不定期的宣传册发放、社区或楼宇媒体广告等载体介绍为实现健康建筑采用的技术措施和管理措施。定期组织多种形式的活动，免费提供宣传材料和报纸杂志等，内容可涵盖健康生活方式、积极健康心态、健康生活常识、健康饮食等。除了定期更新的杂志和报刊外，也可以长期放置一些心理健康和生理健康领域的经典书籍。

第 4 章　技术与设施

第 2 章分析了空气、水、声、光、热湿、食品、健身、人文和人体工程学九大健康要素对建筑使用者的健康影响，本章将从可采取的技术与措施角度，分析如何充分发挥这九大健康要素对人体健康的积极影响，避免或降低其对人体健康的负面影响，从实际操作层面，引导健康建筑理念的落地实施。

4.1　空气质量控制

建筑室内空气污染控制目的是确保运行阶段的空气质量满足相关标准要求，从而降低人员空气污染物暴露风险。本书将室内空气污染物分为化学性、生物性、放射性和颗粒物污染，控制手段主要分为源控制、通风控制以及净化控制，考虑到民用建筑特性，本书不考虑个体防护以及脱离接触这两种控制措施。

在源控制方面，由于室内空气污染物种类极多，来源广泛，本书仅列出一些较常见的典型空气污染物来源，并结合我国部门管理特点，将建筑室内空气污染来源划分为建筑结构性污染、生活用品性污染和人员行为性污染（见表 4.1-1），重点讨论污染源控制技术；在通风控制方面，本书重点讨论通风量标准；在净化控制方面，本书重点讨论净化技术原理及各自特点。

建筑室内空气污染类型及来源　　表 4.1-1

污染来源	污染类型	行业	备注
周边大气、土壤污染等导致的室内空气污染	建筑结构性污染	环境＋建筑	规划到验收
建筑本身材料、构件污染		建材＋建筑＋建材	
通风空调等设备污染		建筑＋设备	
生活所需产品等引入污染（活动家具等）	生活用品性污染	产品（制造）＋建筑	验收后到运营
人员本身及活动产生污染（吸烟等）	人员行为性污染	公共卫生＋建筑	

4.1.1 源控制技术

（1）甲醛、VOCs等污染物控制技术

室内甲醛主要有三个来源：第一是来源于燃烧过程，如吸烟、取暖、做饭、蜡烛燃烧与烧香[1]；第二是在非吸烟的环境中主要来源于建材和电子消费产品等散发出的甲醛[2，3]，包括含有脲醛树脂的家具及木制产品（刨花板、胶合板和中密度纤维板等）、绝缘材料、纺织品、建材（如油漆、墙纸、胶水、胶粘剂等）、电子设备（包括电脑和复印机），另外包括液体肥皂、洗发水、指甲清漆及指甲硬化剂、洗涤剂、消毒剂、柔顺剂和地毯清洁剂等家用清洁产品，以及杀虫剂和纸制品等其他消费产品；第三是来源于通过臭氧和萜烯发生的化学反应生成的二次甲醛[4，5]，在相对湿度和室内温度较高的条件下，可以持续较长时间[6]。

苯是一种典型的VOCs，其中室内空气中的苯主要有四个来源。第一是来源于室外空气。室外苯浓度主要受交通排放、加油站和某些行业[7]（煤炭、石油、天然气、化工和钢铁的相关行业）排放影响，由于建筑室内和室外间存在空气交换，因此室外苯浓度对于室内苯浓度水平具有一定影响。第二是来源于建筑装饰装修材料和家具等[8，9]。尤其是新的建筑物或刚装修的房间，室内空气中的苯主要来源于建筑装饰装修材料和家具等。第三是来源于燃料燃烧。因为低效率炉灶和燃料的广泛使用，发展中国家的炉灶使用对室内空气污染有重要的影响，已发现使用煤油炉能使苯浓度达到44～167$\mu g\cdot m^{-3}$[10]。第四是来源于人类活动。人类在清洁[11]、绘画[12，13]、使用蚊香[14]等产品、复印[15]、印刷[16]及吸烟等行为中均产生苯污染，其中环境烟草烟雾（ETS）被认为是室内苯的主要来源之一。吸烟的苯排放量范围为每根香烟430～590μg[17]，如果室内存在ETS，预计苯浓度至少增加30%～70%[18，19]。

从较宏观角度考虑，甲醛、苯源头控制主要方法包括：降低或避免室外大气影响、控制装饰装修中材料、家具使用等造成的建筑结构性污染；控制家具、打印机、燃料、洗涤剂、消毒剂等生活用品性污染；控制吸烟等造成的人员行为性污染。但从具体污染控制分析，尽管一般认为甲醛和苯均属于装修污染，但从以上分析来看，其来源还是有较大差异的，因此源控制方法会有较大差异。考虑我国目前污染现状，总体上现阶段控制甲醛、VOCs的主要任务是控制建筑室内装饰装修材料和家具质量等。

（2）$PM_{2.5}$等颗粒物污染物控制技术

颗粒物控制主要方法包括：降低或避免室外大气影响，采用通风净化方式控制进入室内空气的颗粒物浓度；控制室内源，采用局部排风或空气净化器净化室内空气。考虑我国目前污染现状，总体上现阶段控制颗粒物的主要任务是控制室外灰霾对于建筑室内的影响和厨房污染。

（3）氡污染物控制技术

室外空气的氡水平通常很低，室外平均氡水平为5～15Bq/m^3。室内的氡水平较高，矿山、岩洞和水处理设施等地方的氡水平最高[20，21]。对多数人而言，接触的大部分氡来自室内[22]。氡通过水泥地面与墙壁连接处的裂缝、地面的缝隙、空心砖墙上的小洞以及污水坑和下水道进入室内。室内氡的浓度取决于：1）地基的岩石和泥土中铀的含量；2）氡进入室内的途径；3）室内外空气的交换速度，即房屋的构造、居住者的通风习惯和窗户的密封程度等因素的影响。

氡控制主要方法：第一是在土壤氡浓度高的区域对建筑采用防氡工程，对建筑基础层进行处理；第二是加强室内通风，降低氡浓度。

4.1.2 通风控制技术

通风分为自然通风、机械通风和多元通风。自然通风是指利用自然手段（热压、风压等）来促进空气流动而进行的通风换气方式。机械通风是指利用机械手段（风机、风扇等）来驱动空气进行流动交换的方式。多元通风系统是一个能够在不同时间、不同季节利用自然通风和机械通风的不同特性的综合系统，是一个结合了机械通风和自然通风的二元系统。

在室内空气污染方面，通风主要有两个目的：提供室内人员所需的新鲜空气量，同时控制室内污染物浓度。但由于有些情况下室外特定污染物浓度高于室内浓度或相关规定的浓度，这使通风需要根据实际情况进行处理才能实现控制室内空气污染的目的。目前，国内关于通风量确定方法或原则主要根据《公共建筑节能设计标准》GB 50189、《采暖通风与空气调节设计规范》GB 50019 和《室内空气质量标准》GB/T 18883 中的相关规定，主要是根据人员数量确定最小新风量。

美国 ASHRAE 62.1—2010 标准对于通风量的确定有规定设计法和性能设计法两种方法，其中性能设计法与室内人数以及室内污染状况有关。欧洲 PrENV 1752 中新风量的确定也反映相同思想，即最小新风量与室内人数以及室内污染状况有关。通风是否满足需求与换气效率、人员数量以及室内污染均相关。考虑到源控制是污染控制优先考虑方法，在通风量计算中鼓励低污染材料应用并在计算中明确提出，这对于低污染建材应用具有较明显的推动作用。因此可采取以下方法进行通风量设计：

1）建筑人员工作区的设计最小新风量按下式计算：

$$Q_{f}=\frac{Q_{b}}{E} \tag{1}$$

式中：

Q_f——人员工作区的设计最小新风量，m^3/h；

Q_b——人员呼吸区的设计最小新风量，m^3/h；

E——换气效率。

2）人员呼吸区的设计最小新风量按下式计算：

$$Q_{b}=Q_{b1}\times P+Q_{b2}\times A \tag{2}$$

式中：

Q_b——人员呼吸区的设计最小新风量，m^3/h；

Q_{b1}——人员所需最小新风量，$m^3/$（h·人）；

P——室内人数，人；

Q_{b2}——单位地板面积所需的最小新风量，$m^3/(h \cdot m^2)$；

A——人员呼吸区的地板面积，m^2。

其中 Q_{b1} 可依据现行国家标准《民用建筑供暖通风与空气调节设计规范》GB 50736 等标准的规定。Q_{b2} 可按照不同建筑污染情况进行选择，如高污染建筑选择 $3.24m^3/(h \cdot m^2)$，低污染建筑选择 $0m^3/(h \cdot m^2)$。通风量提高伴随建筑能耗的提高，这样通过能耗的提高让决策者在前期建筑建设中更多选择低污染建筑材料。

4.1.3 空气净化技术

室内空气净化是指从空气中分离或去除一种或多种空气污染物。一般包括过滤、静电除尘、吸附（分为物理吸附和化学吸附）、紫外杀菌（UVGI）、光催化、化学催化、等离子体以及臭氧氧化等技术。表 4.1-2 比较了室内常用空气净化技术的优缺点 [23]。对于捕获型空气净化技术，过滤和吸附分别能有效去除微粒污染（颗粒和部分微生物）和化学污染。但长期使用的过滤器将可能产生异味 [24]，而吸附材料所吸附的化学污染物（如 VOCs 等）也会与空气中的微量臭氧反应，并生成少量颗粒物污染 [25]。另外为了保证良好的净化性能，使用这两种技术的空气净化产品均需定期更换或清洗；对于破坏型空气净化技术：光催化、等离子体、臭氧氧化等，其净化过程本质上是化学反应或离子化反应的过程，因此常常伴随着副产物的产生。

目前我国已颁布了《空气净化器》GB/T 188801 等产品标准，同时《公共建筑室内空气质量设计标准》等工程标准正在编制中，对于净化器工程选型、产品评价等方面也进行了相关研究工作并取得了较大进展。未来主要在净化能效、时效及避免二次污染等方面尚需开展研究工作。

常用室内空气净化技术比较 [39] 表 4.1-2

净化技术	适用空气污染物类型	优点	缺点
过滤	颗粒物	能有效去除颗粒物，特别是粒径大于 0.1μm 的颗粒物	长期使用的过滤器可能会产生异味，导致可感知污染物（sensory pollutants）；无证据表明过滤器能去除气体污染物（如 VOCs 等），但当过滤器与吸附技术相结合时，能去除部分气体污染物
催化技术	有机、无机等气体污染物以及微生物	能去除大部分室内污染物（如醛类、芳香烃、异味、微生物等）	会产生有害的副产物（如甲醛、乙醛等）；使用过程中，催化剂的活性会逐渐降低，导致净化性能降低
等离子体	有机、无机等气体污染物以及微生物	能同时去除气相污染物、微生物甚至颗粒物	可能产生臭氧，氮氧化物和其他有害副产物；运行电压高；耗能较其他净化技术大
臭氧氧化	有机、无机等气体污染物以及微生物	能降低异味污染；与某些催化净化技术复合应用时，能增强其净化性能	臭氧自身对人体健康有影响，而且臭氧能与室内污染物反应并产生二次气溶胶等有害污染物

续表

净化技术	适用空气污染物类型	优点	缺点
吸附	有机、无机等气体污染物	无有害副产物；有效去除气相污染物	长期使用后需进行再生处理；与空气中的微量臭氧反应，并产生二次污染
紫外杀菌	微生物	有效杀灭或抑制空气中的微生物（如病毒、细菌、真菌等）	可能产生臭氧等副产物

4.1.4 现行标准

目前我国已初步形成了室内空气质量标准体系，该体系涵盖建筑物生命周期中的建筑规划设计、施工验收、运行管理不同阶段，以及建筑所使用的材料、构件、设备等相关的产品标准；涉及室内化学污染、新风量、生物污染、放射性污染、颗粒物污染等若干指标。

（1）规划设计阶段标准

规划设计阶段所颁布的与室内空气质量相关的标准规范，主要目的是确保规划设计的合理性，为实现合格的室内空气质量提供先期保障，包括对于环境空气卫生、新风量等方面的要求。这类标准规范主要有《城市居住区规划设计规范》GB 50180、《镇规划标准》GB 50188、《村镇规划卫生标准》GB 18055、《环境空气质量标准》GB 3095、《采暖通风与空气调节设计规范》GB 50019 和《民用建筑热工设计规范》GB 50176 等。

（2）施工验收阶段标准

施工验收阶段所颁布的与室内空气质量相关标准规范的主要目的是确保建筑工程施工质量以及施工过程对于施工人员和周边环境的保护，是实现合格室内空气质量的过程保证，包括对于施工企业资质、建筑工程施工质量、建筑装饰装修质量、各项设备安装质量等要求。主要形成的标准包括《住宅装饰装修工程施工规范》GB 50327 和《民用建筑工程室内环境污染控制规范》GB 50325 等。

（3）运行管理阶段标准

建筑运行管理阶段所颁布的与室内空气质量相关标准规范的主要目的是确保人员对室内空气质量需求的实现，是实现合格室内空气质量的最终体现，包括对于化学污染、新风量、生物污染、放射性污染、颗粒物污染等具体指标的要求和相应的测试方法。

室内空气卫生标准主要包括《旅店业卫生标准》GB 9663、《文化娱乐场所卫生标准》GB 9664、《公共浴室卫生标准》GB 9665、《理发店、美容店卫生标准》GB 9666、《游泳场所卫生标准》GB 9667、《体育馆卫生标准》GB 9668、《图书馆、博物馆、美术馆、展览馆卫生标准》GB 9669、《商场（店）书店卫生标准》GB 9670、《医院候诊室卫生标准》GB 9671、《公共交通等候室卫生标准》GB 9672、《公共交通工具卫生标准》GB 9673、《饭馆（餐厅）卫生标准》GB 16153、《室内空气质量标准》GB/T 18883、《居室空气中甲醛的卫生标准》GB/T 16127、《住房内氡浓度控制标准》GB/T 16146、《电磁辐射防护规定》GB 8702、《环境电磁波卫生标准》GB 9175 和《室内空气中可吸入颗粒物卫生标准》GB/T 17095 等。这一类标准分别对各种不同室内环境中可能对人体产生危害的主要指标作出了限值规定。

（4）测试方法标准

测试方法标准主要对室内环境指标或产品评价指标的测量方法作出明确规定。主要包括:《空气质量 一氧化碳的测定 非分散红外法》GB/T 9801、《空气质量 氨的测定 次氯酸钠 - 水杨酸分光光度法》GB/T 14679、《环境空气 二氧化硫的测定 甲醛吸收 - 副玫瑰苯胺分光光度法》GB/T 15262、《环境空气 二氧化氮的测定 Saltzman 法》GB/T 15435、《环境空气 臭氧的测定 靛蓝二磺酸钠分光光度法》GB/T 15437、《空气质量 甲苯、二甲苯、苯乙烯的测定 气相色谱法》GB 14677、《公共场所空气微生物检验方法》GB/T 18024.1 等。

（5）材料、构件和设备等产品标准

材料、构件和设备相关产品标准颁布的主要目的是合理选择该类产品，是实现合格室内空气质量源头控制的体现，包括各类产品污染物含量等的规定。目前主要形成的标准包括《室内装饰装修材料 人造板及其制品中甲醛释放限量》GB 18580、《室内装饰装修材料 溶剂型木器涂料中有害物质限量》GB 18581、《室内装饰装修材料 内墙涂料中有害物质限量》GB 18582、《室内装饰装修材料 胶粘剂中有害物质限量》GB 18583、《室内装饰装修材料 木家具中有害物质限量》GB 18584、《室内装饰装修材料 壁纸中有害物质限量》GB 18585、《室内装饰装修材料 聚氯乙烯卷材地板中有害物质限量》GB 18586、《室内装饰装修材料 地毯、地毯衬垫及地毯用胶粘剂中有害物质释放限量》GB 18587、《混凝土外加剂中释放氨的限量》GB 18588 和《建筑材料放射性核素限量》GB 6566 等。

我国室内空气质量标准体系的初步建立以及相应标准的颁布对于我国在控制室内空气污染方面起到了非常积极的作用，在一定程度上大大降低了我国室内空气污染程度。但导致室内空气污染问题仍未得到有效改善，主要有以下原因:

1）缺少统一的标准管理机构，室内空气质量标准体系建设缺失，关联性极强的标准由不同组织制定，造成相关标准不能实现统一的思想和目标。突出体现在产品标准制定中以“减排”为目标，表现在建材与家具标准仍以“含量控制”为主导，而使用中是以“健康”为目标，从而导致材料标准、构配件标准、验收标准、环境标准之间不协调，发生了“材料合格，部件不合格；材料部件合格，验收（建筑结构性污染）不合格；验收合格，居住不合格”等诸多矛盾的现象，影响人员的身心健康。

2）工程中尚未将室内空气质量系统纳入建设流程，突出表现在设计标准缺失，“事前控制”无法实现，因此往往造成“事前”无规划、“事后”难以补救的问题，对建筑的空气质量无法进行保障。

3）基础研究不足及新型污染不断出现，导致标准制定落后于市场需求。突出表

现在我国面临的 $PM_{2.5}$、臭氧、SVOC 等污染物防控等问题在研究方面尚不完善，同时市场上“涌现”出大量方法和技术，与之相适应的测试方法等不健全导致一些技术产品性能与实际性能不符，造成产品在建筑工程中应用不当，从而造成行业管理混乱、消费者产品选购困难等问题，行业不能得到有序引导。

4.2　健康用水

健康建筑给排水系统的设置宗旨，是为建筑使用者提供健康、高品质的用水和安全、舒适的用水体验，并在实现高效、无害排水的同时，尽量减少甚至避免卫生问题对使用环境的不利影响。相关调研成果显示，通常建筑给水排水普遍存在的影响健康的问题主要有三个方面：用水安全、用水体验和用水环境，问题的主要成因各有不同。

用水安全问题：主要包括建筑二次供水的水质恶化、二次污染及非饮用水的误接误用。储水时间过长、储水设施清洗维护不当、输配水管材选择不当、热水系统供水温度不足、杀菌措施不充分、缺乏水质检（监）测措施及制度等均会导致建筑二次供水的水质恶化；分质供水不同系统管道的误接、排水管道的渗漏、输配水管材有害物质析出等问题是水质二次污染的主要原因；管道、取水口标识不明则容易导致非饮用水误接误用问题的发生。

用水体验问题：主要是指用水者在用水时的舒适体验，包括饮用口感差、洗涤效果不佳、水压过大或水流不足等。该类问题主要是因为二次供水水质不优及用水点相互干扰导致。

用水环境问题主要包括管道漏损和结露导致的环境潮湿、霉菌滋生，排水系统水封失效或串接导致的有害气体逸入室内空间等。本节主要针对上述问题集中介绍健康建筑给排水系统的一些常用技术。

4.2.1　水质控制技术

水质是水的物理、化学、生物等特性的综合体现。不满足水质标准的水会给建筑的使用者带来健康隐患，健康建筑必须严格保障供水水质，保证供水的无害、健康，并努力提升供水的品质。

（1）水质要求

建筑用水包括生活饮用水和非饮用水。通常情况下，生活饮用水包括饮用及食物制作用水、盥洗用水、淋浴用水；非饮用水包括冲厕用水、采暖空调用水、泳池用水、绿化灌溉及景观环境用水等。现行国家标准对不同功能用水的水质均作出了相应要求：

1）饮用及食物制作用水、盥洗用水、淋浴用水应满足《生活饮用水卫生标准》GB 5749、《饮用净水水质标准》CJ 94 的相关要求。

2）冲厕用水、道路浇洒用水应满足《城市污水再生利用 城市杂用水水质》GB/T 18920 的相关要求。

3）绿化灌溉用水应满足《城市污水再生利用 绿地灌溉水质》GB/T 25499 的相关要求。

4）水景用水应满足《城市污水再生利用 景观环境用水水质》GB/T 18921 的相关要求。

5）采暖空调用水应满足《采暖空调系统水质》GB/T 29044 的相关要求。

6）泳池水应满足《游泳池水质标准》CJ 244 的相关要求。

建筑供水水质应满足上述水质要求，做到适用、安全。健康建筑在此基础上可以进一步改善水质，提升供水品质。从用水健康、用水体验角度出发，可以改善的水质指标包括浊度、硬度、细菌总数等[26]。

（2）水处理

健康建筑的供水可以通过深度处理实现水质的稳定、改善和提升。

1）消毒：建筑二次供水时，由于水在储水设施和供水管道中的停留，伴随水温的变化和余氯的耗尽，难免会有细菌等微生物滋生和繁殖，进而使水质恶化，影响用水安全和用水体验。常见的二次供水消毒方式主要包括[27]：

① 紫外线消毒。紫外线通过破坏细菌病毒中的脱氧核糖核酸 / 核糖核酸的分子结构，造成生长性细胞死亡 / 再生性细胞死亡，达到杀菌消毒的效果。相关研究显示，波长在 240 ～ 280nm 范围内的紫外线消毒效果最好。紫外线消毒器一般装置于储水设施出水管上，具有杀菌效率高、广谱性好、无二次污染、运行安全可靠、初投资及维护费用低等优点，缺点是消毒缺乏持久性。

② 加氯消毒，主要指二氧化氯。次氯酸钠由于消毒副产物等问题，基本已不再用于二次供水消毒。二氧化氯通过氧化细菌细胞内的酶、抑制生物蛋白的合成来实现杀菌消毒的效果。二氧化氯消毒的优点是杀菌效率高、广谱性好、无副作用、持久性好；缺点是不能储存，需要现场采用发生器制取、就地投加。

③ 臭氧消毒。臭氧作为强氧化剂通过氧化细胞物质实现杀菌、灭藻效果。此外，臭氧还能消除水中有机物影响，降低生物 / 化学耗氧量，降低水的色度、浊度，去除臭味。臭氧消毒的优点是杀菌能力强、无二次污染、无副作用；缺点是消毒缺乏持久性、成本偏高。

④ 军团菌杀菌装置。军团菌（需氧革兰氏阴性杆菌）主要存在于水中（特别是热水），以嗜肺军团菌最易致病，引发呼吸道疾病[27]。由于军团菌的适宜生长温度为 30 ～ 37℃，生长抑制温度阈值为≥ 46℃，除采用供水温度控制（≥ 55℃）抑菌或 70℃高温热水灭菌外，还可采用军团菌杀菌装置灭菌。常用的军团菌杀菌装置有铜银离子杀菌装置、紫外光催化二氧化钛（AOT）杀菌装置等。紫外光催化二氧化钛杀菌装置主要利用高级氧化技术中产生的强氧化性的羟基自由基，将水中绝大部分的污染物和微生物，降解为二氧化碳、水和无机盐。具有灭杀范围广，无二次污染、催化剂廉价、无毒、化学稳定性好等优点。铜银离子杀菌装置电解产生铜、银离子并扩散到水中，铜银离子穿透细菌细胞壁，破坏细胞蛋白酶和呼吸酶，以此达到杀菌目的。铜银离子杀菌装置具有无毒副产物、不受温度影响、杀菌持续时间长、管理简便等优点（图 4.2-1）。

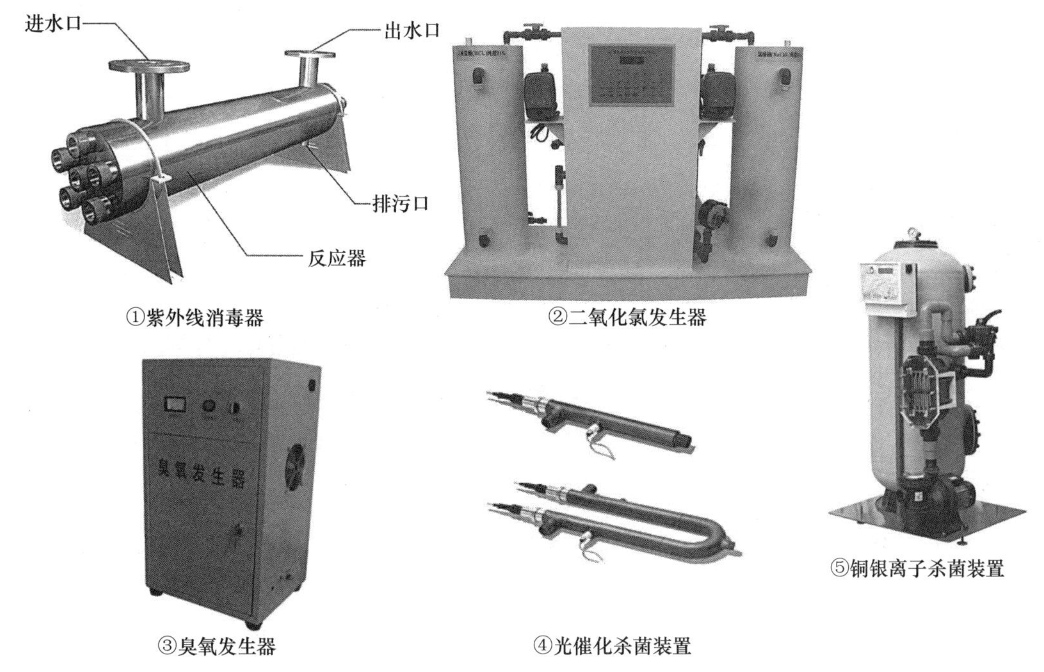

图 4.2-1 各种杀菌装置示意图

综上所述，各种消毒方式的应用范围和优缺点各有不同，不同建筑可以根据其二次供水系统特点进行经济技术比较，合理选用一种或多种消毒方式。

2）浊度改善：浊度是指水中悬浮物对光线透过时所产生的阻碍程度，直接体现水中杂质的多少，是衡量饮用水水质好坏的重要指标，浊度越高，水越浑浊。降低浊度就是要去除水中的泥沙、浮游生物、微生物、微细有 / 无机物、胶体等悬浮物。建筑二次供水深度处理时，主要通过过滤来降低浊度，即利用过滤介质截留去除水中悬浮物。

根据系统形式分类，建筑二次供水过滤可分为集中过滤和分散过滤。集中过滤即在建筑二次供水的总干线路由上集中设置过滤设施，优点是处理效率高、出水浊度指标易于控制、管理方便，缺点是占地较大、投资及运行费用高、设施故障影响范围大；分散过滤是指在建筑各用水点前段分别设置过滤装置，优点是占地小、设置灵活、投资运行成本低、故障影响范围小，缺点是处理效率相对较低、出水浊度指标控制不严等。对于用水点较为集中，供水浊度改善目标和稳定程度要求较高的项目，宜采用集中过滤形式；对于用水点分散、浊度改善目标和稳定程度要求不高的项目，宜采用分散过滤形式（图 4.2-2、图 4.2-3）。

根据工作原理、去除对象等因素分类，建筑给水深度处理的常用过滤工艺包括：

① 机械过滤。机械过滤器利用填料拦截去除水中的有机物、胶体颗粒、微生物等悬浮物，进而降低出水的浊度。根据填料的材质不同，机械过滤器分为石英砂过滤器、活性炭过滤器、锰砂过滤器、多介质过滤器等。石英砂过滤器可以除去水中的悬浮物质、固体颗粒，以及水中不溶解的非胶态的固体物质。活性炭过滤器可以吸附去

除水中的色素、有机物、余氯、胶体等。锰砂过滤器除了具有实现石英砂过滤器的功能外，还可以去除水中的铁离子。多介质过滤器的滤料则是上述多种材质组合。机械过滤器的优点是投资与运行成本低廉、管理简单、滤料经过反洗或再生可多次重复利用、占地面积小；缺点是主要去除大颗粒悬浮物，过滤精度相对较低。

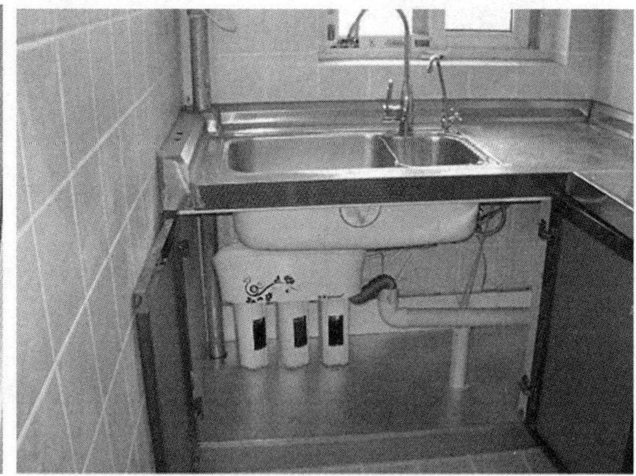

图 4.2-2　分散式过滤装置

图 4.2-3　集中式过滤设施

图 4.2-4　机械过滤器

图 4.2-5　滤料——石英砂、活性炭、锰砂

② 膜过滤。膜过滤（又称为膜分离）以布满微小孔隙的薄膜作为过滤介质，过滤过程可以视为与膜孔径大小相关的筛分过程。原水中体积大于膜表面微孔径的微粒均被膜筛选截留。根据膜过滤精度（由膜孔径大小决定）的不同，膜过滤主要分为微滤、超滤、纳滤及反渗透。微滤膜平均孔径约为 0.1 ～ 10 μm，可以截留水中的沙土颗粒、细菌。超滤膜平均孔径约为 0.01 ～ 0.1 μm，可以截留水中的有机物（蛋白质、细菌）胶体及其他悬浮物。纳滤膜平均孔径约为 0.001 ～ 0.01 μm，除可以截留去除水中各类悬浮物外，还可以分离小分子有机物及脱盐。反渗透膜平均孔径约为 0.0001 ～ 0.001 μm，过滤精度高于纳滤，几乎可以截留所有离子，广泛用于纯水处理。膜过滤的优点是分离对象广（过滤精度高）易操作及维修、易自控；缺点是投资及运行费用高，易因膜污染导致水通量下降，对预处理要求高（图 4.2-6）。

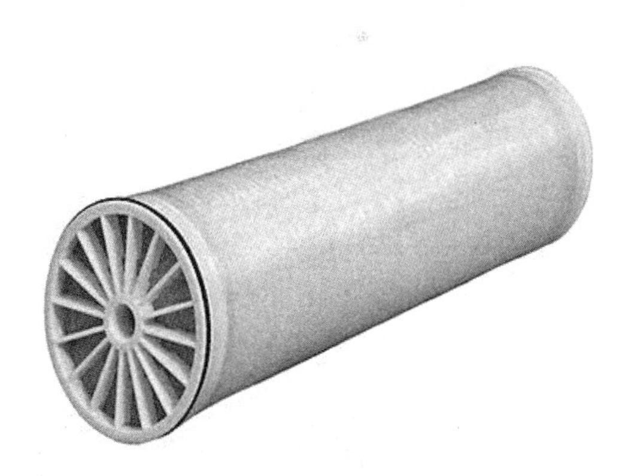

图 4.2-6　膜过滤设备和膜芯

机械过滤和膜过滤在过滤对象、过滤精度、投资运行成本等方面各有不同，不同建筑可以根据各自二次供水的浊度控制目标及其他水质指标改善需求，综合考虑选择某种过滤形式，或选择两种过滤形式联合，例如采用机械过滤作为膜过滤的预处理。

3）硬度改善：水的硬度是指水中钙、镁离子的浓度。在一定范围内改善降低供水硬度，有利于使用者人体健康安全和用水体验提升，如口感更好、保护发质与皮肤、降低结石病发病率、节省洗涤剂、减少用水器具结垢等。建筑二次供水常用软化工艺为离子交换软化和膜软化。

① 离子交换软化。离子交换软化即通过离子交换剂的钠离子和氢离子置换水中的钙、镁离子，以此改善降低水的硬度。常用离子交换剂有阳离子交换树脂和磺化煤等。离子交换软化的优点是初投资成本低，缺点是无法降低水中含盐量、会改变水的化学性质、管理操作相对复杂（图 4.2-7）。

图 4.2-7 离子交换软化设备

② 膜软化。前面已介绍了膜分离技术的原理，其可以对水中的钙、镁离子进行去除。膜软化具有软化效率高、除盐彻底、操作简单、占地面积少等优点，缺点是初投资和运行成本相对较高。常用的膜软化技术包括纳滤和反渗透。其中，反渗透几乎能够去除水中全部的钙、镁离子，但是因为有相关研究表明人长期饮用完全软化的水并不利于健康，故反渗透技术一般不用于直饮水，而只用于纯水的软化处理（图 4.2-8）。

图 4.2-8 膜软化设备

项目可根据各自供水需求选择不同的水软化处理工艺。同时，软化设备同前面提到的过滤设备一样，也可根据用水点分布、硬度控制目标等因素采用集中或分散设置方式。

4）直饮水系统：直饮水是将符合现行国家标准《生活饮用水卫生标准》GB 5749水质标准的原水，经再净化（深度处理）后供给用水者直接饮用的高品质饮用水。直饮水系统分为管道直饮水系统和终端直饮水处理设备。

① 管道直饮水系统即集中设置直饮水处理设施，并采用优质管材设立独立循环式管网，将深化处理后的净水输送到建筑内各直饮水用水点。优点是净水效率高、出水水质指标稳定、受原水水质波动影响相对较小、管理方便，缺点是占地较大、投资及运行费用高、输水系统需考虑防二次污染、设施故障影响范围大等（图 4.2-9，图 4.2-10）。

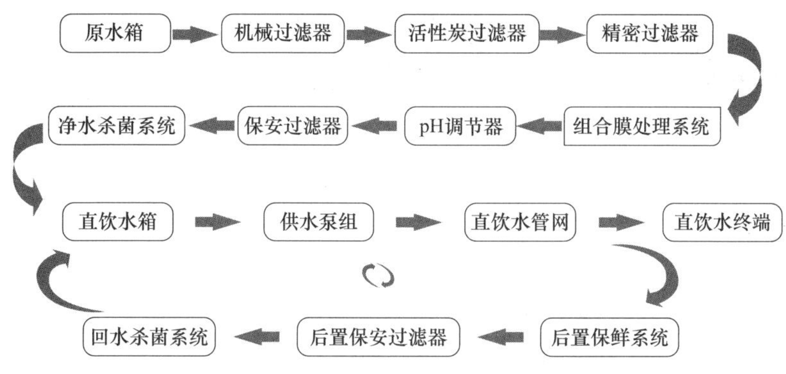

图 4.2-9　管道直饮水系统处理工艺流程示例

图 4.2-10　管道直饮水系统处理设施

② 终端直饮水处理设备是指在建筑各用水点处分别设置直饮水处理装置，优点是占地小、设置灵活、投资运行成本低、故障影响范围小、无输水过程二次污染风险，缺点是处理效率相对较低、出水水质指标不稳定、受原水水质波动影响大等（图 4.2-11）。

对于用水点较为集中，供水水质改善目标和稳定程度要求较高的项目，宜采用管道直饮水系统；对于用水点分散、供水水质改善目标和稳定程度要求不高的项目，宜采用终端直饮水处理设备。现行行业标准《饮用净水水质标准》CJ 94 规定了管道直饮水系统水质标准。终端直饮水处理设备的出水水质标准可参考现行行业标准《饮用净水水质标准》CJ 94、《全自动连续微 / 超滤净水装置》HG/T 4111、《家用和类似用途反渗透净水机》QB/T 4144 及由国家卫生和计划生育委员会颁布的《生活饮用水水质处理器卫生安全与功能评价规范一般水质处理器》、《生活饮用水水质处理器卫生安全与功能评价规范反渗透处理装置》等现行饮用净水相关水质标准和设备标准。

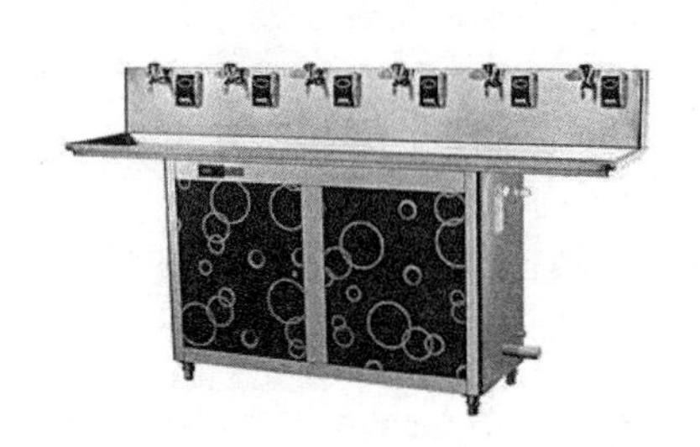

图 4.2-11　终端直饮水处理设备

（3）水质监测

1）水质监测要求：水质监测是指借助科学手段或设备，监视和测定水的物理、化学、生物等特性及其变化趋势，以此评价水质状况的过程。建筑二次供水过程中，供水水质会受到储水时间、供水途径、用水环境等因素的影响。设置水质在线检测装置监测分析供水水质，可以有效掌握建筑二次供水各系统的水质安全情况，及时发现水质超标状况并进行有效处理，避免水质恶化危害人体健康及环境。

目前，现行国家标准《生活饮用水卫生标准》GB 5749、《城市供水水质标准》CJ/T 206 对于水质检测的测点位置、数量作出了相关要求。国际标准化组织要求（ISO）《水质（采样）第 5 部分：生活饮用水水厂及供水管网采样指南》2006 版（以下简称《指南》）对水质检测采样点位置要求为：

a. 储水设施进出口及可能滞水区

b. 高层建筑转输水箱消毒剂余量

c. 水处理设备进出口

d. 供水管网的起点、最不利点、分支点、分支终点

e. 厨房给水点、制冰机及饮料自动售货机等设备供水点

f. 热水供水点

水质监测点位的设置数量和位置可以参考上述要求。同时《指南》也对水质在线监测项目提出了要求：臭和味、pH 值、氯、臭氧、溶解氧、二氧化碳、电导率等（图 4.2-12）。

2）水质检 / 监测结果公示：及时将水质检 / 监测结果公示，可以使建筑用水者及时掌握建筑二次供水水质指标状况，一方面可以起到监督的作用，另一方面，用水者在了解水质情况后，可以获得更好的心理感受。建筑二次供水水质检 / 监测结果的公示方式包括：a. 通过显示屏、布告栏等公示媒介，定期、及时公布供水水质定期检测 / 送检结果；b. 设置显示屏连接水质在线监测 / 分析系统，实时公布供水水质情况。

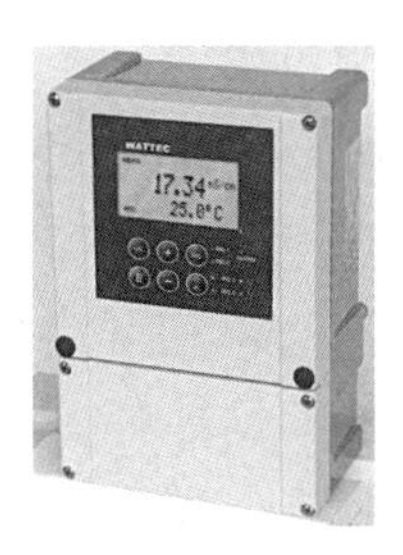

图 4.2-12 水质在线监测装置 - 浊度、余氯、pH 值、电导率

4.2.2 供水安全技术

除了水质控制，二次供水系统的供水安全也是健康建筑需要关注的重点。供水系统的合理设置和科学维护是供水安全的重要保障。

（1）储水设施清洁维护

前面提到二次供水系统中，储水设施由于储水余氯的耗尽，难免会有细菌等微生物滋生和繁殖，导致水质恶化，影响供水安全。除了设置消毒器这一“事故后”安全保障措施外，科学制定维护制度，定期对储水设施进行清洁杀菌，可以及时清理沉渣、抑制细菌等微生物的滋生与繁殖，从而有效避免水质恶化事故的发生，防患于未然（图 4.2-13）。

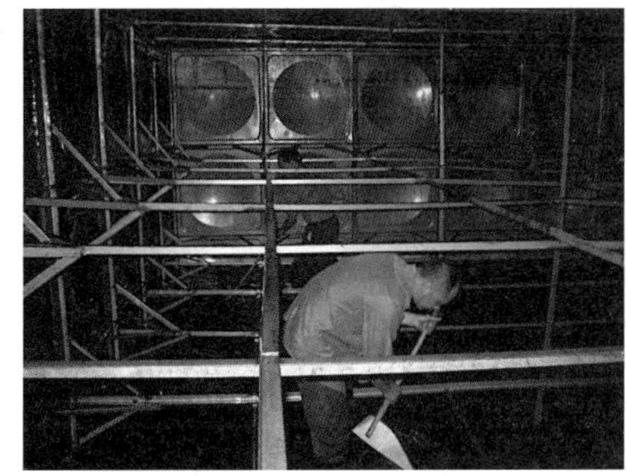

图 4.2-13 清洁储水设施现场

（2）管道标识

随着建筑功能的多样化，分质供水和分流制排水的普遍化，建筑内给排水系统越来越复杂，管道种类越来越多。对管道设置明确、清晰且永久性的标识，有利于提高施工和日常维护工作效率，避免误接导致的误饮、误用，有效保障使用者的安全。管道标识是管道的“身份证明”。在所有管道的起点、终点、交叉点、转弯处、阀门、穿墙孔两侧等部位，管道布置的每个空间、一定间距的管道上和其他需要标识的部位均应设置管道标识。完整的管道标识应能体现系统水源类别、用途、分区、流向等主要信息，方便辨识，且应为永久性的标识，避免标识随时间褪色、剥落、损坏。

（3）用水干扰防止措施

建筑供水系统的传统设计中，对于用水点较多且较为集中的场所，一般都是直接采用单根或少量支管对场所内所有用水点串联供水。在实际供水过程中，管道上串联的多个用水点同时开启时，因为供水路由长短不一、工作流量大小不同等因素，各用水点之间水压存在差异，出水难免互相干扰，受影响用水点的实际工作压力和流量分配均与单独开启时的设计工况有着较大差异，导致水压波动、超压出流、水流过小、冷热不均等各类问题的出现。

减小或避免用水点互相干扰导致的上述问题，从“治本”角度出发，就是要调整各用水点供水路由的水损差异和管道特性差异，稳定压力并“按需”分配流量;从“治标”角度出发，就是采用具有抗干扰功能的用水设施。具体措施包括：

1）分水器供水：采用分水器对用水集中区域的各用水点并联供水，“各行其道”能够避免各用水点之间的压力、流量干扰，保证各用水点同时用水时的实际工况最大限度接近设计工况（图 4.2-14）。

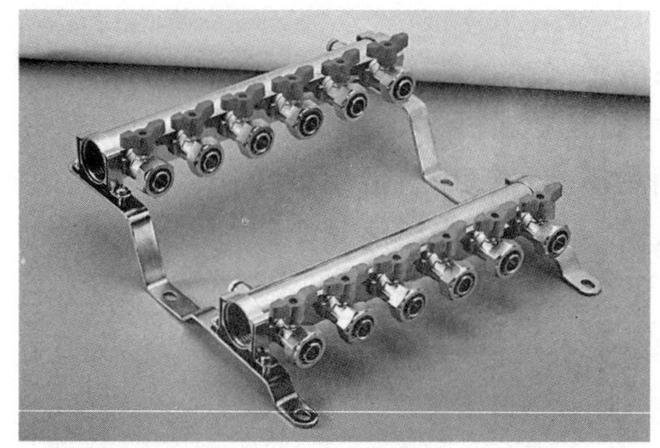
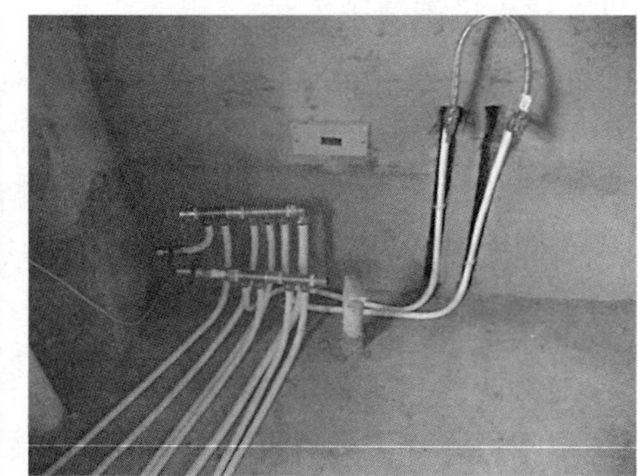

图 4.2-14　分水器及并联供水

2）优化管路：对串联的供水管道路由和管径进行优化，通过水损调节来平衡各用水点同时用水时的水量和水压需求，尽量减少互相干扰，降低各用水点实际工况与设计工况的差异。

3）抗干扰装置：在用水点处采用同时消除用水压力、流量波动的特殊管件或卫生器具，如平衡阀、恒温混水阀、带水箱的便器等（图 4.2-15）。

图 4.2-15　平衡阀、恒温混水阀、坐便器

（4）热水烫伤防止措施

国家现行标准《建筑给排水设计规范》GB 50015 中规定：养老院、精神病医院、

幼儿园、监狱等建筑的淋浴和浴盆设备的热水管道应采取防烫伤措施。根据相关研究表明，水温 50℃以上的热水与人体接触即能迅速造成烫伤，55℃的水温在 30s 内能够造成局部烫伤，60℃的水温在 5s 内能够造成局部烫伤。作为弱势群体的老人或小孩的烫伤时间更短。建筑生活热水供水系统防烫伤措施主要包括：

1）设置恒温混水阀：在保证热水输水温度不低于 55℃（抑制军团菌要求）的前提下，在用水点前通过恒温混水阀将冷水按比例掺入热水，使水温降至设定的防烫伤温度，以此避免出水烫伤事故的发生。

2）选用带温度显示功能的用水器具：热水用水器具实时显示用水温度能够使用水者及时了解当前水温变化，避免因水温缓慢升高、感觉迟钝导致的烫伤事故发生（图 4.2-16）。

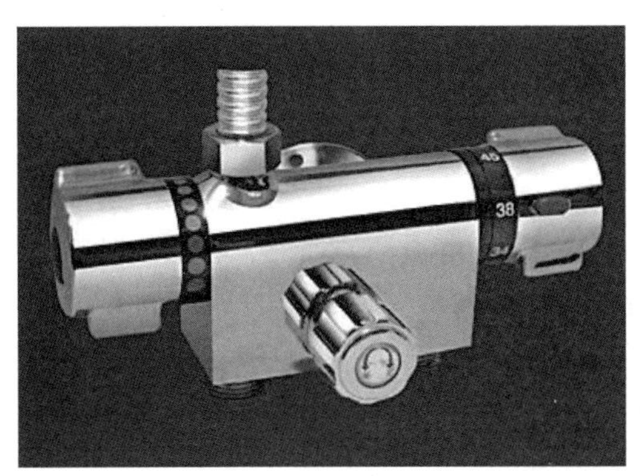

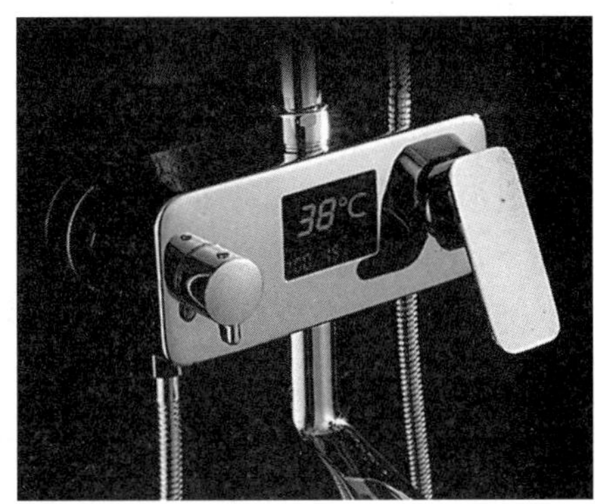

图 4.2-16　恒温混水阀、温度显示装置

4.2.3 卫生要求

完善的建筑水系统不仅能够向使用者提供健康、安全的用水，也能够将用水者产生的污废水高效、无害地收集排放。同时，给排水系统还不得给建筑室内外环境带来卫生风险。

（1）管道结露与漏损防止措施

建筑内“非正常”积水或渗水是影响室内环境卫生健康的主要问题之一。当给水管道内流动水的温度比室温低时，会导致管道表面温度低于空气露点温度，从而出现管道结露现象，管道结露和管道漏损是“非正常”积水或渗水的主要原因。避免给排水管道结露、漏损，能够使室内保持干爽，减少或避免细菌等微生物的滋生，有效保障环境卫生。管道结露与漏损防止措施主要包括：

1）防结露保温。管道安装时选择适宜的防结露保温材料、做法及厚度，能够有效避免在设计工况下产生结露现象。

2）合理选用管材、管件及连接方式。选用耐腐蚀、耐久性能好的管材、管件，采用合理的管道连接方式与施工方法能够有效避免管道漏损事故的发生。

3）管网检漏。运行期间，制定科学规范的系统维护制度，定期进行管网检漏，及时发现漏损问题并采取补救措施，能够避免管道漏损对环境卫生造成危害。

（2）同层排水

传统给排水设计中，各层用水器具或排水设施常采用排水支管穿越楼板、隔层设置排水横管的排水方式。该排水方式常带来渗漏危害大、清洁盲区多、噪声干扰、维护检修物权纠纷等诸多问题。同层排水采用本层楼板上设置排水管的排水方式，具有诸多优点：渗漏危害小、本层就地检修方便、器具布置不受结构构件限制、对下层噪声干扰小。同层排水主要分为三种形式：

1）板上加高垫层。排水管布置在排水区域加高的垫层内。虽然避免了排水管对下层的渗漏危害，但由于排水区域地面高于周围区域，难以避免本层排水区域地面排水外溢的卫生问题，故主要用于结构改动余地不大的既有建筑改造。

2）降板垫层。排水区域结构楼板局部下沉，排水横管布置在下沉区域填充垫层内。该方式既有渗漏危害小、器具布置灵活、噪声干扰小的优点，又避免了本层排水区域地面排水外溢的卫生问题，是当前同层排水设计常采用的一种形式。但该方法仍存在着检修破坏地面、结构楼板局部下沉影响楼层高度、垫层导致的承载负荷增加、降板空间积水等问题（图 4.2-17）。

3）后 / 墙排。卫生器具采用后排水方式，排水管道布置在假墙、装饰墙等夹墙空间内。该排水方式属于较为新型的同层排水方式，随着建筑使用要求的提升，已经逐渐获得认可并推广开来。该排水方式除了具备垫层内同层排水方式的优点，还具有其他诸多优点，如卫生器具挂墙安装，地面无清洁盲区；无需降板，不占用下层空间高度。缺点是夹墙空间会占用一定的面积。对于面积较宽裕的建筑宜采用该方式实现同层排水（图 4.2-18）。

图4.2-17　同层排水方式——板上垫层内排水

图4.2-18　同层排水方式——后排水(夹墙内排水)

（3）水封

水封是通过在排水系统中设置具有一定高度的水柱，来隔断排水系统与建筑室内空间的空气连通，可以有效避免排水系统中的有害气体进入室内、污染室内环境而造成的卫生问题。水封通常设在地漏、卫生器具自带的水封装置或排水管道中的存水弯内。

国家现行标准《建筑给排水设计规范》GB 50015 中规定：卫生器具自带水封装置和地漏的有效水封深度不得小于 50mm，且不能采用活动机械密封替代水封。水封深度不足时，容易受蒸发或管道内压力波动影响而失效，导致排水系统与建筑室内空间连通，使有害气体进入室内，造成环境卫生问题。卫生器具自带水封装置或地漏自带水封深度不足 50mm 时，应加设满足水封深度要求的存水弯。相对于卫生器具自带水封装置可以通过频繁用水、排水补充水封深度，排水频率相对较低的地漏宜采用具有防干涸功能的产品（图 4.2-19）。

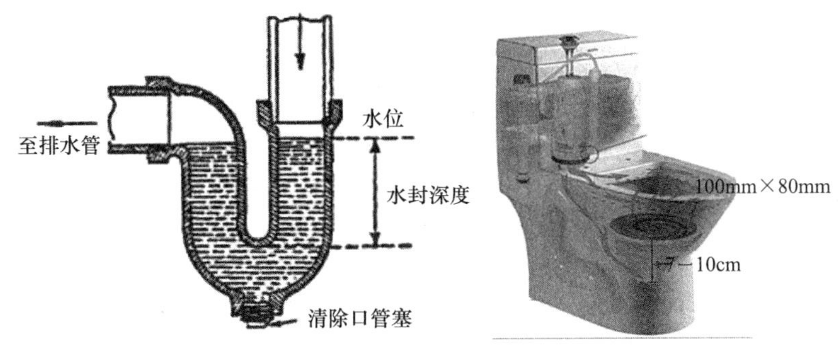

图 4.2-19　存水弯、卫生器具自带水封

（4）厨卫排水系统分设

现行国家标准《建筑给排水设计规范》GB 50015 中强制要求厨房和卫生间的排水立管应分别设置，降低卫生间排水系统内的有害气体或生物进入厨房排水系统的几率，进而避免对厨房环境造成卫生问题。健康建筑在此基础上应有更高要求，厨房和卫生间排水系统的立管，室外排水检查井以前的排水横干管均应分别设置，以彻底将卫生间与厨房的排水系统分开，断绝有害气体和生物串流的可能性。

4.3　声环境营造

建筑内部及建筑所处的外部空间具有优良的声环境水平，对于建筑，特别是健康建筑，是非常重要的。应从室外声环境和室内声环境控制两个方面，采用良好且有效的控制技术。噪声自声源发出后，经过中间环节的传播、扩散到达接受者，因此解决噪声污染问题就必须从噪声源、传播途径和接受者三种途径分别采取在经济上、技术上和要求上合理的措施。

4.3.1　室外声环境营造技术

健康的建筑室外声环境，应从控制环境噪声级水平和营造声景两个方面来实现。控制建筑室外环境噪声的主要作用，一方面是保证人员在建筑室外内活动时的良好声环境，另一方面是为室内声环境创造良好的前提条件。人对声音的感受并不仅仅与声音能量的大小相关，还与声音的类型、频谱特性等诸多因素相关。因此，当建筑室外环境噪声控制到一定水平后，应采用声景观设计手段，对建筑室外空间的声音环境进行全面的设计、规划和营造。

（1）居住区环境噪声控制技术

1）环境噪声控制工作程序

首先，调查噪声现状，以确定噪声的声压级；同时了解噪声产生的原因及周围的环境情况。其次，根据噪声现状和有关噪声允许的标准，确定所需降低的噪声声压级数值。再次，根据需要和可能，采取综合的降噪措施（从城市规划、总图布置、单体建筑设计直到构建隔声、吸声降噪、消声、减振等各种措施）。最后，噪声控制措施实施后，应及时进行降噪效果鉴定。如未达到预期效果，应查找原因，分析结果，补加新的控制措施，直至达到预期的效果。最后对整个噪声控制工作进行评价，其内容包括降噪效果、增量成本及对正常工作的影响等（图4.3-1）。

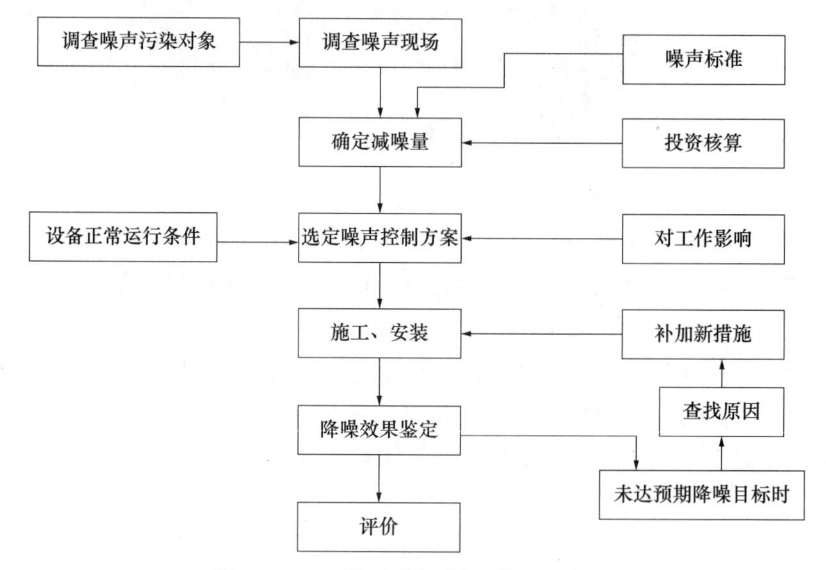

图4.3-1 环境噪声控制工作程序框图

2）城市环境噪声控制主要措施

• 规划性措施

《中华人民共和国环境噪声污染防治法》规定："地方各级人民政府在制定城乡建设规划时，应当充分考虑建设项目和区域开发、改造所产生的噪声对周围生活环境的影响，统筹规划，合理安排功能区和建设布局，防止或者减轻环境噪声污染。"合理的城乡建设规划，对未来的城乡环境噪声控制具有非常重要的意义。

在规划和建设新城市时，考虑其合理的功能分区、居住用地、工业用地以及交通运输等用地有适宜的相对位置的重要依据之一，就是防止噪声和振动的污染。对于机场、重工业区、高速公路等强噪声源用地，一般是规划在远离市区的地带。图4.3-2为某小型城市依城市设施和对外联系的交通工具的噪声强弱等级分类，按噪声的等值线，采取同心圆布局划分不同的声级区域示意图。

对现有城市的改建规划，应当依据城市的基本噪声源图，调整城市住宅用地，拟订解决噪声污染的综合性城市建设设施。控制城市交通噪声，禁止过境车辆穿越城市市区，根据交通流量改善城市道路和交通网都是有效的措施。图4.3-3是从减少噪声干扰的角度，提出的城市分区和道路交通网的设想。道路系统将城市分为若干大的区域，并且再分为许多小的地区，城市道路分为三个等级：主要道路、地区道路和市内道路。主要道路供交通车辆进入城市，并使车辆有可能尽快地到达其预定地点；车辆到达预定地区后，可经由地区道路到达通往市内道路的路口，车辆经由市内道路进入市内地区，所有市内道路都是死胡同，以免作为地区道路通行。

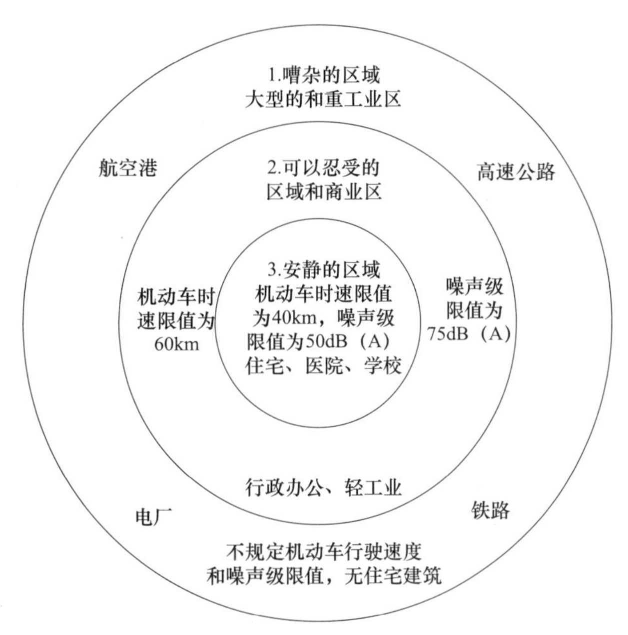

图 4.3-2 同心圆式城市规划方案

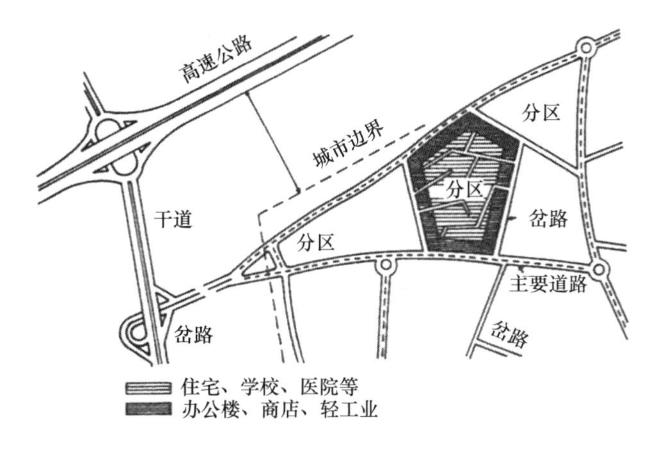

图 4.3-3 从减少噪声干扰考虑的城市分区和道路网示意图

- 技术性措施

第一，与噪声源保持必要的距离。声源发出的噪声会随距离增加而衰减，因此控制噪声敏感建筑与噪声源的距离能有效地控制噪声污染。对于点声源发出的球面波，距声源距离增加一倍，声级降低 6dB；而对于线性声源，距声源距离增加一倍，声级降低 3dB；对于交通车流，既不能作为点声源考虑，也不能完全视为线声源，因为各车流辐射的噪声不同，车辆之间的距离也不一样。在这种情况下，噪声的平均衰减率介于点声源和线声源之间，如图 4.3-4 所示。

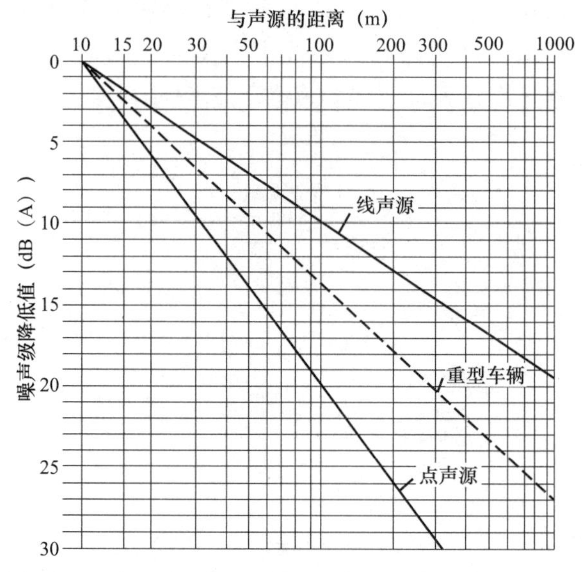

图 4.3-4　声源类型、距声源距离与噪声级降低值关系

第二，利用屏障降低噪声。如果在声源和接收者之间设置屏障，屏障声影区的噪声能够有效地降低。影响屏障降低噪声效果的因素主要有：①连续声波和衍射声波经过的总距离 SWL；②屏障伸入直达声途径中的部分 H；③衍射的角度 θ；④噪声的频谱。图 4.3-5 为噪声绕过屏障引起衰减的诸因素示意。

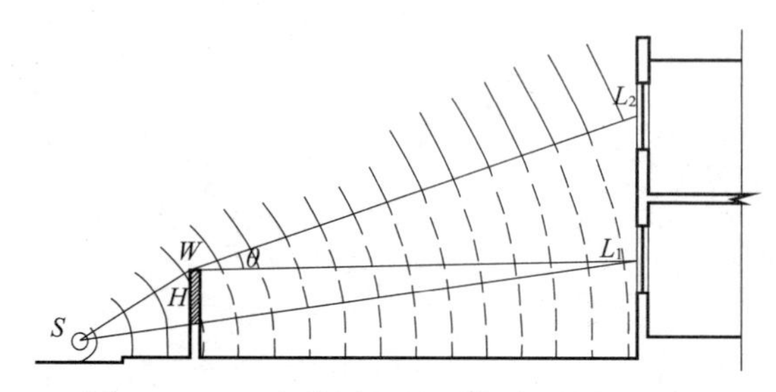

图 4.3-5　噪声绕过屏障引起衰减的诸因素

第三，利用绿化减弱噪声。设置绿化带既能隔声，又能防尘、美化环境、调节气候。在绿化空间中，声能投射到树叶上时将被反射往各个方向，而叶片之间多次反射将使声能转变为动能和热能，噪声将减弱或消失。专家对不同树种的减噪能力进行了研究，最大的减噪量约为 10dB（A）。在设计绿色屏障时，要选择叶片大、具有坚硬结构的树种。所以，一般选用常绿灌木、乔木结合，保证四季均能起降噪效果。图 4.3-6 为绿化建造量与绿化宽度间的关系，其中曲线 a 表示声级在无绿化的自由空间传播时的正常衰减情况；曲线 b、c 是在一般绿化情况下的减噪量和所能达到的最大减噪量。当绿化带宽度达 40m 时，可减少 10 ～ 15dB（A）的噪声。由此可见，条件允许范围内，在建筑与噪声源之间建立大片防护绿化，能起到较好的降噪效果。

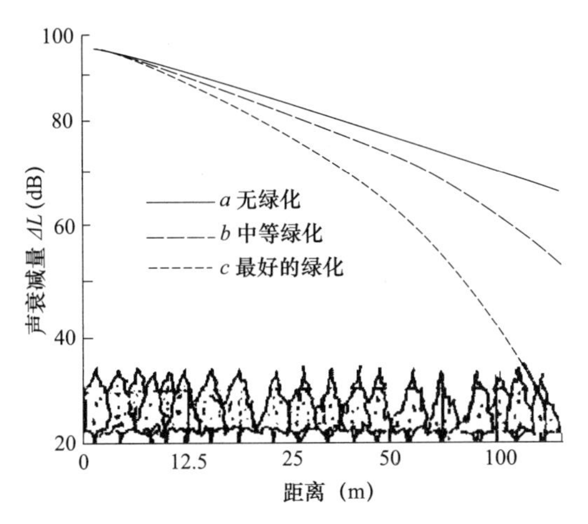

图 4.3-6 绿化减噪量与绿化宽度之间的关系

（2）城市与居住区声景营造技术

声景技术的主要作用在于改善人群在建筑室外活动时的声环境体验和感受，并为建筑室内声环境感受创造良好的前提条件。声景的影响因素主要有五个方面:声源（如声压级、频谱特征、持续时间、社会特征等）、空间（如反射形式、混响时间等）、使用者社会行为因素（使用者的年龄阶段、教育程度、行为目的等）、物理环境（温湿度、照度等）和视觉景观。其中使用者的社会行为因素是难以控制的，空间则需要结合规划和景观设计综合考虑，因此本章主要从声源、物理环境和视觉景观等方面对声景的设计策略进行探讨，并从空间角度对声景设计需要考虑的问题作简要的说明。

1）声源的技术手段和策略

建筑周围环境中的各类声音，无论人们是否需要或喜欢，人的听觉器官都将感受得到并且无法屏蔽。因此在进行声景设计时，首先应对原始环境中存在的各类声音进行分析，了解声音的种类和特点以及人们对各类声音的反应，并根据人们的评价将声音进行分类——积极的、令人满意的声音和消极的、令人反感的声音。对其中不协调的和人们不愿听到的消极声音，如交通噪声、生产生活噪声等，进行控制、降低和消除，然后进行声景的进一步设计。因此声景设计的首要任务是对周围环境进行噪声控制，这与城市噪声控制的手段相同，如声屏障、吸声消声降噪等技术。

在对周围环境进行噪声控制之后，应考虑加入或强调人们愿意听到的积极声音，如鸟叫声、流水声等，通过积极的声音掩蔽消极的声音来提高人们对声环境的感受。根据所加声音的种类不同，常用的策略有:

- 设置声音雕塑及声音小品

类比于景观雕塑，声音雕塑是收集有韵律和节奏以及对人们产生重要影响的声音，并加以刻画创作，从而让使用者感觉到“被雕塑过的”声音，引发对这类声音的重视。

声音雕塑主要是根据使用者对声音的主观评价，将主观评价较高的或带有文化意义的声音记录下来，并根据所记录下的声音质量通过一系列的声音处理技术对声音片段进行分层，有选择地去掉和保留声音、创造混音，最后通过声音合成使声音片段完整，然后通过装置小品的手段展示给人们。最终形成的声音片段仿佛在讲述一段故事，有情节的起伏和感情的跌宕。另外，在一些景观小品的设计中可以考虑加入满意度较高的人工声来改善声环境质量。例如人工喷泉的使用过程中往往加入音乐，喷泉随音乐声音起伏使声音与景观融为一体，改善了人在该类声环境下的主观感受。

与声音雕塑概念类似，声音小品具有建筑特色，它主要是通过构造设计使之或作为声源发声或利用声音物理特性营造声环境。在不同的环境中，通过增加能产生评价较高的声音的仿声构造来改善声环境感受。例如，在承德避暑山庄大面积的山区采用风音洞的构造设计，风吹进一个个洞口成为声源，发出悦耳的声音，使人们在游览过程中切实感受到风的声音；日本的水琴窟作为洗水钵的排水系统，流水通过倒流的密封壶的洞口流入湖内的小水池而产生悦耳的击水声，使人们在洗手的同时听到愉悦的声音。另外，可以利用声音的反射、绕射等性质，营造丰富的空间和声环境体验，如天坛的回音壁设计、皇穹宇的三音石的设计，都是利用了声音的反射特性，给人们别样的体验。

- 通过景观设计营造自然声

人在以自然声为主的声源作用下更容易放松，自然声一般为水声、动物叫声等。因此，在声景的设计中，可以通过增加流动的水体景观如人工泉、人工瀑布等来提高水声这类自然声的成分，从而提高人们的声环境感受。

在水体景观设计中，既要满足人的使用要求，也要考虑为鸟类等小动物提供栖息、觅食、繁殖等生存条件，这不仅可从生态多样性角度赋予绿化景观内涵，更重要的是小动物的生存能够更好地营造自然声景观。如青蛙离开绿丛的行动范围不超过150m，某些昆虫的行动范围为50～100m，为使人在游览的过程中更好地体验蛙叫虫鸣，营造别样的声环境感受，设计中应增加水体景观斑块之间的连接度，使昆虫青蛙等动物得以生存，进而营造良好的声景观，这同时也符合景观生态学的设计原则。

2）空间的技术手段和策略

空间受多方面因素的影响，主要体现在空间形态的设计与其视觉环境的布置上。人眼所看的景物越多，听觉越容易受到影响，景观的视听设计研究表明视听设计之间具有较强的相关性。因此，视觉环境对听觉感受会造成重要影响，视听的交互设计对声音的主观评价十分重要。

首先，空间要考虑听觉范围。声音类型不同，声源接受者的适宜距离不同。因此，在声景设计中应考虑在该声音类型下的听觉范围，从而确定空间尺度关系。其次，应考虑产生标志音声源的需求。如绿化空间能够吸引动物的活动，产生虫鸣鸟叫的自然声；硬质铺地能够提供年轻人跳舞、滑板等活动的空间；道路提供人们行走活动的空间；标志声为跳舞声的声景，则需设计更多铺地以满足活动需求。最后，应考虑是否需要进行空间隔声限定。如毗邻交通道路的公园声景，为防止噪声干扰，周围砌筑墙体对其进行隔离。被建筑物所围合的空间，应考虑建筑物外饰面的形式是否会对空间的声环境产生影响。

3）物理环境的技术手段和策略

环境的温度、湿度、光照条件等物理环境均会对声景产生影响，因此在声景的创作中应对这些物理指标进行控制，根据人们的需求及声景的评价，达到温湿度、光照等条件的标准，具体的手段可根据光、热环境的设计手段实施。

4.3.2 室内声环境控制技术

（1）隔声控制技术

隔声是指声波在空气中传播时，一般用各种易吸收或反射能量的物质消耗声波的能量使声能在传播途径中受到阻挡而不能直接通过，这种措施称为隔声。

空气声隔声是指建筑或建筑构件隔绝通过空气传播至建筑或建筑构件表面声波的能力。撞击声隔声是至建筑或建筑构件隔绝在其表面直接撞击产生噪声的能力。

1）墙体楼板空气声隔声技术

对于单层匀质构件，如石膏板、水泥板、金属板等，其隔声性能遵循“质量定律”，即结构质量增加一倍，也就是厚度增加一倍，隔声量提高 6dB。单层密实匀质板材的隔声频率特性曲线，如图 4.3-7 所示。按频率可分为 3 个区域：劲度和阻尼控制区（Ⅰ）、质量控制区（Ⅱ）、吻合效应和质量控制延伸区（Ⅲ）。

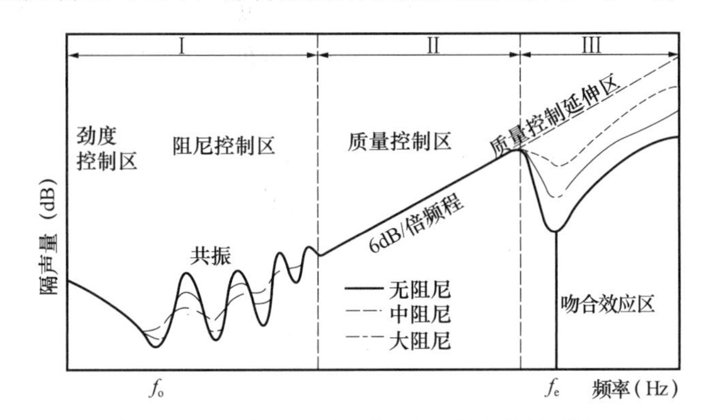

图 4.3-7 单层匀质墙的隔声频率特性曲线

单层隔声结构要提高隔声量，惟一办法是增加材料的面密度或厚度，即遵循“质量定律”。但实际上，结构质量增加 1 倍，隔声量仅提高几分贝。单纯依靠增加结构质量提高隔声效果，既浪费材料，难以达到理想的隔声效果，而且结构设计也不允许过度增加墙体自重。因此，常将夹有一定厚度空气层的两个单层隔声构件组合成双层隔声结构，实践证明其隔声效果优于单层隔声结构，突破了“质量定律”的限制。

双层墙提高隔声能力的主要原因是：空气层可以看成是与两层墙板相连的“弹簧”，声波入射到第一层墙时，使墙板发生振动，该振动通过空气层传到第二层墙时，由于空气层具有减振作用，振动已大为减弱，从而提高了墙体总的隔声量。

双层墙的隔声量可以用与两层墙面密度之和相等的单层墙的隔声量，再加上一个空气层附加隔声量来表示。空气层的附加隔声量与该空气层的厚度有关，见图 4.3-8。图中实线适用于双层墙的两侧完全分开的情况，而虚线则适用于双层墙中间有少量刚性连接的情况。这些刚性连接称为“声桥”，会使附加隔声量降低。如果声桥过多，则会使空气层的作用完全失去。这在设计和施工中应尽量避免。

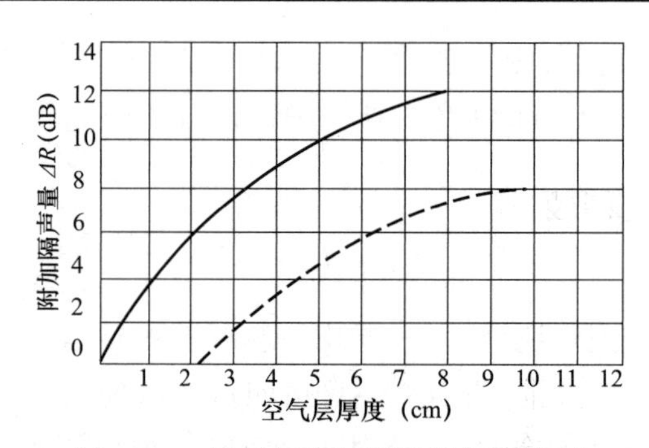

图 4.3-8　墙板间空气层的附加隔声量

当前，建筑工业化程度越来越高，提倡采用轻质墙体来代替厚重的隔墙，以减轻建筑的自重。目前，国内主要采用纸面石膏板、加气混凝土砌块等。这些材料的面密度较小，按照质量定律，其隔声性能很差，很难满足隔声的要求，必须采取某些措施，来提高轻质墙的隔声效果，这些措施包括：

① 将多层密实材料用多孔吸声材料隔开，做成复合墙板；

② 采用双层或多层薄板叠合构造错缝叠置，避免板缝隙处理不好而引起的漏声；

③ 为避免吻合效应引起的隔声量凹陷叠加，应使各层材料的厚度、重量不同；

④ 合理增加空气层厚度；

⑤ 用吸声材料填充轻质墙板之间的空气层；

⑥ 在轻型板材和龙骨之间设置弹性垫层，或采用减振龙骨。

2）门窗空气声隔声技术

门窗通常是建筑围护结构中隔声最薄弱的构件。一般门窗的结构轻薄，而且由于门窗有反复启闭的要求，存在较多的缝隙，因此，门窗的隔声效果往往比墙体低得多。一般来说，普通可开启的门，其隔声量大致为 20dB，质量较差的木门，隔声量甚至可能可能低于 15dB，如果希望门的隔声量提高到 40dB，需进行专门的设计。

由于有开启的要求，门扇通常不能做得过重。为了提高门扇隔声量，通常隔声门的门扇采用多层复合构造，并在板材上涂刷阻尼材料来抑制门扇的振动。门窗的隔声性能不仅取决于门扇或者玻璃本身的隔声能力，而且还取决于门扇与门框、窗扇与窗框之间缝隙的处理是否紧密。为了保证隔声性能，在设置建筑门洞位置时，应尽量避免门和门紧邻布置。另外门和门洞之间的缝隙通常是漏声的主要通路，施工中经常用发泡胶来封堵，发泡胶的隔声性能极差，为保证隔声性能，应避免使用，尽量用砂浆、岩棉等重质材料封堵。

对于隔声要求较高的部位，可以采用设置声闸的方法来提高门的隔声量。声闸室的两道门前后位置尽量错位布置，并在门斗内表面布置强吸声材料。对于窗户，为了提高其隔声性能，应注意以下几点：

① 采用较厚的玻璃，或者用双层或三层玻璃。为了避免吻合效应导致的凹陷，各层玻璃厚度不宜相同；

② 增加双层或多层玻璃之间的间距；

③ 在两层玻璃之间沿周边填放吸声材料，或把玻璃安放在弹性材料上；

④ 保证玻璃与窗框、窗框与窗洞之间的密封，避免用发泡胶封堵窗户和窗洞之间的缝隙。

3）孔隙对空气声隔声性能的影响

孔洞和缝隙对构件隔声性能的影响很大，一个小洞或一条狭缝，由于声波的衍射，都会使隔声结构的隔声量降低很多。

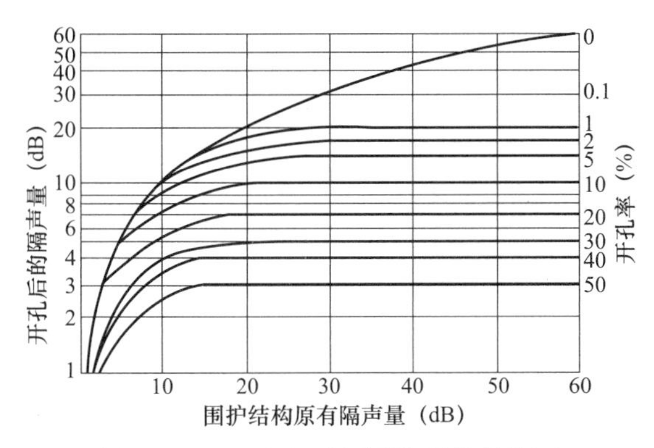

图 4.3-9　开孔率对原围护结构的影响

从图 4.3-9 可以看出，当孔隙的开孔率为 1% 时，原隔声量为 50dB 的隔声构件，隔声量下降为 20dB。孔隙对隔声的影响，还与隔声构件的厚度有关。隔声构件越厚，孔隙对隔声性能的影响越小。

孔隙对隔声结构的隔声性能影响很大，在设计和施工中，要尽量避免孔洞的出现。对于经常开启的门窗与边框的交接处，在保证开启方便的前提下应尽量加以密封，密封材料可选用柔软、富有弹性的材料，如软橡皮、毛毡等，切忌用实心的硬橡皮带。另外门窗加工时，应尽量和门窗留洞尺寸接近，减小门窗和门窗留洞之间的缝隙，并应用高隔声材料，而不是用发泡胶来封堵。

4）楼板撞击声隔声技术

通常来说，楼板要承受各种荷载，按照结构安全要求，其自身必须有一定的厚度和重量。根据隔声的质量定律，楼板必然具有一定的隔绝空气声的能力。但是由于楼板与四周墙体的刚性连接，当楼板有走路或其他撞击声时，将使振动沿着建筑结构传播。因此，楼板隔绝撞击声的性能，是楼板隔声性能的重要指标。

撞击声的隔绝主要有三条途径：一是使振动源撞击楼板引起的振动减弱。这可以通过振动源治理和采取隔振措施来达到，也可以通过在楼板表面铺设弹性面层来改善。二是阻隔振动在楼板结构中的传播。通常可在楼板面层和承重结构之间设置弹性垫层，称为“浮筑楼板”。三是阻隔振动结构向接受空间辐射空气声，这可通过在楼板下做隔声吊顶来解决。

（2）吸声控制技术

1）吸声机理：声波在媒质中传播时，由其引起的质点振动速度各处不同，存在着速度梯度，使相邻质点间产生相互作用的摩擦和黏滞阻力，阻碍质点运动，通过摩擦和黏滞阻力做功将声能转化为热能。同时，由于声波传播时媒质质点疏密程度各处不同，因而媒质温度也各处不同，存在温度梯度，从而使相邻质点间产生了热量传递，使声能不断转化为热能耗散掉。这就是吸声材料或吸声结构的主要吸声机理。

2）吸声材料的作用：吸声材料或吸声结构被广泛应用于噪声控制和厅堂音质设计中，它的主要作用有：①缩短和调整室内混响时间，消除回声以改善室内的听闻条件；②降低室内的噪声级；③作为管道衬垫或消声器件的原材料，以降低通风系统或沿管道传播的噪声；④在轻质隔声结构内和隔声罩内表面作为辅助材料，以提高构件的隔声量。

3）吸声材料的类型：吸声材料和吸声构造的种类很多，依据其吸声机理可分为三大类，即多孔吸声材料、共振型吸声结构和兼有两者特点的复合型吸声结构。根据材料的外观和构造特征，吸声材料可分为表 4.3-1 中的所列几类。

主要吸声材料的种类及其吸声特性　　**表 4.3-1**

类型	基本构造	吸声特性*	材料举例	备注
多孔吸声材料	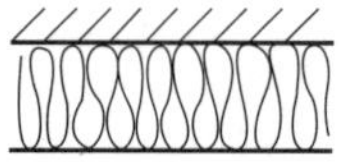	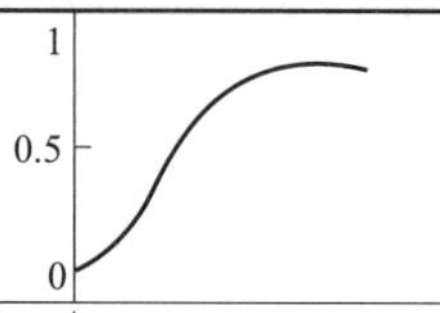 1 0.5 0	超细玻璃棉、岩棉、珍珠岩、陶粒、聚氨酯泡沫塑料	背后附加空气层可增加低频吸声
穿孔板结构		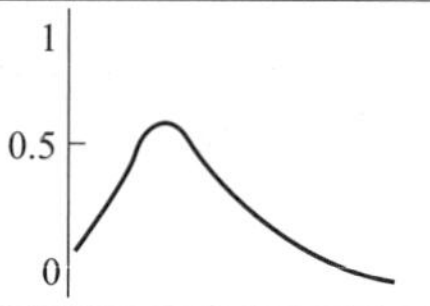 1 0.5 0	穿孔石膏板、穿孔 FC 板、穿孔胶合板、穿孔钢板、穿孔铝合金板	板后加多孔吸声材料，使吸声范围展宽、吸声系数增大
薄板吸声结构	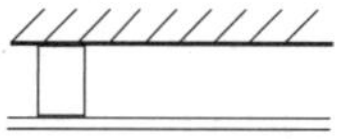	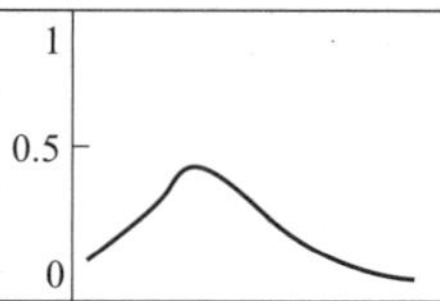 1 0.5 0	胶合板、石膏板、FC 板、铝合金板等	
薄膜吸声结构	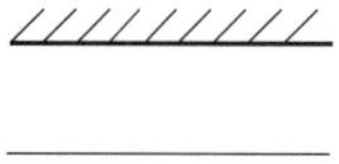	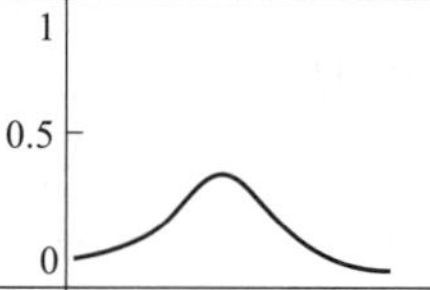 1 0.5 0	塑料薄膜、帆布、人造革	
多孔材料吊顶板	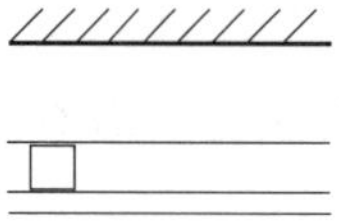	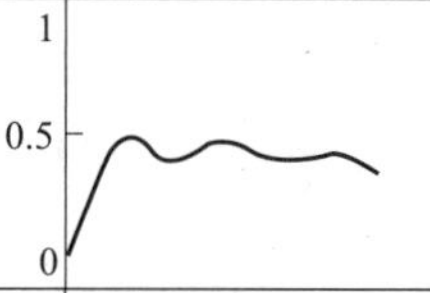 1 0.5 0	矿棉板、珍珠岩板、软质纤维板	
强吸声结构	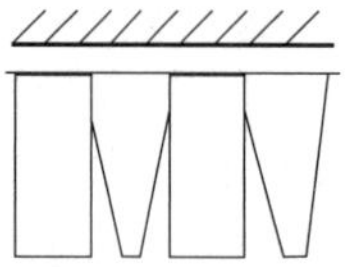	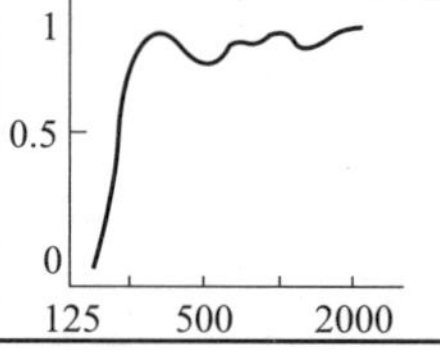 1 0.5 0 125　500　2000	空间吸声体、吸声尖劈、吸声屏	一般吸声系数大，不同结构形式吸声特性不同

* 吸声特性栏中，纵坐标为吸声系数 α，横坐标为倍频程中心频率，单位 Hz。

多孔吸声材料一般对中高频声波具有良好的吸声效果。多孔材料的吸声性能与材料的孔隙率、空气流阻、厚度、容重、背后空腔等结构参数及环境温度、湿度等有关。

多孔吸声材料对低频声吸收性能比较差，因此往往采用共振吸收原理来解决低频声的吸声，一般来说，共振吸收结构的装饰性较强，且有足够的强度，故在建筑中广泛使用。共振吸声结构的种类很多，通常包括穿孔板共振吸声结构、微穿孔板共振吸声结构、狭缝共振吸声结构、薄板共振吸声结构、薄膜共振吸声结构等。由于共振吸收与材料或结构的固有频率密切相关，因此此类吸声结构通常吸声频带范围较窄，需谨慎选用或采用复合构造。

（3）消声控制技术

对于空气动力性噪声，如各种风机、空气压缩机、柴油机以及其他机械设备的沿管道传播的噪声，需要采用消声技术加以控制，通常最常用的消声设备是消声器。通风消声器是用于降低通风与空调系统各类空气动力设备产生并沿管道传播噪声的装置，该装置既允许气流通过，同时又抑制声波传播。

1）消声器类型

通风系统中，常用的消声器根据其消声原理，通常分为阻性消声器、抗性消声器、阻抗复合式消声器三类。

①阻性消声器靠管道内壁装贴吸声材料消声，具有结构简单和良好的吸收中、高频噪声的特点，目前应用较广，主要用于控制风机的进、排气噪声，燃气轮机的进气噪声等。②抗性消声器与阻性消声器的消声原理不同，它不用吸声材料，不直接吸收声能，而是利用管道的声学特性，在管道设突变界面或旁接共振腔，使沿管道传播的声波反射或吸收，从而达到消声的目的。抗性消声器对中、低频噪声消声效果好，适用于清除频带比较窄的噪声。抗性消声器主要用于脉动性气流噪声的消除，如空气压缩机进气噪声、内燃机排气噪声的控制等。③阻抗复合式消声器在实际工程中应用广泛。由于阻性消声器在中高频范围内有较好的消声效果，而抗性消声器在中、低频段有较好的消声效果，把两者结合起来设计成阻抗复合式消声器，就可以在较宽频率范围内取得较高的消声效果。

2）消声器选型和应用

设置消声器的目的是消除通风系统中沿管道传播的风机噪声，因此消声器应根据声源的噪声频谱特性，以及噪声敏感房间的容许噪声水平，进行系统设计和消声器选型。切忌随意选择和设置，否则不仅起不到消声作用，甚至会导致气流噪声过高、供风不足等。消声器的设计选用常规程序应包括:

1）对噪声源的噪声频谱特性进行分析;

2）确定噪声敏感房间的容许噪声及其频率特性;

3）计算消声器所需的消声量;

4）确定通风系统容许消声器的压力损失大小;

5）比较消声器本身气流噪声的大小，避免气流噪声导致房间噪声超标;

6）确定设置消声器的空间位置大小;

7）根据所需的消声量、压力损失、气流噪声合理选择不同类型的消声器。

消声器选择时，还应考虑是否有防火、防腐、防尘、防水等特殊要求。消声器应尽量设置在气流平稳段。当主风道风速不大于8m/s时，应在尽可能靠近声源的位置设置消声器。对于降噪要求较高的通风系统，消声器不宜集中在一起，可在总管、分层分支管、风口前分别设置消声器。

（4）隔振控制技术

振动是一种周期性的往复运动，任何机械都会产生振动，机械振动的原因主要是旋转或往复运动部件的不平衡、磁力不平衡和部件的互相碰撞。振动能量常以两种方式向外传播产生噪声：一部分由振动机器直接向空气辐射，称空气声；一部分振动能量通过承载机器的基础，向地层或建筑物结构传递。

在固体表面，振动以弯曲波的形式传播，能激发建筑物的地板、墙面、门窗等结构振动，再向空中辐射噪声，这种通过固体传导的声称为固体声。水泥地板、砖石结构、金属板材等是隔绝空气声的良好材料，但对衰减固体声效果较差。噪声通过固体可传播到很远的地方，当引起物体共振时，会辐射很强的噪声。有时邻近房间噪声会比安装机器房间更响，这是由固体传声引起建筑结构共振造成的。

隔振是通过降低振动强度来减弱固体声传播的技术，将振源（声源）与基础或其他物体的近于刚性连接改为弹性连接，防止或减弱振动能量的传播。隔振技术有积极隔振和消极隔振。对于本身是振源的设备，为了减少它对周围机器、仪器和建筑物的影响，将它与支承隔离开，以便减小传给支承上的不平衡惯性力，称为积极隔振，又称主动隔振。对于振源来自支承振动的情况，为了减少外界振动传到系统中来，把系统安装在一个隔振的台座上，使之与地基隔离，这种措施称为消极隔振，又称被动隔振。

隔振设计的原则包括：

1）隔振设计时，必须先了解机器设备的振动特性，以及可能产生的后果；

2）尽量选择振动较小的设备，并选用驱动频率较高的设备，以提高隔振效率；

3）合理地选择隔振元件、弹性吊架和非刚性连接等隔振措施，每种隔振元件的固有频率、静态压缩量等参数均不同，应根据设备特性合理选择；

4）建筑规划和平面布置合理，以减少振动对周围环境的影响；

5）产生振动机器的基础应独立，并与其他机器基础和房间基础之间分开或留缝；

6）通过合理设置隔振机座，可降低隔振系统重心，提高系统力阻抗。

4.4 光环境营造

良好的光环境品质对于人类健康具有十分重要的意义，如何营造建筑室内外舒适健康的光环境一直是非常重要的课题。本章将从天然采光技术、人工照明技术、智能控制技术和光污染防治技术几个方面进行介绍。

4.4.1 天然采光技术

良好的天然采光可以使人心情舒畅，有利于人们的身心健康，与人工照明相比，天然采光有着明显的优势。舒适健康的天然光环境的设计及评价包含天然光数量、采光均匀性以及眩光控制等方面的因素。

（1）采光设计与评价

1）保证充足的天然采光

对于采光效果的评价，当前国内外应用较多的仍为采光系数的方法，即在室内参考平面上的一点，由直接或间接地接收来自假定和已知天空亮度分布的天空漫射光而产生的照度与同一时刻该天空半球在室外无遮挡水平面上产生的天空漫射光照度之比。这种方法能够较为准确地反映室内的采光效果，却难以反映不同时间的采光效果。随着计算机技术的进步，人们提出了一种动态采光评价的方法。动态采光评价是根据实际气象参数对建筑室内的实际采光效果进行实时评价的一种采光评价方法，是相对于常用的采光系数的静态评价提出的。这种方法充分考虑了气象参数、建筑朝向、遮挡、室内表面反射率等因素的影响，是一种更为精确的反映室内采光效果的评价方法。但由于操作较为复杂，因此该方法还没有得到普遍应用。

在建筑设计初期，通过采光系数进行设计对于设计师来说具有一定的难度，因此人们提出了一种相对粗糙但足够简单的方法，即窗地面积比方法。在设计阶段通过窗地面积比来进行建筑的采光设计是一种简单易行的方法，实测调研也表明，窗地面积比和室内采光效果具有明显的相关性。

2）改善采光均匀性

视野范围内照度分布不均匀可使人眼产生疲劳，视力下降，影响工作效率。因此，要求房间内照度有一定的采光均匀度，以最低值与平均值之比来表示。研究结果表明，对于顶部采光，如在设计时，保持天窗中线间距小于参考平面至天窗下沿高度的 1.5 倍时，则均匀度均能达到 0.7 的要求。此时可不必进行均匀度的计算。如果采用其他采光形式，可用其他方法进行逐点计算，以确定其均匀度[28]。

3）控制眩光

过度的阳光进入室内会造成强烈的明暗对比，影响室内人员的视觉舒适度，因此，在进行采光设计时，应尽量采取各种改善光质量的措施，以避免引起不舒适眩光。如：作业区减少或避免直射阳光、工作人员的视觉背景避免为窗口、采用室内外遮挡设施以及窗结构的内表面或窗周围的内墙面采用浅色饰面。窗的不舒适眩光的评价可采用窗的不舒适眩光指数（DGI）表示（具体可参考《建筑采光设计标准》GB 50033）。

（2）采光方式

建筑利用天然光的方法概括起来主要有被动式采光法和主动式采光法两类。被动式天然采光法是通过或利用不同类型的建筑窗户进行采光。这种采光方法的采光量、光的分布及效能主要取决于采光窗的类型，使用这一采光方法的人则处于被动地位，故称被动采光法。主动式采光法则是利用集光、传光和散光等设备与配套的控制系统将天然光传送到需要照明部位的采光法。这种采光方法完全由人所控制，人处于主动地位，故称主动式采光法[29]。

1）被动式采光

侧窗采光。就是在房间一侧或两侧的墙上开窗采光。在房屋进深不大或内走廊建筑仅有一面外墙的房间，一般都是利用单侧窗采光。这种采光方法的特点是窗户构造简单、布置方便、造价较低、采光的光线的方向性强，照射立体物件或人貌时可获得良好的光影造型效果。当单侧采光房间的工作台与窗面垂直布置时，采光可有效地避免光幕反射引起的不舒适眩光，而且工作人员还可通过侧窗直接观赏室外景物，从而扩大视野，调节视力，减轻视觉疲劳。单侧窗采光的主要问题是采光的纵向均匀度较差，进深大、离窗远的区域往往达不到采光标准的要求。影响纵向采光均匀度的因素，一是窗的形状，高而窄的采光窗比低而宽的采光窗的纵向均匀度好；二是窗位的高低，高侧窗的纵向采光均匀度明显优于低侧窗的采光均匀度。为了使单侧采光具有良好的采光均匀性，房间进深一般不宜超过窗的上框高度的 2 ～ 2.5 倍。改善单侧窗采光纵向均匀度的方法之一是利用透光材料本身的反射、扩散和折射性能将光线通过顶棚反射到进深大的工作区；方法之二是在窗上设置水平阁板式遮阳板，降低近窗工作区的照度，同时利用遮阳板的上表面及房间顶棚面将光线反射到进深大的工作区。

天窗采光。又称顶部采光，它是在房间或大厅的顶部开窗，将天然光引入室内。这一采光方法在工业建筑、公共建筑，如博展建筑和建筑的中庭采光应用较多。由于应用场所不同，天窗的形式不一，可谓千变万化，难以统计。对工业建筑采光法，天窗形式主要有以下五种：矩形天窗、锯齿形天窗、平天窗、横向天窗、下沉式（或称井式）天窗。

2）主动式采光

镜面反射采光法。就是利用平面或曲面镜的反射面，将阳光经一次或多次反射，将光线送到室内需要照明的部位。这类采光方法通常有两种做法：一是将平面或曲面反光镜和采光窗的遮阳设施合为一体，既反光又遮阳；二是将平面或曲面反光镜安装在跟踪太阳的装置上，作成定日镜，经过它一次，或再经一次，也可能是二次反射，将光送到室内需采光的区域。

利用导光管导光的采光法。采集天然光，并经管道传输到室内，进行天然光照明的采光系统，称之为导光管采光系统。通常由集光器、导光管和漫射器组成。根据工程的实际需要，还可增加一些配件，如调光器等。目前导光管采光系统主要采用顶部安装的方式，当顶部开洞受限制时，也可采用侧面安装的方式。根据工程设计的要求，集光器部分可高于屋面，或与屋面平齐；当室内有吊顶时，漫射器的设计安装应与其相结合。

光纤导光采光法。就是利用光纤将阳光传送到建筑室内需要采光部位的方法。光纤导光采光的设想早已提出，而在工程上大量应用则是近十多年的事。光纤导光采光的核心是导光纤维（简称光纤），在光学技术上又称光波导，是一种传导光的材料。这种材料是利用光的全反射原理拉制的光纤，具有线径细（一般只有几十个微米，一微米等于百万分之一米，比人的头发丝还要细），重量轻、寿命长、可挠性好、抗电磁干扰、不怕水、耐化学腐蚀、光纤原料丰富、光纤生产能耗低，特别经光纤传导出的光线基本上无紫外和红外辐射线等一系列优点，以致在建筑照明与采光、工业照明、飞机与汽车照明以及景观装饰照明等许多领域中推广应用，成效十分显著。以建筑物的采光为例，利用光纤导光采光方法，将人们喜爱的阳光传送到室内需要采光的部位，可提高室内光环境的质量、改善人们工作条件，充分利用自然光资源、节约人工照明用电，减少发电而产生的有害气体、保护环境等，具有重要的技术经济意义和社会影响。因此，建筑物特别是无窗和地下等缺少阳光的建筑物越来越多利用这种采光方法，其发展潜力较大，前景十分广阔。

棱镜组传光采光法。棱镜传光采光的原理为旋转二个平板棱镜可产生 4 次光的折射。受光面总是把直射光控制在垂直方面。这种控制机构的机理是当太阳方位角、高度角有变化时，使各平板棱镜在水平面上旋转。当太阳位置处于最低状态时，2 块棱镜使用在同一方向上，使折射角的角度加大，光线射入量加多。另外，当太阳高度角变高时，有必要减少折射角度。在这种情况下，在各棱镜方向上给予适当的调节，也就是设定适当的旋转角度，使各棱镜的折射光被抵消一部分。当太阳高度最高时，把 2 个棱镜控制在相互相反的方向。根据太阳位置的变化，给予 2 个平板棱镜以最佳旋转角，把太阳高度角 10° ～ 84° 范围内的直射阳光，在垂直方向加以控制。被采集的光线在配光板上进行漫射照射。为实现跟踪太阳的目的，对时间、纬度和经度数据的设定，弱光、运行和停止等操作是利用无线遥控装置器来进行的。驱动和控制用电源由带太阳能电池所提供的蓄电池来供应，而不需要市电供电。

光电效应间接采光法。光伏效应间接采光照明法（简称光伏采光照明法），就是利用太阳能电池的光电特性，先将光能转化为电能，而后将电能再转化为光能进行照明，而不是直接利用阳光采光。

（3）设计计算方法

从设计的角度来看，以往的建筑采光设计都是假定天空是阴天，不考虑直射阳光。这样的采光设计计算简单，回避了阳光多变带来的采光不稳定性、过热、眩光和阳光的光化作用等问题。随着科学技术的发展，特别是节能的影响，人们对晴天和平均天空采光设计与计算进行了大量研究，并初步形成了一套较完整的设计方法。研究表明，利用晴天采光计算方法设计采光，约可减小 15% 的开窗面积，具有重要的节能和经济意义。直射阳光进入室内，不仅可给人们提供时间信息，而且由于多变的阳光和室内植物装饰，可增加室内视环境的情趣，让人有身在大自然中的感受，产生一种独特的艺术效果。为了便于设计人员使用，《绿色照明工程实施手册》中给出了两种简便计算方法。

4.4.2 人工照明技术

（1）视觉光环境设计

为营造舒适健康的光环境，人工照明的设计应当考虑照度水平、均匀度、亮度分布、眩光、频闪的控制以及光色品质等方面。

1）设计合理的照度水平和照度均匀度

目前国际及我国的照度标准，可以根据照明要求的档次高低选择照度标准值。一般的房间选择照度标准值，档次要求高的可提高一级，档次要求低的可降低一级。照度均匀度用工作面上的最低照度与平均照度之比来评价。建筑照明设计标准中规定的一般照明的照度均匀度不宜小于0.7，作业面邻近周围的照度均匀度不宜小于0.5。采用分区一般照明时，房间的通道和其他非工作区域，一般照明的照度值不宜低于工作面照度值的1/5。局部照明与一般照明共用时，工作面上一般照明的照度值宜为总照度值的1/3～1/5。为达到要求的照度均匀度，灯具的安装间距不应大于所选灯具的最大允许距高比。对于照度和照度均匀度的设计评价可通过计算机软件或计算图表等方式实现。

2）保证适当的亮度分布

在工作视野内有合适的亮度分布是舒适视觉环境的重要条件。如果视野内各表面之间的亮度差别太大，且视线在不同亮度之间频繁变化，则可导致视觉疲劳。一般被观察物体的亮度高于其邻近环境的亮度三倍时，则视觉舒适，且有良好的清晰度，而且应将观察物体与邻近环境的反射比控制在0.3～0.5之间。此外适当地增加工作对象与其背景的亮度对比，比单纯提高工作面上的照度能更有效地提高视觉功效，且较为经济。在办公室、阅览室等长时间连续工作的房间，其室内各表面的反射比如下：顶棚为0.6～0.9，墙面为0.3～0.8，地面为0.1～0.5，作业面为0.2～0.6。

3）眩光控制

直接眩光是由光源和灯具的高亮度直接引起的眩光，而反射眩光是通过光线照到反射比高的表面，特别是抛光金属一类的镜面反射所引起的。控制直接眩光主要是采取措施控制光源在γ角为45°～90°范围内的亮度（图4.4-1），主要有两种措施：

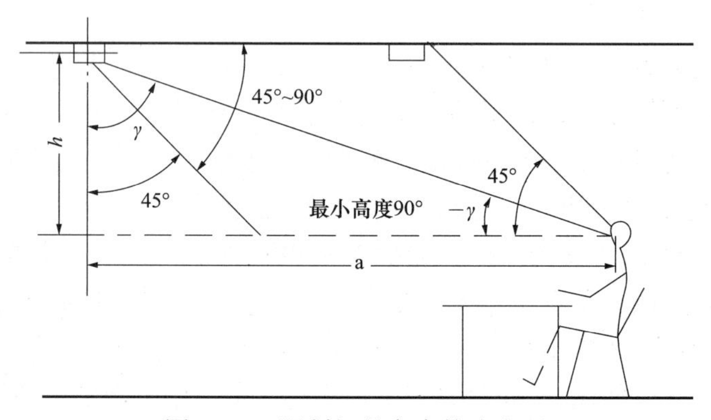

图4.4-1　限制灯具亮度的眩光区

①选择适当的透光材料，可以采用漫射材料或表面做成一定几何形状、不透光材料制成的灯罩，将高亮度光源遮蔽，尤其要严格控制γ角为45°～85°部分的亮度；②控制遮光角，使90°～γ部分的角度小于规定的遮光角。以上两种措施可以是单独采用，也可以两种方法同时采用，如半透明的格栅灯具。

室外的眩光控制主要针对室外体育和室外区域照明，CIE在112号出版物中作了规定。规定指出，每个观察者位置和每个不同的视看方向在照明区域的眩光程度是不同的。对于给出的观察者位置和给定的方向（低于眼睛水平），其眩光程度取决于由所有灯具产生的光幕亮度和在观察者前方由环境直接入射到人眼睛上的光所产生的光幕亮度。

点眩光评价标度　　表 4.4-1

眩光控制指标	感觉眩光程度	额定眩光值 /GR
1	不可忍受	90
2	—	80
3	干扰的	70
4	—	60
5	刚刚可接受的	50
6	—	40
7	可见的	30
8	—	20
9	看不见的	10

4）光的方向性和扩散性设计

光照射到物体的方向不同，在物体上产生阴影、反射状况和亮度分布的不同，从而产生使人满意和不满意两种情况。光的方向性、扩散性和光源的亮度作为照明条件，对照射对象有各种微妙的影响。

阴影。当视觉工作对象上产生阴影时，则使对象的亮度和亮度对比降低。在工作面上产生手和身体的阴影，或者人脸由逆光所形成的阴影，都令人不满意。为防止此现象，可将灯具做成扩散性的，并在布置上加以注意。而为了表现立体物体的立体感，需要适当的阴影，以提高其可见度。为此，光不能从几个方向来照射，而是由一个方向来照射实现的。当立体物体的明亮部分同最暗部分的亮度比为 2 ： 1 以下时，有呆板的感觉，形成 10 ： 1 的亮度比时，则印象强烈，最理想的是 3 ： 1 的亮度比。材料靠产生小的阴影来表现物体的粗糙和凹凸等质感，通常采用从斜向来的定向光照射，可强调材质感。

反射。由亮的灯具的光照射到光亮的表面，经反射到人眼方向可产生反射眩光。它有两种形式，一是光幕反射，可使视觉工作对象的对比降低；二是视觉工作对象旁的反射眩光。防止和减少光幕反射和反射眩光的措施是：1）合理安排工作人员的工作位置和光源的位置，不应使光源在工作面上产生的反射光射向工作人员的眼睛，若不能满足上述要求时，则可采用投光方向合适的局部照明。2）工作面宜为低光泽度和漫反射的材料。3）可采用大面积和低亮度灯具，采用无光泽饰面的顶棚、墙壁和地面，顶棚上宜安设带有上射光的灯具，以提高顶棚的亮度。

5）防止照度的不稳定性和频闪效应

照度的不稳定性主要由照明电源电压的波动所引起，因此必须采取措施保证供电电压的质量。应避免由工业生产中的气流和自然空气流所引起的灯具的摆动，这些均会引起照度的不稳定，使人的视觉不舒适。气体放电灯点燃后，因交流电频率的影响，发射出的光线产生相应频率变化的效应，称为频闪效应。运动的物体因频闪作用可能产生对物体的状态的错误判断。减弱和防止频闪效应的措施是：

（1）通常宜在荧光灯端部采用适当的遮蔽加以避免，应定期更换老化的气体放电灯；

（2）将灯分接在三相电路上，采用单相供电或采用气体电灯时，宜采用移相电路；

（3）宜采用提高电源频率方法；

（4）采用 LED 照明产品时，选择高质量的驱动电源；

6）选择适当颜色特性的灯具

色温。光源的色温不同会有不同的冷暖感觉，这种与光源的色刺激有关的主观表现称为色表。室内照明光源的色表与相关色温有如表 4.4-2 的关系。

光源的色表分组　　**表 4.4-2**

色表分组	色表特征	相关色温 /K	适用场所举例
Ⅰ	暖	＜ 3300	病房、酒吧、餐厅、客房、卧室等
Ⅱ	中间	3300 ～ 5300	办公室、教室、阅览室、诊室、检查室、机加工、仪表装配等
Ⅲ	冷	＞ 5300	高照度水平的房间，热加工车间

显色性。对辨别物体颜色有要求的场所，必须令人满意地看出物体的本来颜色，即不能使物体颜色失真。物体在光源色照射下有显色性的问题。失真程度是用与在标准光源照明下物体的颜色符合的程度来度量。一般定量上用显色指数度量，如某光源的一般显色指数为 100，这说明无颜色失真，如果小于 100 时，说明有失真，数值越小，失真度越大。选择光源时，可根据以上要求进行合理选择。

（2）非视觉光环境设计

为了更好地维持人们正常的生命节律，照明设计应当考虑其非视觉效应。这类设计往往聚焦于人员长时间停留的场所，例如教室、病房、办公空间等。而对于走廊、楼梯间、停车场等人员短暂停留的场所，则不必考虑相应的影响。值得注意的是，进行人工照明的非视觉效应设计并非完全复制太阳光的所有特性，而是提供室内人员需要的部分。当前普遍的观点认为，太阳光中的紫外部分和红外部分的辐射不需要进行复制。理想情况下，照明设计应当与人的生命节律相吻合。

普遍的观点认为，经过数千年的时间，人类已逐渐演变，适应了天空和天然光。

而现代社会，人们多数时间处于室内环境，因此照明设计应当顺应这种规律。在白天室内用户接触到的光能够更“明亮”一些，可以采用色温较高的光源；而到了晚上，尽可能地减少光对人体的刺激，同时满足视觉需求，可采用低色温的光源。国内外标准针对不同场合给出了生理照明的要求，可供参考：

1）教室。对于幼儿园、中小学、高中及25岁以下的成人教育的教室，至少75%的课桌位置1.2m高度人眼方向的生理等效垂直照度不低于125lx的时数不低于平均每天4h，或者满足垂直面的环境照明生理等效照度值不低于IES-ANSI RP-3-13的推荐值。其中生理等效照度是指根据辐照度对于人的非视觉系统的作用而导出的光度量。依据不同的光对人的褪黑素的抑制效果得出。

2）办公空间及具有相似视觉功效的空间。对于办公及相似视觉作业的场所，至少75%的工位上1.2m高度人眼方向的生理等效垂直照度不低于250lx的时数不低于平均每天4h，或者满足垂直面的人工照明生理等效照度值不低于IES-ANSI RP-1-12的推荐值。

3）居住空间。对于昼间，所有有窗空间的房间中央1.2m高度朝向墙方向的生理等效照度不低于250lx，要求人工照明能够单独达到这个水平；对于夜间，0.76m高度的生理等效照度不超过50lx。

4）商店。员工休息室1.2m高度朝向各表面方向的平均生理等效照度不低于250lx，要求人工照明能够单独达到这个水平。

（3）光生物安全

根据国家标准《灯和灯系统的光生物安全性》GB/T 20145—2006/CIE S009/E: 2002对灯具的分类，从光生物安全的角度可将灯分为四类：无危险类（RG0）、Ⅰ类危险（RG1）、Ⅱ类危险（RG2）和Ⅲ类危险（RG3）[30]。

1）无危险类

无危险类是指灯在标准极限条件下也不会造成任何光生物危害，满足此要求的灯应当满足以下条件：在8h（30000s）内不造成光化学紫外危害；在1000s内不造成近紫外危害；在10000s内不造成对视网膜蓝光危害；在10s内不造成对视网膜热危害；在1000s内不造成对眼睛的红外辐射危害。

2）Ⅰ类危险

该分类是指在曝光正常条件限定下，灯不产生危害，满足此要求的灯应当满足以下条件：在10000s内不造成光化学紫外危害；在300s内不造成近紫外危害；在100s内不造成对视网膜蓝光危害；在10s内不造成对视网膜热危害；在100s内不造成对眼睛的红外辐射危害。

3）Ⅱ类危险

该分类是指灯不产生对强光和温度的不适反应的危害，满足此要求的灯应当满足以下条件：在1000s内不造成光化学紫外危害；在100s内不造成近紫外危害；在0.25s内不造成对视网膜蓝光危害；在0.25s内不造成对视网膜热危害；在10s内不造成对眼睛的红外辐射危害。

4）Ⅲ类危险

该分类是指灯在更短瞬间造成光生物危害，当限制量超过Ⅱ类危险的要求时，即为Ⅲ类危险。在进行照明设计时，应当根据使用功能的需求选择光生物安全性能满足要求的照明产品。对于建筑内人员长期停留的场所，特别是对于存在对光敏感的人群的场所（例如幼儿园、中小学校教室等），建议采用无危险类的灯具。

近些年来，LED 照明技术迅速发展，根据蓝光激发荧光粉 LED 灯光谱特性，其更有可能出现蓝光危害（图 4.4-2）。在进行设计选型时，宜选择蓝光部分比例相对较低的灯具。根据研究，蓝光激发荧光粉 LED 灯蓝光危害潜能和相关色温存在正相关关系，因此为减少可能产生的蓝光危害，建议采用中低色温的光源。

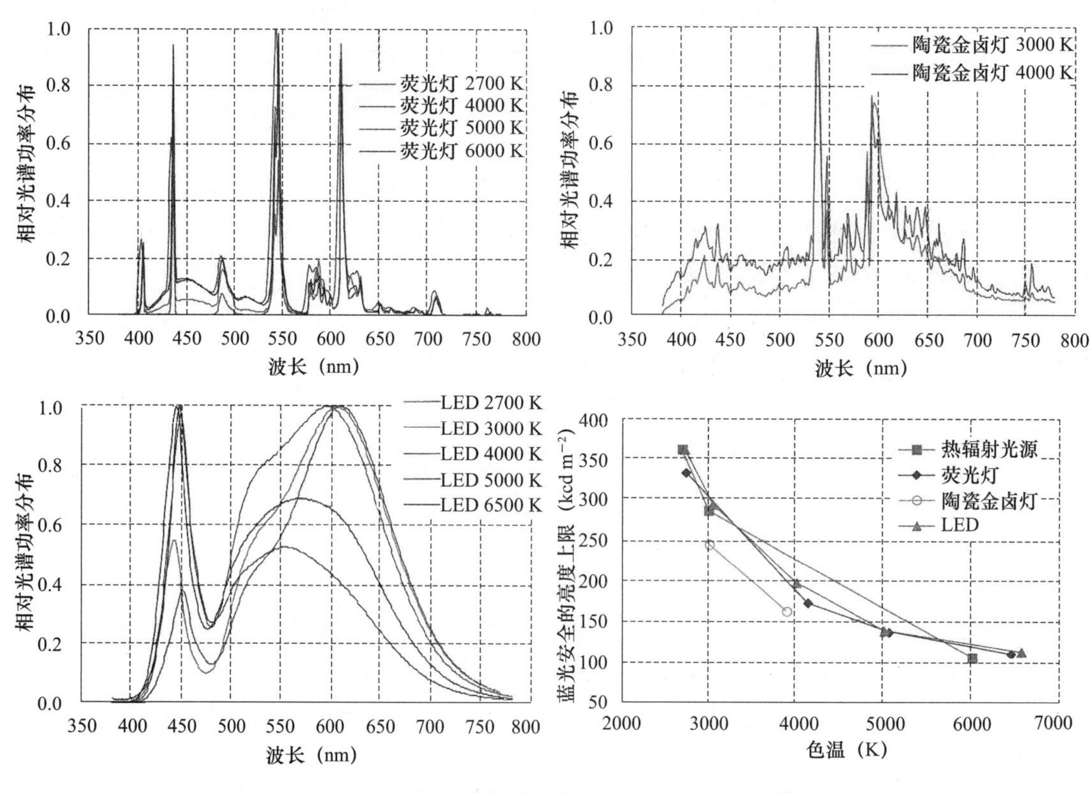

图 4.4-2　蓝光激发荧光粉 LED 灯光谱特性[31]

4.4.3　智能控制技术

智能控制是满足人们健康照明需求的重要技术手段。随着控制技术的不断发展，各种照明控制技术相继推出，控制方式多样，自动化程度高。健康建筑照明控制系统的设计应当综合考虑采光系统和人工照明控制系统的性能。

（1）系统构成

不同的智能控制系统各部分结构不尽相同，但从整体上来看，智能照明控制系统大体上可概括如图 4.4-3。

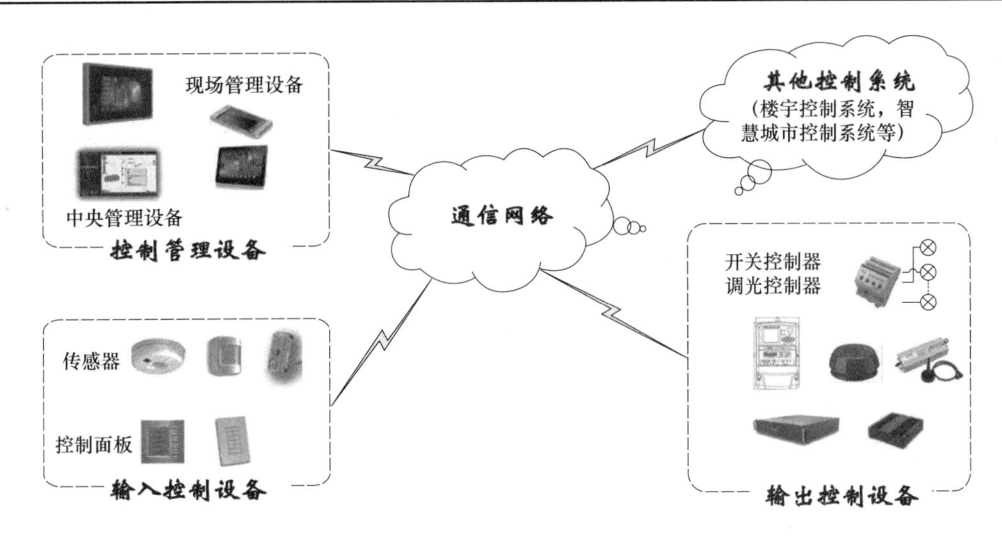

图 4.4-3 智能照明控制系统构成

（2）智能控制基本功能

调光控制是智能照明控制系统的基本功能，为保证良好的视觉舒适效果，同时降低照明能耗，照明控制系统宜根据天然光照度调节人工照明的照度输出，同时保证总照度符合现行国家标准《建筑采光设计标准》GB 50033 中对采光照度标准值的规定。

天然采光是智能照明控制的重要一环，天然光具有光强高、显色性好等诸多优点，但可控性不强，而人工照明具有较强的可控性。因此，采用天然光和人工照明的联动控制策略将更容易营造健康、节能、舒适的照明光环境。对于同一空间，在不同时间可能会需要不同的场景模式，因此，智能控制系统需要提供不同场景的设置和实现的功能。

此外，人在不同的时间、场景下对于色温的需求存在一定的差异，通过调节色温来满足这种差异性可以进一步提升光环境质量。当前阶段主要是通过多路调光来实现色温的调节，每一路的光源色温不同，在扩散罩的混光作用下进行光谱混合，实现色温的变化。

（3）通信方式

从通信传输方式来看，智能照明控制系统的通信根据传输媒介的不同，一般分为有线数据通信和无线数据通信两种。有线通信主要以一些有线介质传输信号，如电话线、光纤、电力线等；无线通信主要以电磁波方式来传输信号，如红外线、蓝牙等。有线通信虽然受有形媒质的限制，但其通信更加稳定，对于外界干扰更加不易受影响，依托于强大的媒介，数据的传输更加高速。常用的有线通信方式特点对比如表 4.4-3 所示。

有线通信特点对比　　表 4.4-3

通信方式	使用特点
ArtNET	支持基于 TCP/IP 的以太网协议，传输速度快，通信可靠，开放性好，使用成本低，应用组网容易

续表

通信方式	使用特点
DALI	布线简单，抗干扰性强，可寻址，广泛用于调光照明领域
KNX/EIB	线路简单，安装方便，易于维护，开放性好，可实现多种控制任务，系统规模较大，但开发难度相对较大，主要用于楼宇自控
BACnet	开放性好，具有良好的互联特性和扩展性，没有限制节点数，用于楼宇自控
ModBus	结构简单，稳定性好，传输灵敏度高，通信距离远，性价比高
C-Bus	线路简单，节约耗材，安装方便，易于维护，开放性好，可靠性高，软件功能较强，用于楼宇自控
DMX512	回路简单，传输速率快，信息传输针对通道，多用于舞台灯光和景观照明
Dynet	线路简单，安装方便，易于维护；可实现单点、双点、多点、区域、群组控制、场景设置、定时开关、亮度手自动调节、红外线探测、集中监控、遥控等多种控制任务；网络拓扑结构多样；系统规模较大，适合于大型公建项目
CAN	成本较低，实时处理能力强，广泛应用于工业现场、汽车领域
LIN	成本低，为现有工业网络提供辅助，广泛应用于工业控制中分布电子系统
电力载波	通过电力线进行信号传输，无需布线，安装便捷，使用方便

无线通信最大的特点就是不用连接线来传导信号。常用的无线通信方式的特点对比如表 4.4-4 所示。

无线通信特点对比　　　**表 4.4-4**

通信方式	使用特点
2.4G RF	低功耗、安全性好，主要用于近距离无线连接，通信效率高
红外技术	体积小，功耗低，连接方便，简单易用，小型移动设备中广泛使用
蓝牙	可以方便快速地建立无线连接，移植性较强，安全性较高
GPRS	可靠性高，实时性强，应用范围广，系统建设成本低
GSM	传输质量好，组网灵活，设备体积小、重量轻、功耗低，可靠度高
WIFI	传输速度较高，有效距离远，方便与现有以太网整合，组网成本低
NB-Iot	广覆盖、具备支撑海量连接的能力、低功耗、低成本，用于物联网领域

在进行智能照明设计时，应当根据实际需求合理选择通信协议，保证照明控制系

统能够满足设计要求。

4.4.4　光污染防治技术

光污染，广义地说是过量的光辐射，包括可见光、紫外与红外辐射对人体健康与人类生存环境造成的负面影响的总称。对夜间室外照明的光污染是指夜间室外建筑或构筑物的景观照明、道路与交通照明、广场或工地照明、广告标志照明和园林山水景观照明等所产生的溢散光、天空光、眩光和反射光形成的干扰光，对人体健康、交通运输、天文观察、动植物生长及生态环境等产生的危害。此外，随着玻璃幕墙以及其他反光表面的广泛使用，日间这些材料对太阳光的镜面反射同样也对周边室内人员、驾驶员等产生不良影响。由以上内容看出，光污染主要着眼于对环境的影响，而不能单纯根据一个区域或照明设备的亮度水平或出光量来评价，还要考察出射光线是否对环境产生负面的影响[29]。

（1）夜间照明光污染

随着城市夜景照明的迅速发展，特别是大功率高强度气体放电灯在建筑夜景照明和广场、道路照明中的广泛采用，建筑立面和地面（含广场及路面等）的表面亮度不断提高，商业街的霓虹灯、灯光广告和标志越来越多，而且规模越来越大，光污染问题也越来越突出。室外夜间照明产生的溢散光或经光照对象表面反射光形成的光污染，主要表现：一是使天空发亮或称引起天空光，或称大气或天文光污染；二是产生的干扰光（含眩光）对人们正常的工作或休息，对交通运输，对动植物生长和生态环境、城市气候等都会产生不同程度的影响。建筑周边夜间室外照明光污染来源主要包括建筑或构筑物夜景照明产生的溢散光和反射光，广告标志照明产生的溢散光、眩光和反射光，各类道路照明产生的溢散光和反射光等（图 4.4-4）。

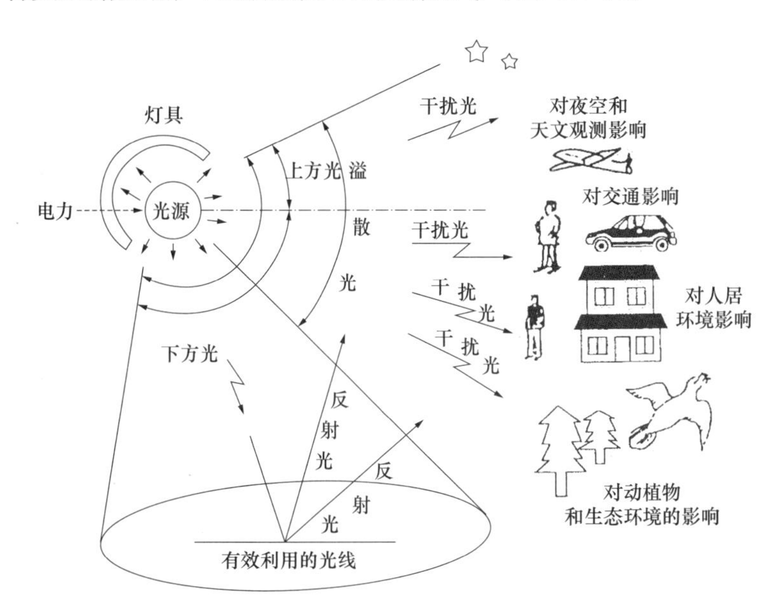

图 4.4-4　夜间室外照明光污染及其影响

光污染的防治主要遵从以下三个原则:

1）以防为主，防治结合。防治城市夜间室外照明产生的光污染，既要防，也要治，但主要是防，要防治结合，力争做到未雨绸缪，防患于未然，使城市夜间照明的功能要求、装饰需求和减少光污染的要求达到最佳的统一和平衡，而不是光污染出现之后再去治理。

2）从城市照明的源头抓起。光污染的来源和造成光污染的原因是多方面的，消除这些方面产生的光污染无可非议，也是十分必要的。要彻底防治光污染就必须从城市照明的源头，也就是从城市照明的规划，照明工程的设计开始预防产生光污染。这也是落实以防为主的防治原则的关键。

3）加强管理，严格执法。城市照明规划、设计和建设，不严格执行国家和国际上有关防治光污染的法规和标准，照明工程竣工后管理不严，造成过亮、过暗或光线泄漏现象，是产生光污染的两个重要原因。因此，加强管理，严格执法是防治光污染应坚持的重要原则。

我国的行业标准《城市夜景照明设计规范》JGJ/T 163—2008 规定了对光污染防治的要求，包括居住建筑窗户外表面的垂直照度的限制标准、夜景照明灯具朝向居室的发光强度的标准、居住区和步行区夜景照明灯具的眩光限制标准、照明灯具上射光通比的限制标准以及夜景照明在建筑立面和广告标识表面的平均亮度限制标准。

防治光污染的措施主要包括:（1）在编制城市夜景照明规划时，应对限制光污染提出相应的要求和措施;（2）在规划和设计城市夜景照明工程时，应按《城市夜景照明的规划和设计规范》JGJ/T 163—2008 进行设计;（3）应将照明的光线严格控制在被照区域内，限制灯具产生的干扰光，超出被照区域内的溢散光不应超过 15%；（4）应合理设置夜景照明运行时段，及时关闭部分或全部夜景照明、广告照明和非重要景观区高层建筑的内透光照明。

（2）太阳光反射光污染

近些年来，随着高镜面反射率材料，特别是玻璃幕墙的广泛应用，白天的反射光污染的危害逐渐显露出来。从发生条件来看，日间反射光污染主要在以下条件下产生:（1）使用了大面积高反射率材料;（2）在特定方向和特定时间下产生;（3）光污染的程度与反射材料的方向、位置及高度密切相关。

玻璃幕墙反射光进入室内，会对室内人员的正常活动产生干扰，长时间在白色光亮污染环境下工作和生活的人，容易出现视力下降，产生头昏目眩、失眠、心悸、食欲下降及情绪低落等类似神经衰弱的症状，正常生理及心理发生变化，长期下去会诱发某些疾病。另外，反射光还会对室外环境，特别是道路上高速驾驶的司机以及飞机航道上的飞行员产生重大安全隐患。反射光进入高速行驶的驾驶舱内，会造成人的突发性暂时失明和视力错觉，瞬间遮住驾驶员的视野，或使其感到头昏目眩，严重地危害其视觉功能，从而可能引起相关事故。太阳反射光污染的防止主要从城市规划、建筑环境设计和减少幕墙反射光污染的新技术三个方面入手。

1）城市规划。在编制城市规划时，应当编制整条街的光环境规划，限制玻璃幕墙的广泛应用或过分集中。在国家标准《玻璃幕墙光热性能》GB/T 18091—2015 中有如下规定：在城市快速路、主干道、立交桥、高架桥两侧的建筑物 20m 以下及一般路段 10m 以下的玻璃幕墙，应采用可见光反射比不大于 0.16 的玻璃；在 T 形路口正对直线路段处设置玻璃幕墙时，应采用可见光反射比不大于 0.16 的玻璃。

2）建筑环境设计。进行建筑环境设计时，应当充分考虑玻璃幕墙建筑对周边的影响，并通过计算机模拟的方式尽可能地减少或消除玻璃幕墙反射光影响。对于建筑环境设计，国家标准《玻璃幕墙光热性能》GB/T 18091—2015 中有如下规定：构成玻璃幕墙的金属外表面，不宜使用可见光反射比大于 0.30 的镜面和高光泽材料；道路两侧玻璃幕墙设计成凹形弧面时应避免反射光进入行人与驾驶员的视场中，凹形弧面玻璃幕墙设计与设置应控制反射光聚焦点的位置；以下情况应进行玻璃幕墙反射光影响分析：a）在居住建筑、医院、中小学校及幼儿园周边区域设置玻璃幕墙时；b）在主干道路口和交通流量大的区域设置玻璃幕墙时；在与水平面夹角 0° ～ 45° 的范围内，玻璃幕墙反射光照射在周边建筑窗台面的连续滞留时间不应超过 30min；在驾驶员前进方向垂直角 20°，水平角 ±30° 内，行车距离 100m 内，玻璃幕墙对机动车驾驶员不应造成连续有害反射光；当玻璃幕墙反射光对周边建筑和道路影响时间超出范围时，应采取控制玻璃幕墙面积或对建筑立面加以分隔等措施。

4.5 热湿环境营造

舒适的室内热环境从古至今一直是人类不断追求和改善的目标，也是建筑环境营造手段不断进步的动力。室内热环境的优劣与稳定主要受到 6 个因素影响：①室外环境；②围护结构；③用能系统；④运行管理；⑤室内环境参数设置；⑥人员行为，如图 4.5-1 所示。

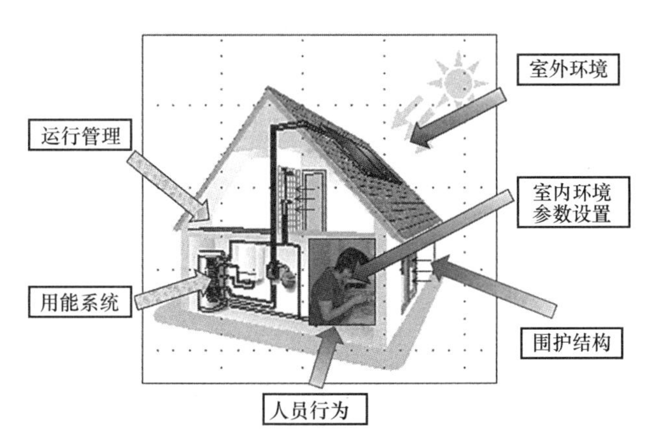

图 4.5-1 动态热环境的影响因素

室内热湿环境营造和调控主要包括两类技术手段[32]：

（1）利用建筑本身的隔热、保温、通风等性能来维持室内热环境。即所谓被动式技术，利用建筑自身和天然能源来保障室内环境品质。利用被动式技术来控制室内热湿环境，主要是做好太阳辐射和自然通风这两项工作。基本思路是使日光、热、空气仅在有益时进入建筑，其目的是使这些能量和质量适时、有效地加以利用，以及合理地储存和分配热空气和冷空气，以备环境调控的需要。例如在春、秋过渡季节由于建筑物围护结构可以消除或减弱外扰的作用，在室内干扰源作用不强的情况下，室内热环境便可以满足人体热舒适或可接受要求。

（2）当围护结构自身的热工性能无法消除室外热环境的影响，或者室外热环境的影响虽然不大，但是室内干扰源影响比较大时，此时热环境已经令人不能接受甚至让人感到不舒适，需要通过空调、采暖等方式，即所谓的主动式技术，营造舒适健康的室内环境。当今的建筑由于其规模和内部使用情况的复杂性，在多数气候区不可能完全靠被动式技术营造良好的室内环境品质。因此，要采用借助机械和电气的手段的主动式技术，在节能和提高能效的前提下，按“以人为本”的原则满足热舒适要求，改善室内热环境。

4.5.1 室内热环境被动营造技术

（1）围护结构热工设计

围护结构是指建筑及房间各面的围挡物，能够有效地抵御不利环境的影响。它一方面将建筑室外与室内形成物理分隔，一方面又不可避免地进行着室内外的热湿传递。在夏季，室内过热容易影响人体舒适与健康；在冬季，人体除受室内气温的影响外，围护结构内表面的冷辐射对人体热舒适影响也很大。因此优秀的围护结构热工设计应该是为提供舒适的室内热环境服务，使得自由运行状态下室内温度能在更多时间进入舒适区间，同时有效降低室内温度峰值，使建筑冬暖夏凉[33]。

围护结构热工设计首先应确定建筑所属的热工设计分区，不同分区对热工设计的需求是不同的。如位于严寒地区的建筑冬季保温要求极高，必须满足冬季保温设计要求，一般不考虑防热设计；而位于夏热冬暖地区的建筑则应满足隔热设计要求，一般不考虑保温设计，同时强调自然通风、遮阳设计。因此围护结构热工设计必须遵循不同分区的设计要求并充分利用不同分区的气候特性作为设计基础，具体的热工分区及各分区技术要求可参考《民用建筑热工设计规范》GB 50176。

围护结构热工设计主要为三种设计：

1）保温设计。在冬季，室外空气温度持续低于室内气温，并在一定范围内波动。与之对应的是围护结构中热流始终从室内流向室外，其大小随室内外温差的变化也会产生一定的波动。除受室内气温的影响外，围护结构内表面的冷辐射对人体热舒适影响也很大。为降低采暖负荷并将人体的热舒适维持在一定的水平，建筑围护结构应当尽量减少由内向外的热传递，且当室外温度急剧波动时，减小室内和围护结构内表面温度的波动，保证人体的热舒适水平。

2）防热设计。夏季室内热环境的变化主要是室外气温和太阳辐射综合热作用的结果，外围护结构防热能力越强，室外综合热作用对室内热环境影响越小，越不易造成室内过热。因此应采取措施提高外围护结构防热能力，把围护结构内表面温度与室内空气温度差值控制在允许的范围内，防止室内过热，满足室内舒适度要求。由于防热设计也与太阳辐射、风向等因素有关，因此在进行防热设计时应充分考虑朝向不同所带来的传热及通风影响。

3）防潮设计。建筑无论是在采暖空调环境还是自然通风环境下，当空气中水蒸气接触围护结构表面时，只要表面温度低于空气露点温度，便会析出水分，表面发生凝结，使围护结构受潮。围护结构受潮除了直接被水浸透外，围护结构内部冷凝、围护结构表面结露和泛潮是建筑防潮设计时应考虑的主要问题。围护结构受潮会降低材料性能、滋生霉菌，进而影响建筑的美观、正常使用，甚至影响使用者的健康。

进行围护结构热工设计时，应针对性地进行保温、防热、防潮处理。影响围护结构保温及隔热的性能参数主要是传热系数 K，室内外传热量与传热系数的大小成正比。在自由运行状态下，如果围护结构传热系数 K 降低，室内外间的能量传递也会随之减少。在冬季，降低围护结构传热系数可以减少室内热量向室外传递，在室内产热一定的情况下，室内余热量增加，房间将维持更高的温度；反之在夏季，室内热源较少的情况下，降低围护结构传热系数可以阻挡室外热量传入室内，再结合夜间通风冷却，使室内维持更低的温度。

围护结构内表面温度作为控制围护结构热工性能最重要的指标，能够更直接地判定围护结构保温、隔热性能的优劣。由于目前节能设计标准中都对围护结构各部件有强制性条文约束，基本性能得以保证，在此基础上，针对围护结构部件主要内容——东西外墙和屋面进行设计规定。其他诸如外挑楼板，非供暖空调房间的隔墙的热工性能，不在规定范围内。

进行保温设计时，冬季东西外墙和屋顶的内表面温度应符合表 4.5-1 的要求。其中，屋顶需要在确定两侧空气温度及变化规律的情况下，按表 4.5-1 确定指标 [34]。

冬季外墙及屋顶内表面温度限值　　表 4.5-1

内表面温度	防结露	基本热舒适
外墙 $\theta_{i\cdot W}$	$\geqslant t_d$	$\geqslant t_i - 3$
屋顶 $\theta_{i\cdot R}$	$\geqslant t_d$	$\geqslant t_i - 4$

表中：$\theta_{i\cdot W}$——东西外墙内表面温度；
$\theta_{i\cdot R}$——屋顶内表面温度；
t_i——室内空气温度；
t_d——空气露点温度。

进行防热设计时，夏季东西外墙和屋顶的内表面最高温度应符合表 4.5-2 的要求。其中，屋顶需要在确定两侧空气温度及变化规律的情况下，才可按表 4.5-2 进行确定指标 [34]。

夏季外墙及屋顶内表面温度限值　　　　表 4.5-2

房间类型		自然通风房间	空调房间	
			重质围护结构（$D \geqslant 2.5$）	轻质围护结构（$D < 2.5$）
内表面最高温度 $\theta_{i \cdot max}$	外墙	$\leqslant t_{e \cdot max}$	$\leqslant t_i + 2$	$\leqslant t_i + 3$
	屋顶	$\leqslant t_{e \cdot max}$	$\leqslant t_i + 2.5$	$\leqslant t_i + 4.5$

表中：$\theta_{i \cdot max}$——内表面最高温度；
t_i——室内空气温度；
t_d——空气露点温度。

在围护结构防潮设计时，为控制和防止围护结构的冷凝、结露与泛潮，必须根据围护结构使用功能的热湿特点，针对性采取防冷凝、防结露与防泛潮等综合措施。不论采取何种防潮措施，都必须落实以下措施：1）室内空气湿度不宜过高；2）地面、外墙表面温度不宜过低；3）围护结构的高温侧设隔汽层，隔汽密封空间的周边密封应严密；4）围护结构材料具有吸湿、解湿功能；5）合理设置保温层，防止围护结构内部冷凝；6）与室外雨水或土壤接触的围护结构设置防水层。

（2）遮阳措施

对于建筑的热湿调控，应尽可能优先利用各类自然资源，而不是直接考虑利用机械方式和人工制取的方法。一方面，可以很大程度节省对机械方式和人工制取方式的依赖，减少化石能源的消耗，缓解日益严峻的能源环境问题；另一方面，采用自然资源条件可以更好地与自然和谐，提高建筑物的服务水平，提高人体舒适水平。冬夏季利用可调整遮阳设施控制进入室内的辐射热量，过渡季节利用通风消除室内余热余湿，都有助于营造自然状态下更舒适的室内环境。

值得注意的是，不是所有地区都适用相同的遮阳要求及标准。由《民用建筑热工设计规范》可知，在全国建筑热工设计分区中，太阳辐射直射与散射情况不同，遮阳措施的要求也不同。如夏热冬冷地区除北向外均宜设计建筑遮阳，而严寒地区、温和地区建筑可不考虑建筑遮阳。对于夏季而言，太阳辐射得热会转化成房间的冷负荷，应该尽量避免；对于冬季而言，太阳辐射得热却是房间的有利资源，对被动提升房间温度有积极效果。对于这一看似矛盾的问题可以通过设置可调节的外遮阳和内遮阳装置来解决。夏季尽量避免阳光射入房间，冬季尽可能使更多阳光进入。

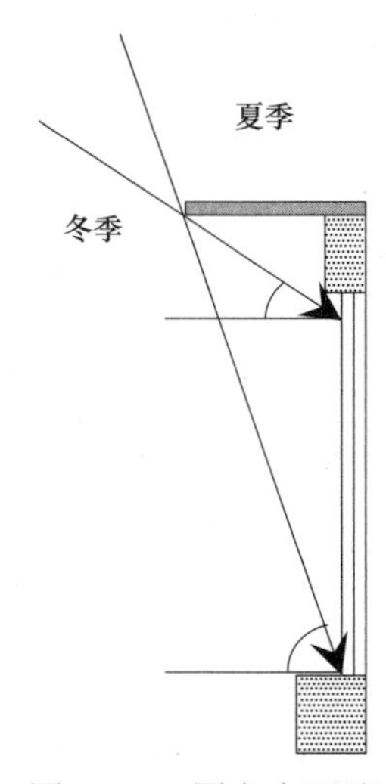

图 4.5-2　固定水平遮阳板调节冬夏季阳光对房间的直射

在合理计算太阳高度角及方位角时，固定式外遮阳本身就可以起到一定的冬夏遮阳调节效果。以固定水平遮阳板为例，如图 4.5-2 所示，夏季太阳高度角高，大部分阳光通过遮阳板难以直射入室内；而冬季太阳高度较低，部分阳光可以通过遮阳板直射入室内。

现在市面上也同样具有可控制式的外遮阳装置，可根据用户的需求控制阳光的射入，遮阳效果更能得到保障。实践证明，活动式遮阳与固定式遮阳相比，具有可按太阳辐射量的变化调节以满足季节性、时间性需要的特点，可提高房间的光、热环境质量，降低房间的夏季空调负荷和冬季采暖需要，明显优于固定式建筑遮阳。在欧洲各国，可控制式的外遮阳装置已普遍应用于居住建筑。但在我国，从调查结果来看，户外可调节遮阳系统在居住建筑中的使用比例是非常小的，大多数居住建筑仍然以固定式不可调节外遮阳为主。为鼓励在建筑中优先选用活动式建筑遮阳，《民用建筑热工设计规范》GB 50176 明确了活动式建筑遮阳措施的优先作用。此外，《公共建筑节能设计标准》GB 50189、《严寒和寒冷地区居住建筑节能设计规范》JGJ 26、《夏热冬冷地区居住建筑节能设计规范》VGJ 134、《夏热冬暖地区居住建筑节能设计规范》JGJ 75 中均对设置活动遮阳提出了要求。

内遮阳是使用十分普遍的一种遮阳方式。阳光直射到外窗玻璃上后，内遮阳装置阻挡其进一步直接透射到房间内，但由于玻璃受到较强的太阳辐射，热量会继续通过对流与辐射传入室内。所以其综合遮阳效果往往不如外遮阳装置，但它非常便于用户调节，所以得到了广泛运用。

（3）自然通风

自然通风指的是采用“天然”的风压、热压作为驱动为房间降温。在我国的大多数地区，自然通风是改善室内热舒适、降低建筑能耗的有效手段。当室外空气温度不超过夏季空调室内设计温度时，只要建筑具有良好的自然通风效果，能够带走室内的发热量，就能获得良好的舒适性。基于以上原因，《绿色建筑评价标准》GB 50378、《住宅建筑规范》GB 50368、《老年人居住建筑设计规范》GB 50340 等十余项建筑设计或评价标准都明确要求建筑设计与建造应与地区气候相适应，优先并充分利用自然通风改善建筑室内环境。

过渡季节采用自然通风是充分利用自然资源改善室内热环境的有效手段，国家标准及地方性标准都对过渡季节通风和限制空调设备的使用进行了规定。例如在重庆市《绿色建筑评价标准》DBJ 50/T 中，既规定了过渡季节典型工况下的平均自然通风换气次数，也规定了采取全新风运行或可调新风比的措施。

过渡季节自然通风热湿过程如图 4.5-3 所示。过渡季节室外空气（O 点）较室内空气（I 点）低温干燥，在室内同时发生“室外空气与室内空气的混合”和“室内热湿源产热与产湿”两个过程，假定上述两个过程稳定发生，室内空气将沿 $I \rightarrow C$ 达到一个新的平衡状态点（C 点）。此点（C 点）相对于室内原始状态（I 点）的温度和绝对湿度均有所降低，且达到了舒适范围。

对于通风设计，需保证有足够的通风量。为了保证室内人员健康，设计需满足：在公共建筑中保证室内主要功能房间 60% 以上面积满足换气次数 2 次 /h 以上；在居住建筑中保证通风开口面积与房间地板面积的比例在夏热冬暖地区达到 10%，在夏热冬冷地区达到 8%，在其他地区达到 5% 为达到以上要求。首先，应通过合理考虑风压、热压等条件设置通风口，以形成良好的室内自然通风；在自然通风无法满足的情况下，设置机械通风系统来达到通风量要求。每个月的室外气象参数都不同，各有各的特点：如一月、二月、三月、十一月、十二月室外温度低；四月、十月室外温度较为适宜；五月的室外温度较为适宜，部分处于过热的区域；六月、七月、八月、九月，大部分时间室外温度较高。因此每个月是否适宜采用通风，以及通风所需要的换气次数为多大都需要考虑。

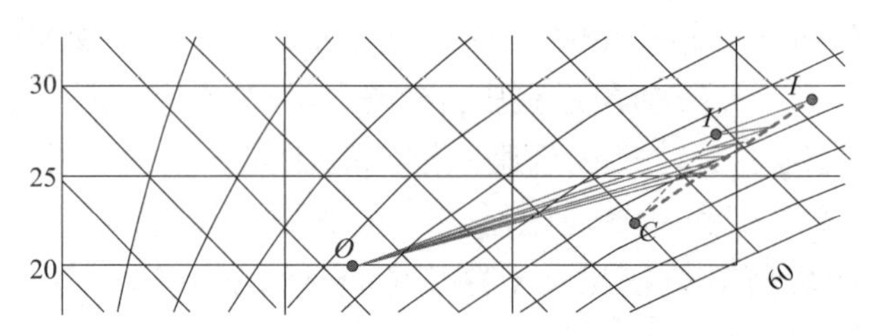

图 4.5-3　过渡季节通风的热湿过程

受建筑功能、形体等的影响，建筑平面设计中往往出现通风“短路”“断路”的情况。现在的高层中，由于必不可少的电梯、疏散楼梯间，也使得部分房间只能在一个朝向上设置可开启外窗，只能依靠单侧进行通风。此时，在房间中的关键节点设置简单的辅助通风装置，就能够打通“通路”，形成“回路”，改善房间的自然通风性能。如：在通风路径的进、出口设置引流风机，在隔墙、内门上设置通风百叶等。此外，当室外气象条件不佳时，采用简单的通风装置，也可以有效地迎风入室，取得良好的自然通风效果。另外，近来研究表明，建筑迎风面体型凹凸变化对单侧通风的效果有影响；凹口较深及内折的平面形式更有利于单侧通风。立面上的建筑构件可以增强建筑体形的凹凸变化，从而促进自然通风；设置凹阳台可增强自然通风效果。

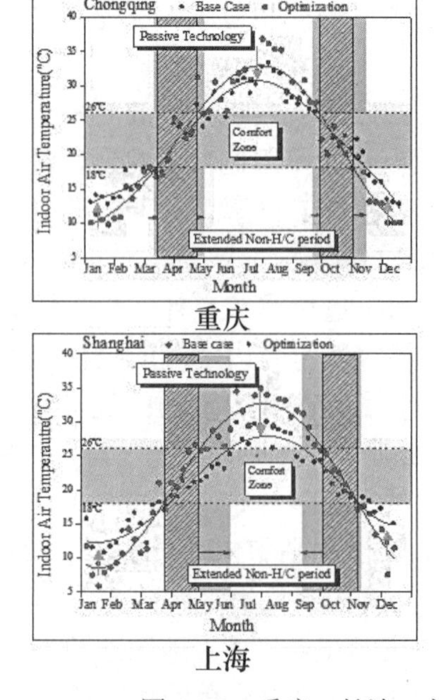

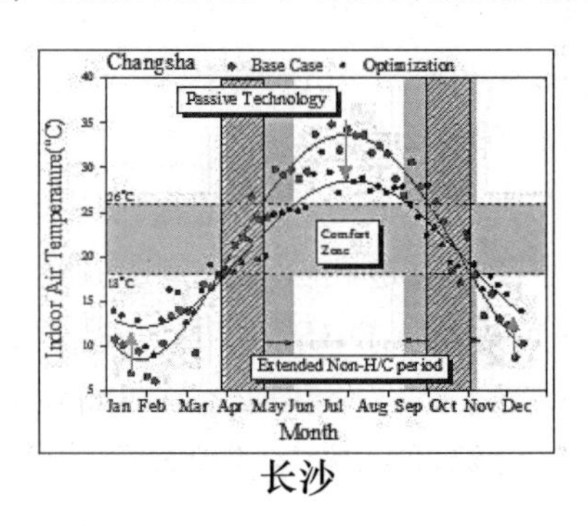

长沙

图 4.5-4　重庆、长沙、上海全年室内热环境变化情况

三座城市改善通风前后增加落入热舒适区间的小时数 表 4.5-3

城市	增加的小时数（h）
重庆	941
长沙	1693
上海	1547

图 4.5-4 反映了重庆、长沙和上海三座城市，在改善通风后，所取得的提升室内热舒适的效果[34]。表 4.5-3 反映了改善通风前后全年增加的落入热舒适区间（18～26℃）的小时数，可以发现，在适当的季节增加通风换气次数并在室内设置合理的辅助通风装置后，重庆、长沙、上海分别增加了 941h、1693h、1547h。由此可知，改善通风效果可以明显提升室内热舒适状况。

4.5.2 高能效供暖空调系统

在被动营造技术不能满足室内热环境舒适健康的要求时，就需采用主动式的高能效供暖空调系统进行热环境营造。随着经济的发展，我国城市居民的居住条件有了很大的改善，各式各样的供暖空调系统走进千家万户。结合气候特征、冷热负荷特性和工程应用等方面的特征，不同的供暖空调系统有不同的适用范围。

（1）热泵

热泵（Heat Pump）是一种将低位热源的热能转移到高位热源的装置，也是全世界倍受关注的新能源技术。它不同于人们所熟悉的可以提高位能的机械设备——“泵”；热泵通常是先从自然界的空气、水或土壤中获取低品位热能，经过电力做功，然后再向人们提供可被利用的高品位热能。热泵实质上是一种热量提升装置，工作时它本身消耗很少一部分电能，却能从环境介质（水、空气、土壤等）中提取多倍于电能的装置，提升能质进行利用，这也是热泵节能的原因。

按热源种类不同分为空气源热泵、水源热泵、地源热泵等。热泵系统属于国家大力提倡的可再生能源的应用范围，有条件时应积极推广。但是，对于缺水、干旱地区，采用地表水或地下水存在一定的困难，因此中、小型建筑宜采用空气源或土壤源热泵系统为主（对于大型工程，由于规模等方面的原因，系统的应用可能会受到一些限制）；夏热冬冷地区，空气源热泵的全年能效比较好，因此推荐使用；而当采用土壤源热泵系统时，中、小型建筑空调冷、热负荷的比例容易实现土壤全年的热平衡，因此也推荐使用。对于水资源严重短缺的地区，不但地表水或地下水的使用受到限制，集中空调系统的冷却水全年运行过程中水量消耗较大的缺点也会凸显出来，因此，这些地区不应采用消耗水资源的空调系统形式和设备（例如冷却塔、蒸发冷却等），而宜采用风冷式机组。当天然水可以有效利用或浅层地下水能够确保 100% 回灌时，也可采用地下水或地表水源地源热泵系统。

空气源热泵的单位制冷量的耗电量较水冷冷水机组更大，价格也高，为降低投资成本和运行费用，应选用机组性能系数较高的产品，并应满足国家现行《公共建筑节能设计标准》GB 50189的规定，此外，先进科学的融霜技术是机组冬季运行的可靠保证。采用地埋管地源热泵系统首先应根据工程场地条件、地质勘察结果，评估埋地管换热系统实施的可行性与经济性。地埋管系统全年总释热量和总吸热量的平衡，是确保土壤全年热平衡的关键要求，也是地埋管热泵系统能否高效运行的关键。当地埋管系统的总释热量和总吸热量不平衡时，不应将该系统作为建筑供暖空调唯一的冷热源，而应配备相应的辅助冷源或热源。水源热泵又可分为地下水源热泵、江河湖水源热泵、海水源热泵、污水源热泵、水环热泵等，具体的选择应根据建筑当地的资源条件及建筑冷热负荷特性选择。

（2）水冷式机组

水冷式机组最常见的是风冷盘管配不同的水冷式机组。常见的是直燃机、螺杆机等，它们的主要特点是：①空调主机置于机房或屋顶上，房间中仅有水管和风机盘管，噪声较小；②水冷式制冷机的密封性好，制冷剂的泄漏量小，因此以氟利昂为冷媒的冷机对臭氧层的破坏较小，直燃机以水为冷媒对臭氧层没有影响；水冷式机组的冷凝热由冷却塔集中排放，冷却塔设于楼顶，可减少住宅周围的噪声和废热的污染；③水冷式机组应用于大面积高密度建筑，可以省去大量的空调器的室外机，美化建筑环境等。

水冷式机组对气候特征方面没有要求，将冷热源机组集中在设备房中，通过电功率的输入，驱动制冷机工作，提供房间所需空调负荷，此种空调方式不存在地域的差异，不会受气候因素的影响。但水冷式机组没有较好地对可再生能源进行利用，只是利用传统的高品位电能作为冷热资源，必然造成资源的低效利用。冷水机组的选型应采用名义工况制冷性能系数（*COP*）较高的产品，并同时考虑满负荷和部分负荷因素，其性能系数应符合现行国家标准《公共建筑节能设计标准》GB 50189的有关规定。

（3）蓄冷蓄热式空调

冰蓄冷系统，是在电力负荷较低的用电低谷期，利用优惠电价，采用电制冷空调主机制冰，并贮存在蓄冰设备中；在电力负荷较高的白天，避开高峰电价，停止或间歇运行电制冷空调主机，把蓄冰设备储存的冷量释放出来，以满足建筑物空调负荷的需要。为了均衡用电，削峰填谷，世界各国都全面实行了峰谷电价政策，我国政府和电力部门在建设节约型社会思想的指导下，大力推广需求侧管理（DSM），以缓解电力建设和新增用电矛盾。各地区也出台了促进蓄冰空调发展的相关政策，推动了蓄冷空调技术的发展和应用。特别是近年来逐步拉大峰谷电价差，多数地区峰谷电价差已达三倍以上。各地峰谷电价实施范围的进一步扩大和峰谷电价比的加大，为电力蓄能技术的推广应用提供了更为有利的条件。

（4）温湿度独立控制系统

温湿度独立控制空调系统中，采用温度与湿度两套独立的空调控制系统，分别控制、调节室内的温度与湿度，从而避免了常规空调系统中热湿联合处理所带来的损失。由于温度、湿度采用独立的控制系统，可以满足不同房间热湿比不断变化的要求，克服了常规空调系统中难以同时满足温、湿度参数的要求，避免了室内湿度过高（或过低）的现象。

高温冷源、余热消除末端装置组成了处理显热的空调系统，采用水作为输送媒介，其输送能耗仅是输送空气能耗的1/10～1/5。处理潜热（湿度）的系统由新风处理机组、送风末端装置组成，采用新风作为能量输送的媒介，同时满足室内空气品质的要求。温湿度独立控制系统的四个核心组成部件分别为高温冷水机组（出水温度18℃）、新风处理机组（制备干燥新风）、去除显热的室内末端装置、去除潜热的室内送风末端装置。由于除湿的任务由处理潜热的系统承担，因而显热系统的冷水供水温度由常规空调系统中的7℃提高到了18℃左右。此温度的冷水为天然冷源的使用提供了条件，如地下水、土壤源换热器等。在西北干燥地区，可以利用室外干燥空气通过直接蒸发或间接蒸发的方法获取18℃冷水。即使没有地下水等自然冷源可供利用，需要通过机械制冷方式制备出18℃冷水时，由于供水温度的提高，制冷机的性能系数也有明显提高。

（5）区域集中供冷供热系统

区域供热供冷系统（District Heating and Cooling，简称DHC）是指对一定区域内的建筑物群，由一个或多个能源站集中制取热水、冷水或蒸汽等冷媒和热媒，通过区域管网提供给最终用户，实现用户制冷或制热要求的系统。DHC通常包括四个基本组成部分：能源站、输配管网、用户端接口和末端设备。

区域供热供冷系统中普遍采用大型机组，可以集中对排烟进行高效的处理，提高污染物排放标准以减少对环境的影响；具备条件时可以在区域供热供冷系统中实现规模化的可再生能源利用，可以在减少化石燃料和电力使用的同时增加能源结构的多样化，缓解能源压力并减少污染物排放；可以改善城市景观，简化建筑物结构处理及抗震处理；采用区域供热供冷，在同等舒适度下可以节省空调系统的初投资和运行费用；可以结合一次能源和低品位能源构成各种能源的梯级利用系统和复合能源系统，以规模化回收或利用各种低品位能源。由于分散供冷方式中各个建筑各成独立系统，所以灵活性较大，因此在建筑物规模较小或空调负荷率较低时，这种方式的能耗和运行费用会相对较大，适用性较低，初投资较高，回收期长，存在一定的运行风险。

综上，用于热湿环境营造的供暖空调系统形式多样，针对不同的气候条件、资源条件、冷热负荷特性等有不同的适用范围，应根据具体情况确定适宜的系统形式。近年来基于新能源的供暖空调系统也逐渐涌现，如太阳能等可再生能源的利用技术也在逐渐发展，不局限于太阳能光电技术结合空气源热泵和太阳能光热技术的综合优势，当前还出现了太阳能热泵空调等，作为重要的太阳能结合空气能制热技术，在直膨式、水箱换热式、相变蓄热式等系统结构的研发方面，已经取得长足进展，有利于节能减排。

4.5.3 供暖空调系统调控技术

（1）空调温度设置

从全国范围看，部分区域在夏季使用被动调控方法并不能满足室内热湿环境要求，因此大多数都会采用空调进行调节。降低空调系统能耗的方式主要为两种：1）采用高能效的空调设备；2）调节空调设置温度及改变空调开关行为。

在调节空调设置温度时，在夏季设定过低的温度，或是在冬季设定过高的温度都不利于人体的舒适健康。国家标准《民用建筑供暖通风与空气调节设计规范》GB 50736—2012规定了舒适性空调的设计参数，设计参数的范围取决于不同的热舒适度等级。具体热舒适度等级所对应设计参数见表4.5-4。在设定空调温度时，可以直接参考表中的温度范围。

人员长期逗留区域空调室内设计参数　　　　表4.5-4

类别	热舒适度等级	温度（℃）	相对湿度（%）	风速（m/s）
供热工况	Ⅰ级	22～24	≥30	≤0.2
	Ⅱ级	18～22	—	≤0.2
供冷工况	Ⅰ级	24～26	40～60	≤0.25
	Ⅱ级	26～28	≤70	≤0.3

注：热舒适度I级为−0.5≤PMV≤0.5；II级为−1≤PMV＜−0.5及0.5＜PMV≤1。

当设定温度不在热舒适度II级范围内，人员对室内热环境的满意程度已经很低，整体热舒适已经处于偏热或偏冷的状态，空调的开启已经不能够满足改善室内热环境的需求。而夏季空调温度设定为26℃，冬季空调温度设定为20℃，既能保证室内人员的热舒适性要求，又达到了减少空调耗电量、节省电费的目的。

空调开关行为可以分为两类：1）空调一直处于开启状态；2）以夏季为例，空调开启一段时间后关闭，等到室内人员感觉热时再次将空调开启，经过一段时间后再次关闭。该过程反复进行。实际中对比两类行为的舒适性及节能率，其中第二类的使用模式为开启空调N（$N \geqslant 30$）分钟后关闭，待人们感到不舒适（$PMV > 1$）时再次开启空调，并重复该过程。

研究发现，人员在空调间歇工作时，热舒适度均随着时间的变化呈现周期性变化，且变化值均在一范围内，说明人员对室内热环境有较高的满意度。空调间歇运行时间N越小，人体舒适性波动程度越高；而从空调节能率上分析，空调运行时间N（$N \geqslant 30$）越短，耗电量越低。其中空调间歇运行30min和120min的空调节能率分别为26.6%和16.7%，因此在不影响室内人员热舒适性的前提下，可以选择适当的N值，获得较高的节能效益，但是由于开机高峰电负荷的存在以及空调使用寿命的考虑，我们不能无限制的减少N值，而应该根据自己的热舒适要求选择适当的值。

对于住宅建筑，夏季的空调设置温度为26℃，既能保证室内人员的热舒适性要求，又可减少空调耗电量。同时，在不影响室内人员热舒适性的前提下，可以选择适当的空调间隔运行时间，获得较高的节能效益，也就是说提倡“夏季部分人员习惯于在空调开启一段时间后关闭，等到感觉热时再次将空调开启”这一调节行为。采用此种调控行为，不但能够起到节能的效果，还可以提升人员自身适应性，拓宽自适应舒适区间。

以上的调控方式是在个性化的空调环境中体现室内热舒适的调控性，尽量满足用户改善个人热舒适的差异化需求。在集中供暖空调环境下（如大型办公楼），系统的末端应保证现场独立启停和调节室温方便的功能。通过末端调节供暖空调系统的输出，可以避免用户通过开窗等不节能的调节方式对房间热环境进行调节。一些国家标准和行业标准中对集中供暖空调系统末端的可调节性进行了规定。如《公共建筑节能设计标准》GB 50189 中规定“供暖空调系统应设置室温调控装置”，而不同气候分区的居住建筑节能设计中也规定“采用集中采暖、空调系统时，必须设置分室温度调节、控制装置”。

（2）辐射供暖室温调控

辐射供暖系统主要利用加热围护结构壁面温度来实现与室内环境的热量交换。一般辐射系统末端辐射面积较大，因而可以极大地减小辐射面和室内环境温度差，室内温度分布均匀，不会形成较大的垂直温差，房间舒适性相比传统供暖空调形式有所提高，且系统可以实现低温供暖，扩展了可利用低品位能源的利用范围[35]。在辐射供暖系统中，人员与室内环境主要以辐射形式直接进行换热，其辐射换热量超过 50%，因而在保证室内人员同样舒适度的条件下，可以明显降低供暖设计温度[36]。此外，由于辐射系统末端一般嵌套在围护结构壁面内，不会占用室内空间，运行时不会产生较大的室内气流吹风、水流噪声以及室内灰尘扰动。

对于连续供暖的建筑，从理论上看低温热水地面辐射供暖系统是一种较为理想的供暖方式，但如果未设置室内温控装置，不能根据室内温度的变化调整供回水流量，房间会出现过热现象，也会造成能源的浪费。因此室温可控是分户热计量，实现节能，保证室内热舒适要求的必要条件。

《供热计量技术规程》JGJ 173—2009 是 2009 年实施的一项很重要的行业标准，共包括 5 条强制性条文。内容重点是供热计量与调节。该规范对室温调控进行了强制性规定：“新建和改扩建的居住建筑或以散热器为主的公共建筑的室内供暖系统应安装自动温度控制阀进行室温调控。”该条文规定是以满足用户能够根据自身的用热需求，利用供暖系统中的调节阀主动调节室温、有效控制室温为出发点。

低温热水地面辐射供暖系统分室温控的作用不明显，且技术和投资上较难实现，因此，低温热水地面辐射供暖系统应在户内系统入口处设置自动控温的调节阀，实现分户自动控温，其户内分集水器上每支环路上应安装手动流量调节阀，有条件的情况下宜采用自力式的温度控制阀、恒温阀或者恒温器加热电阀等实现分室自动温控。

（3）基于舒适感的热环境控制系统

在一些实际运行的建筑中，温度设定值极不合理。例如在夏季，尽管有些温度遥控面板附近贴有“请将温度调整至 26℃”的提示，房间使用者还是将温度设定过低。不合理的室内温度设定值不仅会导致不舒适的室内热环境，同时过冷或过热的室内环境营造也浪费能源。因此，需要一种方法既能够为用户提供满足其需求的舒适热环境，又能够防止不合理温度设定值带来的供暖及空调用能浪费。

清华大学等提出一种控制理念，是根据房间使用者的热感觉而不是温度设定值来控制空调，其原理图见图 4.5-5[37]。当室内人员感到不舒适时，可通过一种人机交互页面将热感觉反馈给控制系统。此外，人体热感觉也可以通过一些更加智能的方法来获取，比如体态语言识别、语音识别、红外摄像机测量人体表面温度等。解释器采用一种在线学习的算法，建立个性化的、动态的热舒适模型，决策器则采用优化算法来决定最优的设定值，控制器根据所得到的设定值来控制空调系统的运行以营造合适的热环境。这种基于热感觉的热环境控制系统考虑了人员心理因素，使得用户不直接设置空调温度，却能实现个性化热舒适。通过反馈信息给系统，可以引导使用者实现行为节能。

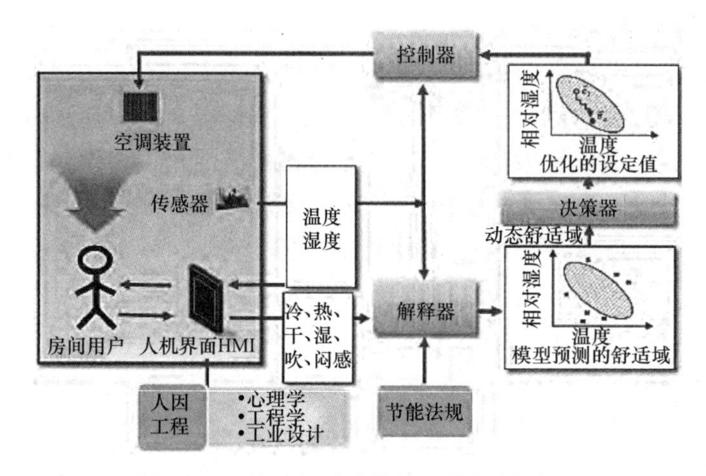

图 4.5-5　基于舒适感的热环境控制原理

该热环境控制方法除了可以避免不合理的温度设定之外，另外一大优点在于让用户成为动态闭环控制中的一环，感受热环境，为控制系统提供调节的依据，相当于成为一个传感器。传统的电气电子式的传感器，由于积尘、老化、慢飘移、损坏等原因，经常会产生较大的测量误差，进而造成控制错误以及能源浪费。与传统的电气电子式的传感器相比，人的热感觉不会出错，人作为传感器会更加可靠。

4.5.4 “延长建筑非供暖空调时间”的营造方法

如果一座建筑围护结构热工设计较差、没有合理的被动技术作为辅助，在自由运行状态下，建筑内部空间一年内的温度变化随室外气候条件变化有十分明显的峰谷，同时室内人员要求的舒适性水平又比较高，供暖空调系统全年开启的时间是非常长的，不但造成室内外热环境差异性较大，十分不利于室内人员健康，同时也不利于节能。

在此提出一种基于延长非供暖空调时间的室内热环境调控方法[38]，通过围护结构性能提升“延长非供暖空调期”“降低峰值负荷”“减少供冷供热需求量”，结合“设备性能提升”“系统合理优化”实现室内热环境改善，同时降低建筑能耗[39]。

延长非供暖空调时间主要有三种途径：1）改善围护结构热工性能，减少房间的热损失，从而削减自由运行状态下室内温度峰值，使建筑自身达到冬季更温暖、夏季更凉爽的效果。同时使更多状态点直接进入舒适区，延长非供暖空调时间；2）冬夏季利用可调整遮阳设施控制进入室内的辐射热量，过渡季节利用通风消除室内余热余湿，可使得建筑在运行过程中能有更多状态点落在舒适范围或接近舒适范围内，全年室内温度波动曲线更为平缓，进一步提高室内热环境舒适性；3）采用高能效采暖空调设备，同时适度拓宽人体热舒适自适应区间，将室内环境参数设置在可接受范围内并进一步延长非供暖空调时间。最终改善效果如图 4.5-6 所示。

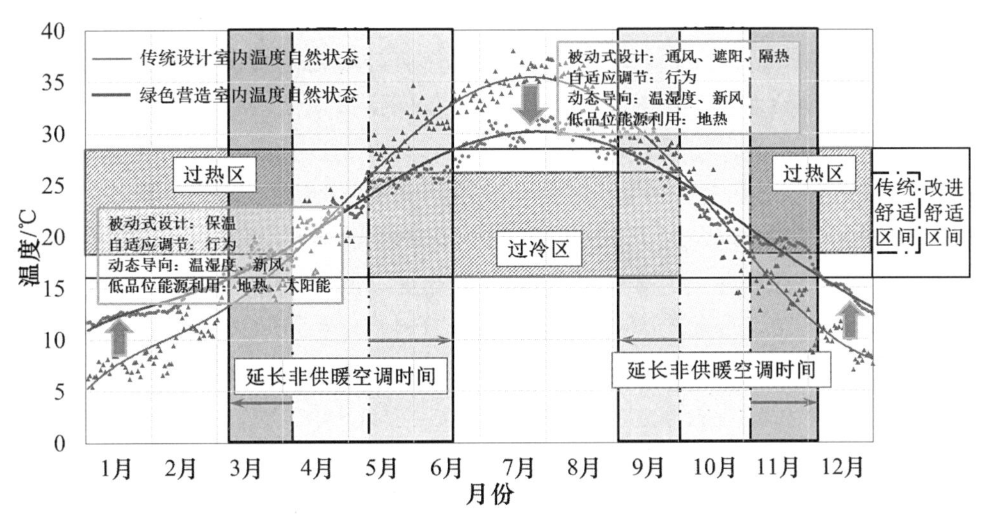

图 4.5-6　综合调控后室内全年日平均温度变化及对非供暖空调时间的延长效果

4.6　食品储存与加工

随着现代社会便利性的提升，现在的建筑中大多存在着食品销售或加工空间，特别是一二线城市，人们在建筑内部或周边用餐的频率，远大于在家中用餐的频率。例如办公建筑中的员工食堂、学校建筑中的学生及教职员食堂、商业建筑中的各类餐厅超市、医院建筑中的公共食堂等，均存在着食品销售、餐饮服务、预包装食品销售等行为。所以，加强对建筑中食品加工和销售场所的管理，对于促进和保障建筑使用者的健康至关重要。下面将从建筑中餐饮空间的资格控制、其售卖产品标签规范化管理、健康食品服务三个层面，系统介绍对于建筑中的食品安全及营养问题我们可以从哪些方面进行改善和提升，以供建筑投入运营后的相关管理机构参考、实施。

4.6.1　餐饮空间资格控制

为规范食品经营许可活动，加强食品经营监督管理，保障食品安全，根据《中华人民共和国食品安全法》《中华人民共和国行政许可法》等法律法规，我国制定了《食品经营许可管理办法》。该办法经国家食品药品监督管理总局局务会议审议通过公布，自2015年10月1日起施行。其中第二条中规定：在中华人民共和国境内，从事食品销售和餐饮服务活动，应当依法取得食品经营许可。对食品摊贩等的监督管理，按照省、自治区、直辖市制定的具体管理办法执行。食品经营许可实行一地一证原则，即食品经营者在一个经营场所从事食品经营活动，应当取得一个食品经营许可证。未取得食品经营许可从事食品经营活动的，由县级以上地方食品药品监督管理部门依照《中华人民共和国食品安全法》第一百二十二条的规定给予处罚。

食品经营许可申请，应当符合的条件：a）具有与经营的食品品种、数量相适应的食品原料处理和食品加工、销售、贮存等场所，保持该场所环境整洁，并与有毒、有害场所以及其他污染源保持规定的距离；b）具有与经营的食品品种、数量相适应的经营设备或者设施，有相应的消毒、更衣、盥洗、采光、照明、通风、防腐、防尘、防蝇、防鼠、防虫、洗涤以及处理废水、存放垃圾和废弃物的设备或者设施；c）有专职或者兼职的食品安全管理人员和保证食品安全的规章制度；d）具有合理的设备布局和工艺流程，防止待加工食品与直接入口食品、原料与成品交叉污染，避免食品接触有毒物、不洁物；e）法律、法规规定的其他条件。

根据《食品经营许可管理办法》，申请食品经营许可，应当先行取得营业执照等合法主体资格。企业法人、合伙企业、个人独资企业、个体工商户等，以营业执照载明的主体作为申请人。机关、事业单位、社会团体、民办非企业单位、企业等申办单位食堂，以机关或者事业单位法人登记证、社会团体登记证或者营业执照等载明的主体作为申请人。申请食品经营许可，应当按照食品经营主体业态和经营项目分类提出。食品经营主体业态分为食品销售经营者、餐饮服务经营者、单位食堂。食品经营者申请通过网络经营、建立中央厨房或者从事集体用餐配送的，应当在主体业态后以括号标注。食品经营项目分为预包装食品销售（含冷藏冷冻食品、不含冷藏冷冻食品）、散装食品销售（含冷藏冷冻食品、不含冷藏冷冻食品）、特殊食品销售（保健食品、特殊医学用途配方食品、婴幼儿配方乳粉、其他婴幼儿配方食品）、其他类食品销售；热食类食品制售、冷食类食品制售、生食类食品制售、糕点类食品制售、自制饮品制售、其他类食品制售等。列入其他类食品销售和其他类食品制售的具体品种应当报国家食品药品监督管理总局批准后执行，并明确标注。具有热、冷、生、固态、液态等多种情形，难以明确归类的食品，可以按照食品安全风险等级最高的情形进行归类。国家食品药品监督管理总局可以根据监督管理工作需要对食品经营项目类别进行调整。《食品安全法》第七十二条规定，食品经营者应当按照食品标签标示的警示标志、警示说明或者注意事项的要求销售食品。《食品安全法》第五十四条规定，食品经营者应当按照保证食品安全的要求贮存食品，定期检查库存食品，及时清理变质或者超过保质期的食品。违反规定，食品经营许可证载明的许可事项发生变化，食品经营者未按规定申请变更经营许可的，由原发证的食品药品监督管理部门责令改正，给予警告；拒不改正的，处 2000 元以上 1 万元以下罚款。违反规定，食品经营者外设仓库地址发生变化，未按规定报告的，或者食品经营者终止食品经营，食品经营许可被撤回、撤销或者食品经营许可证被吊销，未按规定申请办理注销手续的，由原发证的食品药品监督管理部门责令改正；拒不改正的，给予警告，并处 2000 元以下罚款。

单位食堂，指设于机关、事业单位、社会团体、民办非企业单位、企业等，供应内部职工、学生等集中就餐的餐饮服务提供者；预包装食品，指预先定量包装或者制作在包装材料和容器中的食品，包括预先定量包装以及预先定量制作在包装材料和容器中并且在一定量限范围内具有统一的质量或体积标识的食品；散装食品，指无预先定量包装，需称重销售的食品，包括无包装和带非定量包装的食品；热食类食品，指食品原料经粗加工、切配并经过蒸、煮、烹、煎、炒、烤、炸等烹饪工艺制作，在一定热度状态下食用的即食食品，含火锅和烧烤等烹饪方式加工而成的食品等；冷食类食品，指一般无需再加热，在常温或者低温状态下即可食用的食品，含熟食卤味、生食瓜果蔬菜、腌菜等；生食类食品，一般特指生食水产品；糕点类食品，指以粮、糖、油、蛋、奶等为主要原料经焙烤等工艺现场加工而成的食品，含裱花蛋糕等；自制饮品，指经营者现场制作的各种饮料，含冰淇淋等；中央厨房，指由餐饮单位建立的，具有独立场所及设施设备，集中完成食品成品或者半成品加工制作并配送的食品经营者；集体用餐配送单位，指根据服务对象订购要求，集中加工、分送食品但不提供就餐场所的食品经营者；其他类食品，指区域性销售食品、民族特色食品、地方特色食品等。特殊医学用途配方食品，是指国家食品药品监督管理总局按照分类管理原则确定的可以在商场、超市等食品销售场所销售的特殊医学用途配方食品。

食品经营者应当在经营场所的显著位置悬挂或者摆放食品经营许可证正本。食品经营者应当妥善保管食品经营许可证，不得伪造、涂改、倒卖、出租、出借、转让。根据《食品经营许可管理办法》，食品经营许可证编号由 JY（“经营”的汉语拼音字母缩写）和 14 位阿拉伯数字组成。数字从左至右依次为：1 位主体业态代码、2 位省（自治区、直辖市）代码、2 位市（地）代码、2 位县（区）代码、6 位顺序码、1 位校验码。食品经营许可证分为正本、副本。正本、副本具有同等法律效力。国家食品药品监督管理总局负责制定食品经营许可证正本、副本式样。省、自治区、直辖市食品药品监督管理部门负责本行政区域食品经营许可证的印制、发放等管理工作。食品经营许可证应当载明：经营者名称、社会信用代码（个体经营者为身份证号码）法定代表人（负责人）住所、经营场所、主体业态、经营项目、许可证编号、有效期、日常监督管理机构、日常监督管理人员、投诉举报电话、发证机关、签发人、发证日期和二维码。在经营场所外设置仓库（包括自有和租赁）的，还应当在副本中载明仓库具体地址。食品经营许可证载明的许可事项发生变化的，食品经营者应当在变化后 10 个工作日内向原发证的食品药品监督管理部门申请变更经营许可。经营场所发生变化的，应当重新申请食品经营许可。外设仓库地址发生变化的，食品经营者应当在变化后 10 个工作日内向原发证的食品药品监督管理部门报告。

4.6.2 标签规范化管理

（1）预包装食品

超市、餐厅售卖的预包装食品的包装上应当有标签。标签应当标明：a）名称、规格、净含量、生产日期；b）成分或者配料表；c）生产者的名称、地址、联系方式；d）保质期；e）产品标准代号；f）贮存条件；g）所使用的食品添加剂在国家标准中的通用名称；h）生产许可证编号；i）法律、法规或者食品安全标准规定应当标明的其他事项。专供婴幼儿和其他特定人群的主辅食品，其标签还应当标明主要营养成分及其含量。

食品标签是向消费者传递产品信息的载体。做好预包装食品标签管理，既是维护消费者权益，保障行业健康发展的有效手段，也是实现食品安全科学管理的需求。根据《食品安全法》及其实施条例规定，原卫生部组织修订预包装食品标签标准。《食品安全国家标准 预包装食品标签通则》GB 7718—2011 细化了《食品安全法》及其实施条例对食品标签的具体要求，增强了标准的科学性和可操作性。标准将“预包装食品”定义为：预先定量包装或者制作在包装材料和容器中的食品，包括预先定量包装以及预先定量制作在包装材料和容器中并且在一定量限范围内具有统一的质量或体积标识的食品。预包装食品首先应当预先包装，此外包装上要有统一的质量或体积的标示。直接提供给消费者的预包装食品，所有事项均在标签上标示。非直接向消费者提供的预包装食品标签上必须标示食品名称、规格、净含量、生产日期、保质期和贮存条件，其他内容如未在标签上标注，则应在说明书或合同中注明。该标准还对豁免标示内容的两种情形进行规定：一是规定了可以免除标示保质期的食品种类（酒精度大于等于 10% 的饮料酒、食醋、食用盐、固态食糖类、味精）；二是规定了当食品包装物或包装容器的最大表面面积小于 $10cm^2$ 时可以免除的标示内容（可以只标示产品名称、净含量、生产者或经销商的名称和地址），两种情形分别考虑了食品本身的特性和在小标签上标示大量内容的困难。豁免意味着不强制要求标示，企业可以选择是否标示。

（2）散装食品

食品经营者销售散装食品，应当在散装食品的容器、外包装上标明食品的名称、生产日期或者生产批号、保质期以及生产经营者名称、地址、联系方式等内容。

食品经营者销售散装食品，应当在散装食品的容器、外包装上标明食品的名称、生产日期或者生产批号、保质期以及生产经营者名称、地址、联系方式等内容。根据《食品经营许可管理办法》，散装食品，指无预先定量包装，需称重销售的食品，包括无包装和带非定量包装的食品。《食品安全法》第五十四条还规定，食品经营者应当按照保证食品安全的要求储存食品，定期检查库存食品，及时清理变质或者超过保质期的食品。食品经营者储存散装食品，应当在储存位置标明食品的名称、生产日期或者生产批号、保质期、生产者名称及联系方式等内容。

为提示有过敏史的消费者选择适合自己的食品，降低过敏性个体暴露于过敏源的风险，对食品中致敏物质进行标示。以下食品及其制品可能导致过敏反应，如果用作配料，宜在配料表中使用易辨识的名称，或在配料表邻近位置加以提示：a）含有麸质的谷物及其制品（如小麦、黑麦、大麦、燕麦、斯佩耳特小麦或它们的杂交品系）；b）甲壳纲类动物及其制品（如虾、龙虾、蟹等）；c）鱼类及其制品；d）蛋类及其制品；e）花生及其制品；f）大豆及其制品；g）乳及乳制品（包括乳糖）；h）坚果及其果仁类制品。

食品中的某些原料或成分，被特定人群食用后会诱发过敏反应，有效的预防手段之一就是在食品标签中标示所含有或可能含有的食品致敏物质，以便提示有过敏史的消费者选择适合自己的食品。本条款为《食品安全国家标准预包装食品标签通则》GB 7718—2011 中的推荐标示内容。参照国际食品法典标准列出了八类致敏物质，鼓励企业自愿标示以提示消费者，有效履行社会责任。八类致敏物质以外的其他致敏物质，生产者也可自行选择是否标示。具体标示形式由食品生产经营企业参照以下自主选择。致敏物质可以选择在配料表中用易识别的配料名称直接标示，如：牛奶、鸡蛋粉、大豆磷脂等；也可以选择在邻近配料表的位置加以提示，如："含有……"等；对于配料中不含某种致敏物质，但同一车间或同一生产线上还生产含有该致敏物质的其他食品，使得致敏物质可能被带入该食品的情况，则可在邻近配料表的位置使用"可能含有……""可能含有微量……""本生产设备还加工含有……的食品""此生产线也加工含有……的食品"等方式标示致敏物质信息。

为了让消费者做出明智的饮食选择，应将食品的营养信息标示完善。预包装食品营养标签强制标示的内容包括能量、核心营养素（蛋白质、脂肪、碳水化合物、钠）的含量值及其占营养素参考值（NRV）的百分比。食品配料含有或生产过程中使用了氢化和（或）部分氢化油脂时，在营养成分表中还应标示出反式脂肪（酸）的含量。

根据国家营养调查结果，我国居民既有营养不足，也有营养过剩的问题，特别是脂肪和钠（食盐）的摄入较高，是引发慢性病的主要因素。食品营养标签是向消费者提供食品营养信息和特性的说明，也是消费者直观了解食品营养组分、特征的有效方式。要求预包装食品必须标示营养标签内容，有利于宣传普及食品营养知识，指导公众科学选择膳食，促进消费者合理平衡膳食和身体健康，保护消费者知情权、选择权和监督权。核心营养素是食品中存在的与人体健康密切相关，具有重要公共卫生意义的营养素，摄入缺乏可引起营养不良，影响儿童和青少年生长发育和健康，摄入过量则可导致肥胖和慢性病发生。在充分考虑我国居民营养健康状况和慢性病发病状况的基础上，结合国际贸易需要与我国社会发展需求等多种因素确定，核心营养素包括蛋白质、脂肪、碳水化合物、钠四种。

4.6.3 个人卫生设施管理

食品经营企业应根据食品的特点以及经营过程的卫生要求，建立对保证食品安全具有显著意义的关键控制环节的监控制度，确保有效实施并定期检查，发现问题及时纠正。食品经营企业应制定针对经营环境、食品经营人员、设备及设施等的卫生监控制度，确立内部监控的范围、对象和频率。记录并存档监控结果，定期对执行情况和效果进行检查，发现问题及时纠正。食品经营人员应符合国家相关规定对人员健康的要求，进入经营场所应保持个人卫生和衣帽整洁，防止污染食品。使用卫生间、接触可能污染食品的物品后，再次从事接触食品、食品工具、容器、食品设备、包装材料等与食品经营相关的活动前，应洗手消毒。在食品经营过程中，不应饮食、吸烟、随地吐痰、乱扔废弃物等。接触直接入口或不需清洗即可加工的散装食品时应戴口罩、手套和帽子，头发不应外露。

4.6.4　健康食品服务

（1）健康膳食指南

建筑内的员工食堂、学生餐厅、老年人餐厅等可以针对健康人群提出膳食指南核心推荐。食物多样谷类为主，每天的膳食应包括谷薯类、蔬菜水果类、畜禽鱼蛋奶类、大豆坚果类等食物；吃动平衡，健康体重；多吃蔬果、奶类、大豆，蔬菜保证每天摄入300～500g，水果保证每天摄入200～350g；适量吃鱼、禽、蛋、瘦肉，推荐平均每天摄入鱼、禽、蛋和瘦肉总量120～200g，其中畜禽类为40～75g，水产类为40～75g，蛋类为40～50g；少盐少油控糖限酒，成人每天食盐不超过6g，每天烹调油25～30g，每天摄入糖不超过50g，一天饮酒的酒精量：男性不超过25g，女性不超过15g；杜绝浪费，兴新食尚，提倡分餐不浪费，选择新鲜卫生的食物和适宜的烹调方式。

结合中华民族饮食习惯以及不同地区食物可及性等多方面因素，国家卫生计生委发布《中国居民膳食指南（2016）》，提出符合我国居民营养健康状况和基本需求的膳食指导建议。其中针对2岁以上的所有健康人群提出六大建议：①食物多样谷类为主。每天的膳食应包括谷薯类、蔬菜水果类、畜禽鱼蛋奶类、大豆坚果类等食物；平均每天摄入12种以上食物，每周25种以上。②吃动平衡，健康体重。注意吃动平衡，每周至少5天中等强度身体活动，累计150分钟以上；平均每天主动身体活动6000步；减少久坐时间，每小时起来动一动。③多吃蔬果、奶类、大豆。蔬菜保证每天摄入300～500g，深色蔬菜应占1/2，水果保证每天摄入200～350g，果汁不能代替鲜果，奶制品摄入量相当于每天液态奶300g、豆制品每天摄入量相当于大豆25g以上，适量吃坚果。④适量吃鱼、禽、蛋、瘦肉。推荐平均每天摄入鱼、禽、蛋和瘦肉总量120～200g（小于4两），其中畜禽类为40～75g，水产类为40～75g，蛋类为40～50g。⑤少盐少油控糖限酒。成人每天食盐不超过6克，每天烹调油25～30g，每天摄入糖不超过50g，成年人每天喝水7～8杯（1500至1700mL）。一天饮酒的酒精量：男性不超过25g，女性不超过15g。⑥杜绝浪费，兴新食尚。餐厅可以通过宣传册、指示牌等方式引导人们按需选购食物、按需备餐，提倡分餐不浪费，选择新鲜卫生的食物和适宜的烹调方式，保障饮食卫生。

此外，可为有特殊膳食服务需求的人群，如过敏体质、膳食控制、宗教习俗等，提供其所需食用或饮用的食品。消费者存在如过敏体质、膳食控制、宗教习俗等特殊要求时，可为消费者提供特殊需要的食品。针对过敏体质，提供不含致敏物质如虾、蟹、鱼、蛋、花生、大豆、乳、坚果及其果仁类制品等的食品。针对膳食控制人群的需求，提供例如患病需进行饮食控制的低油、低盐、低糖等食品。针对宗教习俗人群的需要，提供素食等特殊食品。

（2）食品快检服务

建筑内餐厅可设置食品快检设施或设备，为有食品检测需求的消费者提供食品快检服务，如健康建筑内的食品交易市场、商场、超市和食品消费场所，可设置食品快检室、检测车、检测箱、检测试剂（试纸）多参数检测仪等针对食品快速检测的设施或设备。流通环节的食品问题随着季节的变换而各有不同，春、夏季节伴随气温的升高，问题更加突出，为杜绝食品安全隐患，增强消费信心，服务消费者合理选择食品，特提供食品快检服务。对蔬菜、水果、食用油、糕点、干（腌）制蔬菜、干（坚）果、炒货、肉制品、禽（蛋）酒、酱油、食醋、食盐、蜂蜜、饮料、调味品、奶制品、豆制品、水产品、餐具等进行检测，项目可包括：农药（兽药）残留、亚硝酸盐、甲醛、过氧化氢、硼砂、吊白块、二氧化硫、重金属、苏丹红、甲醇、三聚氰胺、碘含量、蛋白质、微生物、食品添加剂等。

4.7 健身场地与设施

健康建筑除了提供有利于人体健康的空气和水，具有良好的声环境、光环境和热湿环境外，还可以通过设置健身、运动锻炼的设施，促进人积极运动，主动提高身体健康水平。健身运动有利于人体骨骼、肌肉的生长，增强心肺功能，有利于改善血液循环系统、呼吸系统、消化系统的机能状况，有利于控制体重、缓解压力、提高抗病能力、提升认知力、增强身体的适应能力。

健康建筑应提供的健身运动设施包括充足的健身运动场地、丰富的健身运动器材、完善的健身运动服务设施等。

4.7.1 健身运动场地设置

健身运动场地可以在室外，也可以在室内，室外的健身活动便捷易行，让人们在锻炼时可以接触自然的阳光和新鲜空气，提高对环境的适应能力，也有益于心理健康；而室内运动可以不受天气、空气质量等环境因素的限制，提供全天候的锻炼机会，有助于帮助人们养成坚持锻炼的习惯。

室外健身运动场地，宜选择在景观良好、空气新鲜、交通方便、无障碍系统完善的地方，可以设置在广场内、绿地内、人行道边、水岸边、屋顶平台上。室内场地则可设置单独的健身俱乐部、球类室、瑜伽馆、游泳馆等，也可充分利用建筑内的公共空间，如入口大堂、小区会所、休闲平台、茶水间、共享空间等，提供免费、方便的健身运动场所。

健身运动场地，通常有健身器材场地、集体运动场地、球类运动场地、儿童游乐场地、老年人活动场地、专用健身步道等。

（1）健身器材场地

我国群众健身运动开展以来，在小区、公园、绿地等投放了大量的群众健身器材，成本相对低廉，易于建设，能给群众提供各种形式、多种身体部位的锻炼，集科学性、趣味性和大众健身于一体，丰富了城市环境，初步满足了群众进行体育健身和休闲娱乐的要求。

居住区的健身器材场地，应结合居住区的位置和环境，居民的活动范围和路线，尽可能在人员流动量较大的范围因地制宜地设置，鼓励和方便居民参与。因为单件器材占地面积小，健身场地可以利用各种场所的边角用地，既可以设在居住区的中心花园内或入口处，也可以设在较宽的街道旁，或滨水地区的绿化地带内，见缝插针。在平面布局上不追求规整的外形，不追求场地大设施全的规模效果，可以视场地面积大小，灵活安排健身器材。乒乓球、羽毛球、篮球等球类设施场地也都可算作健身场地。

城市新区，可以在规模和设施种类配备上适当超前；在旧城区，应尽量利用老旧建筑的底层和房前屋后的小环境，做到规模小而适用性高。有一定危险性的器材，应在保护范围内设置软材料地面。

鼓励室外健身场地对外免费开放，不止服务于本小区或本建筑的使用者，小区外的公众也能方便地免费使用运动场地和运动设施，以提供给公众更多的运动条件，提高运动健身资源的利用率，通过开放共享来促进全民健身。健身场地附近不超过100m 范围内，最好能提供饮水设施，如饮水台、饮水机、饮料贩卖机等，便于运动健身人员随时补充水分（图 4.7-1）。

人在运动健身时需氧量大幅增加，如果室内空气污浊、氧气含量低，会使身体因缺氧而出现头晕、呕吐、呼吸不畅等现象，危害身体健康。因此室内健身空间应有良好的自然通风，在过渡季提供新鲜空气，并宜组织好气流形成穿堂风。如果受条件所限，运动健身空间没有自然通风，则必须设置机械通风，以保证足够的新风量（图 4.7-2）。

a. 有乔木遮阴的室外健身器材场地

b. 健身场地旁设置饮水机

图 4.7-1　室外健身运动场地设置案例（一）

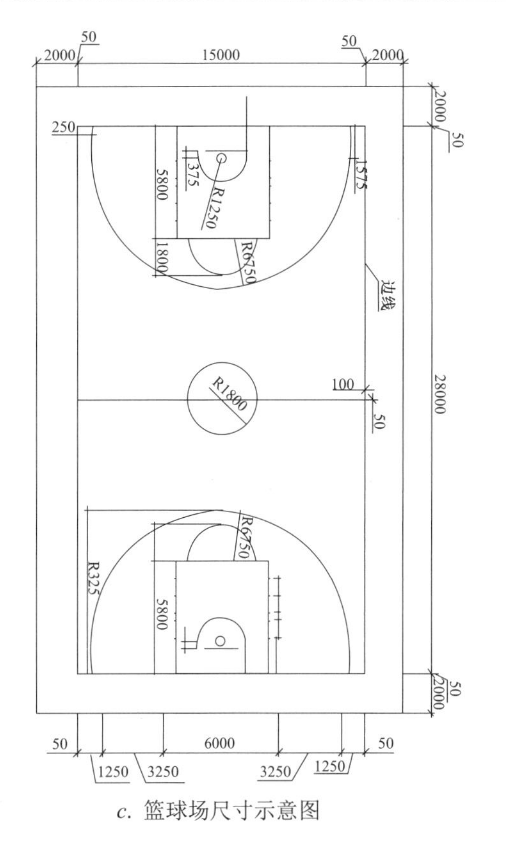

c. 篮球场尺寸示意图

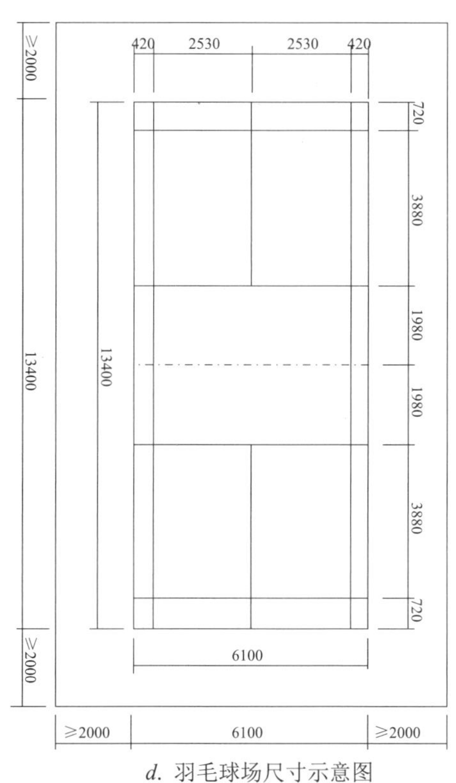

d. 羽毛球场尺寸示意图

图 4.7-1　室外健身运动场地设置案例（二）

室内健身器材场地，可以是有偿的健身俱乐部，以利于设置更高端的器材，维护保养更易持续；更鼓励利用建筑的公共空间设置免费健身区，配置一些健身器材，给人们提供全天候进行健身活动的条件，以鼓励积极健康的生活方式。

a. 室内共享空间放置乒乓球桌

b. 室内健身俱乐部

图 4.7-2　室内健身运动场地案例

（2）集体运动场地

我国的人口密度大，运动场地不足，随着各地广场舞、太极剑的盛行，对室外集体运动场地的需求很大。而集体运动占用绿地、噪声扰民的问题也很突出。因此，在健康建筑中设置好集体运动场地，对集体运动进行良性引导和噪声控制，是十分重要的。

集体运动场地通常是开阔平坦的小广场，场地内应没有草皮、花坛、树木等绿化带的分隔，以保证人们既可以无视线遮挡地看见前面的领舞、领操人员，又能前后左右在一定范围内无障碍地移动。小广场内可以进行广场舞、打拳练剑、抖空竹、踢毽子、滑旱冰、跳绳、打羽毛球、踢皮球、滑滑板、放风筝、趣味运动会等丰富多彩的活动，还能为小孩子们提供一块开敞的自由追逐或游戏的活动空间，它在不同时段为不同类型的群众提供锻炼和活动的场地，是利用率很高的场地。

集体运动场地冬天最好能在北面有建筑物或高大的乔木阻挡北风，为健身的人群提供相对温暖的环境；夏天，因为跳舞的人群活动的时间大都集中在早9点以前和晚19点以后，避开了一天中太阳强烈照射的炎热时光，所以针对这一锻炼目的的广场在设计上不需要特别注意遮阳。但健身的人群还是倾向于选择周边有绿化和水体的场地，有宜人的风景，让人心情愉悦。集体运动场地的地面多采用光滑平整的材料铺设，如花岗石地面、水泥地面、塑料地面。

集体运动场地的位置应避免噪声扰民，并根据运动类型设置适当的隔声措施，如在场地周边种植茂密的树木，设置隔声屏障。物业可以在管理时，监督控制音响设备的音量，并规定噪声较大的集体运动的允许时间，如早8点到晚9点（图4.7-3）。

a. 半室外踢毽子场地

b. 武术运动场地

图4.7-3 集体健身运动场地案例

（3）儿童游乐场地

室外游乐对儿童的成长是非常重要的，童年时期的玩要能提高儿童的免疫系统、增加体育活动、激发想象力和创造力，获得知识和经验。儿童游乐场地应有充足的日照，日照可以有效促进血液循环、增强新陈代谢的能力、调节中枢神经、促进钙质吸收，使人感到舒展和舒适。儿童游乐场地的日照应有不少于1/2的面积满足日照标准要求，即当地住宅建筑的日照标准要求。场地宜设有一定的遮风、避雨、遮阳设施，如乔木、亭子、廊子、花架、雨棚等，以提高活动场地的舒适度和利用率。场地的出入口应有明显标识，与步行道应无障碍连接，有高差处应为婴儿车提供缓坡通行。

儿童游乐场地应设置丰富的娱乐设施，如组合滑梯、沙坑、跷跷板、平衡木、秋千等，场地宜铺设软性材料地面，如橡胶粒、树皮皱、橡胶地砖、草坪等，以防儿童掉落或摔倒。场地内还应设置看护人使用的座椅，并提供遮阴设施，如种植常绿大叶乔木，或搭建廊道、亭子等。场地附近宜设有洗手点或小型公共卫生间，为孩子在玩耍过后提供及时清洁的条件，教导孩子从小养成文明的卫生习惯，有效避免细菌、病毒对孩子的伤害。儿童活动时急于找厕所的现象十分普遍，公共卫生间距离儿童游乐区的直线距离应不超过 100m。儿童游乐场地应安装监控摄像头，监控的范围覆盖整个场地。

除室外儿童游乐场地外，还可在建筑室内设置儿童活动室，以便在天气恶劣、空气质量不好的情况下，给儿童提供一个娱乐活动的空间，给儿童在玩耍中锻炼身体的机会。儿童活动室应有良好的通风，地面应防滑，没有尖锐的物体，避免儿童摔倒和磕碰，物品应定期消毒（图 4.7-4）。

儿童游乐场地的有效服务半径、最小占地面积及看护人空间距离，可参考表 4.7-1。

儿童游乐场地参数　　　　**表 4.7-1**

项目	有效服务半径	最小占地面积	看护人距离
低龄幼儿活动区（0～3 岁）	200m	20m^2	直线距离不应大于 1.5m
高龄幼儿活动区（3～6 岁）	200m	50m^2	直线距离不应大于 1.8m
少年儿童活动区（6～12 岁）	300m	100m^2	直线距离应在 5m 之间

a. 室外儿童游乐场地

b. 冲洗台

图 4.7-4　室外儿童游乐场地案例

（4）老年人活动场地

老年人更需要室外活动区进行体育锻炼，经常锻炼可以提高心肺功能，延缓骨质疏松，延缓大脑衰退，提高免疫力，有助于延年益寿。不仅如此，在锻炼中的交往与交流，也有利于减少孤独感，保持心理健康。

针对老年人的休闲运动场所应配置供老人使用的座椅，通风良好，并有充足的日照，有不少于 1/2 的面积满足《城市居住区规划设计规范》GB 50180 相关日照标准要求。

根据老年人的活动特点，老人室外活动场地宜动静分区。有健身运动器材或设施的区域为“动区”，供老年人下棋、阅报、休憩的区域为“静区”，可进行适当隔离。动区内宜配置中等强度的健身器材，如适合老年人的腰背按摩器、太极推揉器、肩背拉力器、扭腰器、太空漫步机、腿部按摩器等。静区可设置阅报栏、棋牌桌、休息座椅等，应有树荫、亭、廊等遮阳措施。石材和钢材的座椅由于传热速度快，易造成夏季烫、冬季冰的情况，不适宜用于老年人活动场地。老年人活动场地宜提供放置雨伞和拐杖的设施，宜设置全范围监控和紧急呼叫按钮，有条件的可设置急救包等紧急医疗救护设施。老年人的身体活动能力往往受到局限，完善的无障碍设施尤为重要，场地应尽量避免高差，如有高差处应以斜坡过渡。我国的家庭中老人看护小孩的现象十分普遍，老年人活动场地和儿童游乐场地之间可以考虑相邻设置，既相互独立使用，又可以方便老人兼顾照顾孩子（图 4.7-5）。

a. 棋牌桌

b. 阅报区

图 4.7-5　老年人活动场地案例

（5）专用健身步道

健身步道是供人们行走、跑步等体育活动的专门道路，健身走或慢跑可以提高人体肢体的平衡性能，锻炼骨骼强度，预防和改善心血管疾病、糖尿病、代谢症候群等慢性疾病，同时还能缓解压力，放松身心，回归自然，控制体重，实现营养摄入与消耗的平衡，是喜闻乐见的便捷的运动方式。建筑场地可以根据其自身的条件和特点，规划出流畅且连贯的健身步道，并优化沿途人工景观，合理布置配套设施，在建筑场地中营造一个便捷的运动环境。

健身步道应采用弹性减振、防滑和环保的材料，如塑胶、彩色陶粒等，塑胶材料应无毒无害、耐老化和抗紫外线。健身步道和周边地面宜有明显的路面颜色和材质的区别。还可设置按摩步道，将扁鹅卵石立砌，形成特殊的地面，可以光脚在上面来回行走以刺激脚底穴位，从而达到健身的目的。步道路面及周边宜设有引导标识，如在步道起点及每隔 200m 处设行走距离标识牌，标明已经走了多远，消耗了多少热量，还可在步道两侧设健康知识提示牌，针对不同人群设置相应的步行时间、心率等自我监测方法和健身指引，传播健康知识。健身步道周边可配套设置健身设施，如压腿杆等拉伸器材；照明灯具应使地面有至少 100lx 的照度，并对周边住宅没有光污染；步道旁宜设置休息座椅，种植行道树遮阴，还可设置艺术雕塑丰富沿途景观。《城市社区体育设施建设用地指标》要求步道宽度应不少于 1.25m，建筑场地内条件有限，可适当减少健身步道宽度，但不应小于 2 股人流的最小宽度 1m。国家标准《城市居住区规划设计规范》GB 50180—93（2016 年版）规定，用地面积 10000 ～ 15000m^2 的居住区，宜设置 60 ～ 100m 直跑道和 200m 环形跑道及简单的运动设施，健身步道的长度可参考此要求，并结合用地条件合理设置，以环形步道为宜。健身步道的坡度不应超 15°。

健身步道不应紧邻城市主干道，应有建筑或绿化带与车道隔离，避免吸入汽车尾气。健身步道应单独设置，不可兼做或挤占场地内的人行道和其他运动场地，除健身步道外的人行道应剩余至少 1m 的宽度，以便普通人员通行方便。健身步道应基本连续，如受条件限制不得不横穿车行道，应设置明显的人行标识，以保证健身步道的通畅和安全。健身步道也可结合商业步行街或共享交通空间，在建筑的室内设置，但应有足够的长度和连续性（图 4.7-6）。

a. 塑胶健身步道

b. 卵石健身步道

c. 健身步道标识

图 4.7-6 专用健身步道案例

4.7.2 健身运动器材设置

健康建筑应免费提供健身器材，并应有充足的数量、丰富的种类，给不同需求的人群提供不同的选择，满足建筑使用者的运动需求。常见的健身器材有提高心肺功能的跑步机、椭圆机、划船器、健身车等，促进肌肉强化的组合器械、举重床、全蹲架、上拉栏等，乒乓、羽毛球、篮球等球类设施也可算做健身器材。健身器材应有相关的产品质量与安全认证标志，保证健身器材的安全可靠性，并配有使用说明书，有明显的标识牌指导，并应定期维护保养，运行状态良好。

健身器材的配置应突出自己的组合特点，服务一定年龄层次的人群。对以老人为主的区域，应配备跑步、踩踏等锻炼腿部肌肉的器械；对以中青年为主的区域，则应注重对锻炼臂力、平衡、腰腹部肌肉器械的配备；在儿童较多的区域，还应考虑设置适宜儿童游乐活动的趣味设施。健身器材之间应保持安全的间距。高大的或仅由立柱支撑的器材，如太极推手、高低杆、手攀云梯等，不得使用膨胀螺栓固定，应进行深埋处理。

健身器材可以设置在室外或者室内。健身器材的数量和种类应与建筑中长期工作或生活人员的数量相匹配。室外和室内健身器材的台数建议不少于建筑总人数的1%，种类不少于6种。球类设施可按照通常运动人数及相对场地大小折算成健身器材的台数，如乒乓球、台球折算为2台，羽毛球场、网球场折算为4台，篮球场、小足球场、门球场折算为10台，游泳池按每条道2台或10m^{2}一台折算，瑜伽室和跳操室按5m^{2}一台折算。

建筑的健身器材宜免费无偿的与收费有偿的相结合。室外的健身器材大多是免费的，便于促进全民健身，也不用设人员看守收费。鼓励室外健身器材对外免费开放，小区或建筑外面的公众也能免费使用健身器材，提高健身资源的利用率。室内的健身器材可以是免费的，也可以是在收费的健身俱乐部里面。免费的器材为全民健身提供一定保障，有偿的器材则可以鼓励物业管理部门设置更高端的器材，维护保养更易持续。

物业部门应建立健身器材的管理制度和检查维护制度，明确责任人，管理人员应进行培训，获得相关的基本常识和管理知识，如器械的品牌、名称、功能、适用范围、安全使用寿命、正确使用方法、一般的机械电器常识、相关的注意事项和安全警示要求等。发现健身器材损坏或存在不安全因素时，应立即在明显位置挂牌警示并停止使用，同时进行维护和修复。超过安全使用寿命的器材，物业部门应负责及时报废拆除（图4.7-7）。

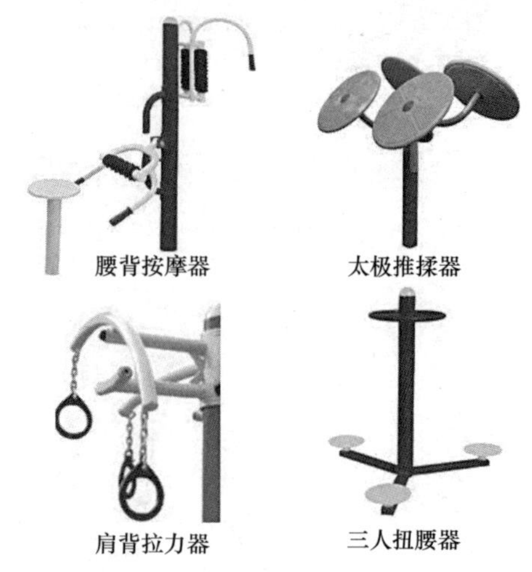

图4.7-7 常见健身器材（一）

图 4.7-7 常见健身器材（二）

4.7.3 健身运动服务设施

健身运动服务设施的完善不仅能为健身设施的有效使用提供必要的保障，促进人们进行健身活动，也能使健身活动更加科学合理、更加人性化。

有条件的建筑可为骑自行车的人设置配套的淋浴、更衣设施，以鼓励使用自行车，尤其是办公和学校建筑，可以借用建筑中其他功能的淋浴、更衣设施，但要便于骑自行车人的使用。男、女更衣室的大小、淋浴室的数量，均需依据健身者数量进行匹配。

设置充足、方便的自行车停车位，并备有打气筒、六角扳手等维修工具，可以为自行车的出行方式提供便捷设施和条件，鼓励建筑使用者多采用自行车出行。自行车作为一种绿色交通工具，拥有方便、清洁、低碳、环保、低成本等优势。使用自行车出行，可以运动到全身各处不同的肌肉，从而增强身体的心肺功能，是一种非常有效的物理锻炼方式，也是一种低碳健身方式。自行车存车处可设置于地下或地面，其位置宜结合建筑出入口布置，方便使用，尽量设置在地上，有条件的情况下地面的自行车停车位不宜小于总车位数的 50%，设置在室外时应有遮阳防雨设施。自行车维修工具可由业主自由取用，对自行车进行打气或简单的修补，也可统一管理并提供有偿修理服务。

共享单车的快速发展，为人们解决最后一公里交通、选择自行车出行提供了极大的方便。鼓励场地内为共享单车设置专用停车位并配置停车架，如设在场地红线边缘以利于共享，可进一步鼓励人们进行自行车运动。

设置便捷、舒适的日常使用楼梯，可以鼓励人们减少电梯的使用，在健身的同时节约电梯能耗。日常使用的楼梯应设置在靠近主入口的地方，并设有明显的楼梯间引导标识，同时配合以鼓励使用楼梯的标识或激励办法，促进人们更多地使用楼梯锻炼身体。楼梯间内应有良好的采光、通风和视野，以提高使用楼梯间的舒适度。

人们健身锻炼的持续时间可能较长，健身运动集中的地区应按距离长短和面积大小配置相应规模的公共卫生间。健身运动场地还应配置饮水点、分类垃圾桶和休息桌凳等。健身过程会使人大量消耗水分，饮水点能让人及时补充水分，以保证科学的锻炼方式。石质的桌凳比较耐久，但石材导热系数大，冬天较冷，设计时应注意这些人性化细节，尽量选用温度更为舒适的木质座椅（图 4.7-8）。

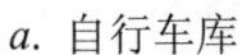

a. 自行车库　　*b*. 有采光通风的楼梯间

图 4.7-8　运动服务设施案例

“生命在于运动”，通过主动健身我们可以提高生活质量、摆脱疾病困扰。建筑提供充足的健身场地和健身设施，营造舒适的健身环境，可以让健身运动更加社会化、科学化、生活化，从而提升建筑的健康性能，提高人民的健康水平。

4.8　人文环境营造

健康建筑应该在方方面面体现出对人的关爱与尊重，改善使用者生活与工作的环境品质，让使用者工作舒畅，生活幸福。人文的核心思想是倡导“以人为本”，它包括对全体使用者（特别是特殊群体）的关心与呵护，满足使用者的各种需求，让人的生存能力得到提升，让人的生存意义得到升华，让人的生活更加幸福美好。这一理念，是和谐社会对建筑设计的呼唤，日益受到广大建筑设计师的重视。随着社会发展节奏的加快，现代人生活与工作的压力越来越大，人们迫切希望可以在公共环境中获得更多的交流与关爱，在私人生活空间中得到充分的休息和释放。因此，营造一个促进交流、调节心理、适老护幼、尊重女性的人文环境，不仅是健康建筑的建设标准，更象征着一个社会乃至国家的发展水平和精神文明程度。

4.8.1　交流空间的营造技术

由于现代人的生活节奏过快，人们长期处于紧张、繁重的工作状态之下，压力和消极情绪得不到及时释放与排解，身心健康受到威胁，由此产生了对于交流的需求。交流可以建立人与人之间的沟通，促进友好的人际关系，有助于形成主动、积极、健康的生活方式。但由于城市不断发展，无论是公共建筑还是居住建筑都片面追求经济利益与空间利用效率，从而在一定程度上忽视了公共交流空间的重要性。交流空间的环境品质直接影响使用者的身心健康，适宜的交流空间可以有效缓解压力，调节放松心情，提高工作效率。因此，基于人们对于交往的精神需求，建筑应在室内设置公共交流场所，同时合理利用广场、公共绿地等室外场地，为使用者提供愉悦亲近的休憩及交流空间。

（1）公共建筑的交流空间

公共建筑可以利用中庭、大堂、门厅、过厅等作为交流场所（图 4.8-1），也可专门设置共享空间或交流平台，通过空间及家具设施的合理设置，为人们提供舒适的交流环境；可以将走廊等交通空间与节点空间相结合（图 4.8-2），并设置小型景观，通过吸引行人的注意力而使其稍作停歇，提供更多交流机会；还可以设置咖啡屋、饮吧、书吧等休闲空间（图 4.8-3、图 4.8-4），以及在建筑主要空间的角落适当设置小型会谈区，从而对剩余空间进行有效利用并保证一定的私密性。

图 4.8-1　利用酒店大堂作为交流场所

图 4.8-2　交通空间与节点空间相结合

图 4.8-3　饮吧

图 4.8-4　书吧

室外广场应结合周边环境与现状条件，在体现开放性的同时，充分考虑人们对于短暂停留及交流的需求，利用绿化景观、水体及人工构筑物来分割室外场地，通过局部围合营造一定面积的交流空间，并设置避雨、遮阳设施（如乔木、亭廊、花架等，如图 4.8-5）以及足够数量的座椅，提高活动场地的使用率和舒适度；此外，座椅、垃圾箱、公告栏等基础服务设施的设置对于人们的交流活动也存在一定影响。座椅的摆放位置与布局要更利于人们进行交谈与接触，可与绿植、水体、小品相结合。同时应注意垃圾箱、公告栏等辅助设施选址的合理性，避免影响甚至妨碍人们进行交流活动。

图 4.8-5　室外交流空间

（2）居住建筑的交流空间

居住建筑，尤其住户较多的高层住宅，应该在住宅单元入口设置公共交流空间及服务设施，既可满足住户的交流需求，又能满足居民等候、收取信件与快递、物品暂时存放等功能需求（如图 4.8-6）。对于南方地区首层架空的居住建筑，可充分利用架空层空间，设置适当的休憩、等候和交谈设施，便于居民的宅旁活动，促进邻里交流。通过对居住建筑的空间细节进行人文优化设计，提升建筑空间的居住品质及舒适性。

图 4.8-6　高层住宅单元入口

居住区规划可将小区主要步行道路与景观节点、广场、活动场所等相结合，通过设计有趣味性的行人流线将不同规模的景观轴带、景观中心串联起来，并结合小品、雕塑、花架、铺地等设施，为住区居民提供舒适的交流及休憩场地。

居住区应设有对居民开放且方便可达的文化活动中心，既丰富居民的业余生活，同时又加强居民的交流沟通，缓解工作压力，提高生活品质。文体活动中心的规模及类型设置可根据居住小区户数进行确定。根据居民的喜好和需求，文体活动中心应包括图书阅览室、科普活动室、棋牌娱乐室、球类活动室以及各类艺术训练班、青少年和老年人学习活动场地等[40, 41]。文化活动中心在促进社区居民交流的同时，也提供更多的学习及技能培训的机会及场所。考虑到居住区文化活动中心的使用者多半为离退休老年人和青少年及学龄前儿童，因此，其服务半径不宜大于500m[42]。

4.8.2 有利于心理健康的技术措施

当人们对环境最基本的需要得到满足后，就开始产生对空间舒适性以及环境美观性的需求。优美舒适的空间环境有利于促进人的身心健康，减少心理疾病发生的概率。因此，在空间环境设计中，应遵循美学的基本原则，综合运用多种手法，创造优美的空间环境。

（1）绿化环境

环境的绿化应注重与自然生态环境的有机结合，绿化设计需要在遵循生态学原理的基础上，根据气候条件及美学特征来进行植物配置。在植物选择上应注重种类搭配，尽量选择适种的本地植物；配置植物时要注意层次及色彩，通过不同颜色和不同高度的多类植物的选取搭配，形成高低错落、色彩丰富的多层次结构，如图4.8-7；为避免单调、造作和雷同，在配置植物时还要考虑季节性，将不同花期的种类分层配置，可使观赏期延长，每季带给观者不同的欣赏美感[43]。

图4.8-7　高低错落、色彩丰富的复层绿化

需要注意的是，场地绿化还应注意安全问题。首先，有的绿化植物具有毒性，会引发气管炎、过敏红肿等疾病。因此，绿化应选择无毒无害的植物，原则上不应种植夹竹桃、茎叶坚硬或带刺等具有毒性或伤害性的植物。如果种植了对人体健康有潜在毒性危险或具有伤害性的植物，应设立标语警示、围栏或采取隔离措施，以避免误食和接触。其次，当室外场地种植大型根系植物时，若种植距离与建筑基础、地下管线等设施过近，植物的生长会对地面和管线产生影响，特别是由于植物根系扩展而引起的地面隆起、开裂和铺装材料松动，将影响行人的步行安全。此外，主次干道的道路交叉口路边应配置花坛等低矮景观种植，以扩大驾驶人员的视野，提高车行的安全性。

为了营造健康、舒适、赏心悦目的室内环境，室内空间中应辅以绿化（图4.8-8）。绿化不仅可以改善室内空气质量、调节室内小气候、改善室内干燥环境，而且可以改变人的情绪，使人神清气爽、心情愉快、精力充沛，有益于身心健康。可见，绿化可以弥补室内空间与自然环境的隔离感，使人得到视觉的快感，满足人们对优美环境的向往。

图 4.8-8　室内绿化

（2）景观小品

景观小品是景观环境中的点睛之笔，对空间起点缀作用。景观小品包括建筑小品、生活设施小品、道路设施小品以及艺术品等，通常具有艺术及功能的双重特性。它既是环境中的一个视觉亮点，吸引游人停留、驻足，又给人带来美的感受和心灵的愉悦。景观小品在景观环境中表现种类较多，如亭廊、花架、座椅、电话亭、指示牌、灯具、雕塑、花坛、喷泉、健身游戏设施等[44]。

景观小品首先应满足功能需求，给人们提供生理与行为方面的服务，如休息、照明、导向、交通、健身等，同时景观小品还应创造美的环境，带给人视觉上的美感，考虑其造型、体量、质感、风格、色彩、尺度等因素，既要表现出活力、个性与美感，同时又要与周围环境相协调，并反映所处的区域环境的历史文化和时代特色。好的景观小品常常能够构成独特的、引人注意的意境，使观者产生美好的联想，成为环境建设中的一个情感节点。

（3）视野与私密性

健康建筑不仅要为使用者提供使用空间，满足其物质需求，还应满足使用者的心理需求，明确区分公共空间和私有空间，有利于保护空间的私密性，避免外界对工作和生活的干扰，提高生活质量和工作效率。首先，应确保主要功能空间具有良好的视野。良好的视野可以让使用者更好地感知自然、调整节律，从而有助于改善情绪、维持健康活力，提高工作质量和效率；其次，对于居住建筑来说，建筑间距除了要符合日照、视野、消防等要求之外，还应考虑保护居民的隐私，避免楼栋之间产生视线干扰，提高建筑空间的私密性[45]。环境行为学研究认为，一般情况下，人与人之间的距离在 24m 内能辨别对方，12m 内能看清对方容貌，因此建筑之间窗户的直视距离不宜小于 12m。可以采用遮挡的设计手法或特殊的门窗产品，改善建筑转角处距离较近的相邻窗户之间的视线干扰。此外，住宅相邻阳台之间以及阳台与窗户之间的视线干扰也应引起重视。

（4）心理调节空间

心理调节空间包括心理咨询室、放松室、宣泄室等。心理咨询室（图 4.8-9、图 4.8-10）是心理医生与来访者进行面对面交流的场所，面积不宜太大，否则会阻碍咨询关系的建立；也不可过小，否则容易产生压迫感，以 10 ～ 15m^2 为宜。心理咨询室布置要求：

1）墙壁、地板和窗帘使用温和的色调，如浅苹果绿色，给人以安全、平和、凉爽的感觉。也可用浅黄、浅粉等暖色调，显得温馨亲切。

2）灯光光线要比较柔和，创造一种温馨的咨询氛围，使来访人放松。

3）沙发、躺椅颜色要与墙壁色调协调，尽量选用线条简洁、质地柔软的款式，便于营造温馨放松的气氛。两个沙发最好呈 90° 角摆放。

4）室内放置绿植象征生命力，使来访人感觉充满生机。

5）墙壁可作适当装饰，悬挂的风景画应给人带来广阔、恬静的感觉。忌画面复杂、色彩夸张，以免分散来访者注意力。

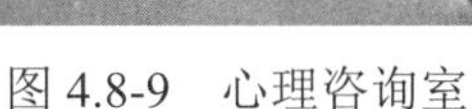

图 4.8-9　心理咨询室

图 4.8-10　座椅的摆放

放松室（图 4.8-11）可引导来访者进行主动、有意识的、更深层次的放松，它通过语言和特定的音乐背景，引导听者产生一个放松平静的情景想象，达到初步的精神放松。有助于消除心理、社会因素所造成的紧张、焦虑、忧郁、恐怖等不良心理状态，克服睡眠障碍，促进身心放松，提高应激能力。在心理医生的协助下，来访者根据自身具体情况，选择合适的指导语和音乐来放松身心，调节情绪，从而缓解压力、开阔胸襟。

心理宣泄是缓解心理压力的有效途径之一，以适当的方式进行心理宣泄对于缓解心理压力是有益处的。心理宣泄室（图 4.8-12）可以让来访者在一个安全的地方将心理压力，在可控的范围内宣泄出来。因此心理宣泄室四周的墙体应采用被厚实海绵包成的软墙体，室内设有橡皮人供来访者宣泄郁闷和愤怒之用。来访者可用拳击手套击打沙袋，也可以用充气棒“猛揍”橡皮人，还可以随意摔打里面的小布偶，达到宣泄负面情绪的目的。心理宣泄室在建造时应进行隔声降噪处理，避免对其他房间产生影响。

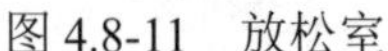

图4.8-11 放松室

图4.8-12 宣泄室

4.8.3 适于老年人的技术措施

随着我国老龄化程度的日益加深，老年群体将成为社会重要的组成部分，适老设施需求迫切而巨大。因此，健康建筑应关注老年人等弱势群体的身体尺度、生理状况与行为特点，充分考虑他们对建筑以及建筑设施的特殊需求。

（1）安全与方便

老年人的体力、视力等各方面的身体机能都有不同程度的衰退，行动迟缓且笨拙，对外界的应变能力差，因此，建筑师应针对老年人的行动特点作出相应的设计，让老年人的生活和出行更加便利、安全，这也是健康建筑设计的基本要求。

1）老年人由于机能衰老的原因，很容易滑倒，因此在老年人经常活动和使用的区域，地面应采用防滑铺装，墙面无尖锐突出物，建筑内的墙、柱、家具等处的阳角采用圆角，防止意外磕碰。沿走廊设有安全抓杆或扶手有利于提高老年人的活动范围和保证基本安全。

2）建筑室内高差处理不当会给老年人造成潜在安全隐患，容易被绊倒，造成身体上的伤害。因此，要求公共建筑室内存在高差区域应具有明显标识或做坡道处理，例如粘贴台阶警示条、设置显著标语等；要求住宅套内至少有一个卧室与餐厅、厨房和卫生间在一个无障碍平面上。同时，考虑到老年人行动不便，老年人使用的卫生间需要紧邻卧室布置。

3）一般的卫生间/浴室空间相对狭小，在发生人员意外倒地或出现紧急问题需要救援时，内开的门不但会被倒地人员阻挡而无法开启，而且容易在开启门时伤及患者。因此，淋浴间、坐便器隔间或二者合一的卫生间应设置紧急情况下易于打开的门，包括外开、推拉或内外可双向开启的形式等。另外，发生紧急状况时，为及时报警和救护，卫生间/浴室应装设报警设施[46]。

4）考虑到老年人使用插座的舒适性和安全性，避免老年人弯腰过度或快速站起可能对身体造成的损害，包括大脑暂时性供血不足引起的“头昏眼花”等，插座高度应设置在0.6～0.8m。

5）考虑到老年人视觉衰退的特征，老年人使用场所的标识系统应采用大字标识，如路线指示、安全提示等，以便老年人清晰辨认。

（2）无障碍

在公共环境与建筑设计中，应考虑老年人、妇幼以及残疾人等弱势人群的使用和出行，保障他们的安全与便捷，为他们提供方便和照顾，充分体现社会的人文关爱。室外场地中的道路、绿地、停车位以及建筑内的走廊、楼梯、电梯、卫生间、房间等均应方便老年人、妇幼、残疾人的通行和使用，应按照现行国家标准《无障碍设计规范》GB 50763 的要求配置无障碍设施，营造安全、方便、舒适的建筑环境。对于地上楼层数大于 1 层的公共建筑，应至少设置 1 部无障碍电梯；对于居住建筑，每单元应至少设置 1 部可容纳担架的无障碍电梯，以确保居民出现突发疾病时，可以及时地利用垂直交通安全快速地运送病人就医。

除此之外，无障碍系统应完整连贯，保持连续性，如场地内的无障碍步行道应连续铺设，且应避免在不同材质连接处产生高差；室内外所有不能避免高差的地方均应设置比例合理的坡道，并应与无障碍系统相连接；建筑内的电梯不应平层错位。

（3）医疗与救援

医疗服务点应设置在老年人可以快速到达的位置，从建筑出入口步行距离一般不宜超过 500m，且与住宅等建筑保持合理的安全卫生距离，避免疾病细菌的传播与交叉感染。

医疗服务点或社区医疗中心应设置基本医学救援设施和医疗急救绿色通道，可确保在突发卫生类事件的情况下，能迅速、高效、有序地组织医疗卫生救援工作，提高各类突发事件的应急反应能力和医疗卫生救援水平。同时也能够在突发卫生类事件的第一时间内，及时准确传达相关信息，避免发生恐慌性事件。

在老年人经常活动的区域以及高度适宜的地方应设置紧急求助呼救系统，以便医疗及救援人员能及时赶往现场并实施救援。居住建筑中的卫生间、卧室等房间是老年人发生突发疾病风险较高的地方，在卫生间和老年人卧室的适当位置需要设有紧急求助呼救系统；对于公共建筑，依据建筑类型特点，在适宜的场所、地点设置紧急求助呼救系统。

智慧医疗通过打造健康档案区域医疗信息平台，利用最先进的物联网技术，实现患者与医务人员、医疗机构、医疗设备之间的互动，逐步达到信息化。智慧医疗的核心就是“以患者为中心”，给予患者以全面、专业、个性化的医疗体验。智慧的医疗信息网络平台体系，可使患者用较短的等疗时间支付基本的医疗费用，就可以享受安全、便利、优质的诊疗服务。从根本上解决“看病难、看病贵”等问题。同时，智慧医疗通过快捷完善的数字化信息系统使医护工作实现“无纸化、智能化、高效化”，不仅可减轻医护人员的工作强度，而且可提升诊疗速度，还让诊疗更加精准。

4.8.4 满足妇幼需求的技术措施

作为社会群体中的重要组成部分，妇幼有着不同于一般人群的人性化设施需求。

（1）母婴空间及设施

在公共建筑中或小区内设置方便母婴的空间或设施，充分体现了建筑设计的人性化，以及社会对妇幼的尊重和理解，让她们有更贴心的体验。为方便女性以及确保幼儿的安全，可在女卫生间中设置一定数量的座椅、婴儿椅或婴儿台，为哺育幼儿的女性在如厕时提供方便。考虑到儿童的尺度，可设置一些适应儿童尺度使用的卫生洁具如儿童用洗水槽、儿童用小便器（图 4.8-13、图 4.8-14）等；对于条件许可、女性使用者较多的公共建筑，可考虑设置母婴室。母婴室需设有婴儿打理台、水池、座椅（图 4.8-15、图 4.8-16）等设施，为母亲提供给婴儿换尿布、

图 4.8-13　儿童用洗水槽

图 4.8-14　儿童用小便器

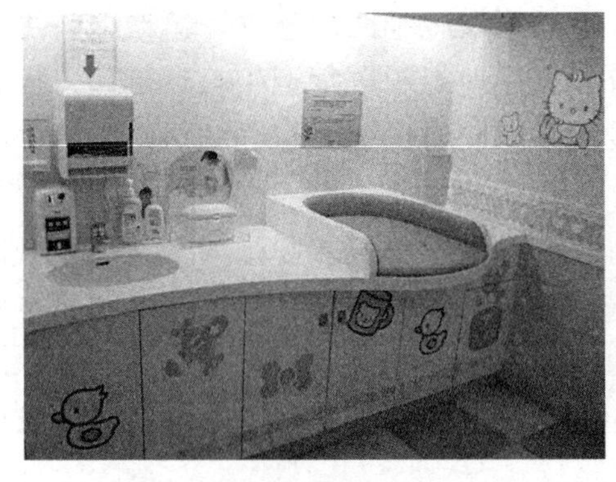

图 4.8-15　婴儿打理台、水池

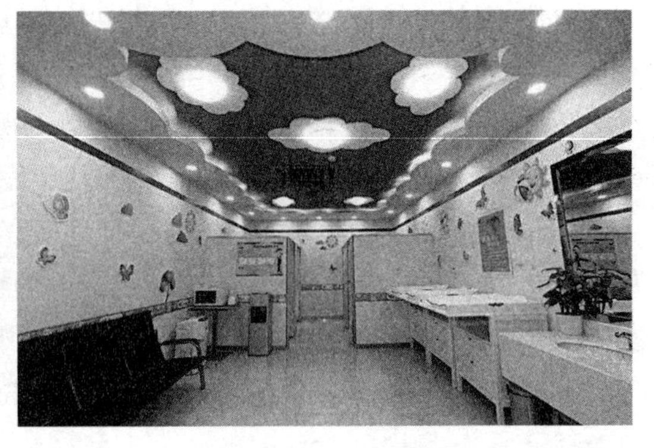

图 4.8-16　母婴室

喂奶或临时休息的空间，同时还应考虑配备冰箱、微波炉、饮水机等设备，以方便哺乳幼儿的女性使用。母婴室应安全舒适、洁净卫生，室内空气清新流通，温湿度适宜。室内的墙面，墙角等细部构造要充分考虑儿童的安全。母婴室应设有鲜明的指示牌标注（图 4.8-17）。

图 4.8-17　指示牌

（2）儿童安全防护

儿童活动场地的选址应尽量远离车行道和人流复杂的公共场所，应保证儿童活动场地处在良好的视线范围之内。由于儿童天性好动，并且容易在活动及玩耍过程中摔倒或擦碰，因此，在儿童经常活动的场所，活动设施不能出现危险的凸出物、挤压点、锋利的边缘、尖角等，以避免儿童活动

时发生意外伤害；场地内的各类活动空间的设计和游戏设施的布置要符合儿童群体的身体特征、活动尺度，儿童接触的1.30m以下的室外墙面不应粗糙，室内墙面宜采用光滑易清洁的材料，既可以避免儿童被磕碰，确保其安全，又有利于室内装修的保持与维护[47]；儿童使用房间的墙、窗台、窗口竖边等棱角部位须采用圆角，防止儿童意外磕碰；考虑到儿童的身体尺度，儿童经常活动区域的门窗、楼梯等部位应采取必要的安全保护措施，设置防滑铺装、防护栏和儿童低位扶手。当梯井净宽大于0.20m时，须采取防止少年儿童攀滑的措施，楼梯栏杆应采取不易攀登的构造；当采用垂直栏杆时，栏杆净距不应大于0.11m。儿童活动房间的门应设置儿童专用拉手。从多方位充分考虑到儿童使用的安全与方便。

4.9 人体工程学

人体工程学通过对建筑空间、色彩、材质以及产品的尺寸、色彩、材质进行科学设计与搭配等，实现对建筑使用者生理层次的关怀、心理层次的关怀以及社会层次的关怀。

4.9.1 建筑设计

（1）空间设计[48]

在室内设计中空间布局的设计是最为重要的部分，主要是对室内的空间大小和实用面积等进行合理的设计。将人体工程学融入空间布局设计当中，不仅需要根据人的身体尺寸、身体状况、活动范围等来进行设计，同时需要考虑不同的人群，兼顾人的心理舒适等因素进行设计。依次确定空间尺度、行为空间分布、行为空间形态、行为空间组合。在组合空间和实用空间设计中需要尽量依照详细的数据进行设计，以便于真正满足人们的生活需求，同时达到美观和实用的效果。例如：

1）当建筑空间的使用者存在老人和小孩时，在设计上应当尽量倾向于无障碍设计，包括无障碍电梯与楼层之间连贯无高差的设计等，以减少不安全因素，为老人和小孩的活动提供最大的保障。

2）交往空间设计需考虑空间适用人群的人际关系。人际关系不同，所需要的人际距离也不同。不同感官所能反映的人际空间距离是不同的。如：嗅觉只能在非常有限的范围内感知到不同的气味，只有在小于1m的范围内才能闻到从别人头发、皮肤上散发出来的较为微弱的气味，而超出这一距离人就只能嗅出很浓烈的气味。听觉具有较大的知觉单位，7m以内人的耳朵是非常灵敏的，可以进行正常交谈，而30m的距离人可以听清楚演讲，但已经不能进行实际的交谈。视觉距离具有相当大的知觉范围，在0.5～1.0km的距离内，人们根据背景、光照、特别是人群移动等因素，便可以分辨出人群；70～100m远的距离可以确定一个人的性别、大致年龄以及正在进行的动作，大约30m范围内可以看清楚一个人的面部特征、发型，当距离缩小到20m

便可以看清楚人的表情。因此，对于不同人际关系需求的空间，需要结合人际距离进行空间尺度的设计。

（2）视觉环境设计

室内设计中色彩也是一个非常重要的问题，这些都涉及人体生理感受、心理感受，其中最重要的是心理感受。例如，色彩的不同，家具、设施造型及所用的材质不同，都能给人以不同的心理感受。在室内设计时，颜色、色彩、家具的造型、物体所使用的材质都必须符合人体心理、生理尺度，以达到安全、实用、舒适、美观之目的。

1）空间形态。室内空间中造型设计、材料的选用及搭配、装饰纹样、色彩图案等则更多地考虑了人的心理需要。材质的软硬、色彩的冷暖、装饰的繁简等都会引起人们强烈的心理反应。

2）光影和色彩。如老年人房间的家具造型端庄、典雅、色彩深沉、图案丰富等；青年人房间的家具造型简洁、轻盈、色彩明快、装饰美观等；小孩房间的家具造型色彩跳跃、造型小巧圆润等。

4.9.2　设施、产品设计

不同个体对于产品的尺寸要求均有所差异，这是由于人体尺寸、行为习惯、健康状况、个人偏好不同等原因造成的。产品选用时，应充分考虑使用者的需求，使产品最大限度地迁就人的行为，满足个性化需求，体谅人的情感，使人感到舒适。例如：

1）办公和学习的桌椅等设备，市面上座具产品根据多数人平均尺寸，设计其座高、座深、座宽、靠背倾角与座面倾角、扶手高度以及座面形状，但仍难以达到较为普遍的健康舒适的效果。每个人的身材和使用习惯不一样，座椅高度、椅座角度应使不同身高人群可依据不同使用需求来调节，这样，可减少脊椎骨等部位不必要的弯曲，进而避免引起腰肌劳损、颈椎病等疾病。椅背角度可调，还可满足使用人员临时休息的需求。

2）对于老年人、儿童等特殊人群，需要选择针对此类人群进行人体工程学专项设计的产品。例如洗浴对于老年人来说很不方便，针对老年人设计的坐式浴器具有体积小、使用方便的优点，即使在非常窄小的浴室内也能安装。以某厂家设计的坐式浴器为例，为了洗浴时全身各处都能得到水的冲洗，有六个喷头安装在座位两侧的臂架上，将水喷向人的前身，有 4 个喷头安装在座位靠背上，将水喷向人的背后。同时，每一个喷头的方向还可以自我调节，座位的高度也可以调节，使不同身高者都坐得舒适。另外还有监视器可以由家属随时观察洗浴者是否安全。另外，对于老人、儿童等特殊人群房间内的家具均应进行光滑圆润的处理，保证安全和触感良好[49]。

4.9.3　建筑与设施、产品搭配

对于室内设计而言，室内设计中各物体的尺寸大小以及空间尺寸是十分重要的。

只有先确定设计空间的各部分尺寸的大小才能正确地设计室内空间中家具、设施的大小。而在设计空间中家具及各种设施的尺寸时，人体工程学中人体测量数据起着至关重要的作用。在家具设计时，设计师首先应该了解人体的各部分尺寸，根据人体各部分尺寸的测量数据进行设计，这样设计出来的室内空间的效果，在实际操作时才不会发生错误。

室内摆设，指的就是室内家具、设施等，在室内设计不断发展的今天，家具以及设施制造业也得到了突飞猛进的发展，最直观的体现就是，当前家具以及设施的种类更加丰富多样，功能也更加齐全。而家具的尺寸、形状以及摆放方式等内容是否满足了人体工程学理念，也会或多或少地对我们生活以及工作环境的品质造成影响。这些家具以及设施主要的服务对象就是人，因此，它的尺寸、形状以及摆放方式等必须要以人性化设计为宗旨；与此同时，在家具以及设施摆放时，一定要留有人们的使用空间，这也是满足人体工程学的重要环节。以卫浴间与厨房设计为例，具体设计措施有：

1）卫浴间的设计，目前我国城市住宅卫生条件已有了很大改善，但目前最大的问题是卫生间面积大小不合理，设备不齐全。设计过程中需要注意的是，厕所隔间和淋浴隔间应保证隔间内有更充足的回转空间；淋浴喷头高度的可调节，以适应不同身高和使用需求的人；坐便器旁、淋浴间、浴盆旁需在适宜高度安装易于抓握的扶手，以方便人员使用，给身体不便的人员提供辅助，防止滑倒事故；洗脸台和坐便器前也应有充足的空间，以满足人的活动需求；浴缸位置不宜靠窗，不符合洗浴保温的要求，且浴缸上安装移动式隔气门，更符合人的洗浴行为；抽水马桶不宜靠近居室或卧室一侧，以免通风不好且抽水时噪声影响休息；洗手盆与淋浴间宜隔断，以方便多成员家庭使用以及卫生打理。

2）居住建筑中厨房的设计，其合理性、实用性关系到每个家庭的日常生活质量与做饭者的健康。厨房设计一般包括操作台、橱柜、灶具、脱排油烟机及其他厨房电器线路和设备等。由于现代厨房能源结构特点多样，燃气灶具与电器炊具并存，同时电冰箱也成为厨房中必不可少的家电之一，因此厨房设计时应充分考虑家电安置空间，避免空间局促带来的操作者额外生理消耗。在设计布局时首先应根据厨房的实际面积尺寸来布置。厨房的布局一般可分为一字形、L 型、T 型、U 型等，厨房格局分类参照《住宅厨房及相关设备参数》GB/T 11228 中 5.1.3 划分，相关研究显示：单排直线型厨房很难保障厨房厨务功能，且经济型与舒适性最差，健康住宅的厨房应避免采用类似格局；厨房应设置洗涤池、案台、炉灶及排油烟机等设施，设计时若不按操作流程合理布置，住户实际使用或改造时将带来极大不便。普通厨房地柜高度 800 ～ 900mm 为宜；吊柜顶部高度 2200mm 为宜，且深度不应影响操作者在工作区的活动。

截至 2018 年 8 月，我国人体工程学相关的标准主要应用于家具产品，如表 4.9-1 所示。对于建筑设计中人体工程学的设计，现行国家标准《民用建筑设计通则》GB 50325—2005 中对建筑平面尺寸进行了基本规定，但并未包含以人体健康舒适为导向的人体工程学设计。现阶段，我国人体工程学在室内设计中应用的专项标准尚未发布。

我国人体工程学相关现行标准　　**表 4.9-1**

编号	标准名称	颁发单位	实施日期
GB/T 13547—1992	《工作空间人体尺寸》	国家技术监督局	1993-04-01
GB/T 14774—1993	《工作座椅一般人类工效学要求》	国家技术监督局	1994-07-01
GB/T 14779—1993	《坐姿人体模板功能设计要求》	国家技术监督局	1994-07-01
GB 50325—2005	《民用建筑设计通则》	国家质量监督检验验检疫总局	2005-07-01
GB/T 23699—2009	《工业产品及设计中人体测量学特性测试的被试选用原则》	国家质量监督检验验检疫总局	2009-11-01
GB/T 23702.1—2009	《人类工效学 计算机人体模型和人体模板 第 1 部分：一般要求》	国家质量监督检验验检疫总局	2009-11-01
GB/T 23702.2—2009	《人类工效学 计算机人体模型和人体模板 第 2 部分：计算机人体模型系统的功能检验和尺寸校验》	国家质量监督检验验检疫总局	2011-07-01
GB/T 5703—2010	《用于技术设计的人体测量基础项目》	国家质量监督检验验检疫总局	2011-07-01
QB/T 4668—2014	《办公家具人类工效学要求》	国家质量监督检验验检疫总局	2014-10-01

参考文献

[1] Humans I W G O. Formaldehyde, 2-butoxyethanol and 1-tert-butoxypropan-2-ol[J]. Iarc Monographs on the Evaluati on of Carcinogenic Risks to Humans, 2006, 88: 1.

[2] Salthammer T, Mentese S, Marutzky R. Formaldehyde in the indoor environment[J]. Chemical Reviews, 2010, 110(4): 2536-2572.

[3] Kelly T J, And D L S, Satola J. Emission Rates of Formaldehyde from Materials and Consumer Products Found in California Homes[J]. Environmental Science & Technology, 1999, 33(1): 81-88.

[4] Nazaroff WW,WeschlerC J. Cleaning products and air fresheners: exposure to primary and secondary air pollutants[J]. Atmospheric Environment, 2004, 38(18): 2841-2865.

[5] Uhde E, Salthammer T. Impact of reaction products from building materials and furnishings on indoor air quality—A review of recent advances in indoor chemistry[J]. Atmospheric

Environment, 2007, 41(15): 3111-3128.

[6] Haghighat F, Bellis L D. Material emission rates: Literature review, and the impact of indoor air temperature and relative humidity[J]. Building & Environment, 1998, 33(5): 261-277.

[7] Jia C, Batterman S, Godw in C. VOCs in industrial, urban and suburbanneighborhoods—Part 2: Factors affecting indoor and outdoor concentrations[J]. Atmospheric Environment, 2008, 42(9): 2101-2116.

[8] Yu C W F, Crump D R. Small ChamberTests for Measurement of VOC Emissions from Flooring Adhesives[J]. Indoor& Built Environment, 2003, 12(5): 299-310.

[9] Ezeonu I M, Price D L, Simmons R B, et al. Fungal production of volatiles during growth on fiberglass. [J]. Applied and environmental microbiology, 1994, 60(11): 4172.

[10] Pandit G G, Srivastava P K, Rao AM M. Monitoring of indoor volatile organic compounds and polycyclic aromatic hydrocarbons arising from kerosene cooking fuel[J]. Science of the Total Environment, 2001, 279(1–3): 159-165.

[11] Kim Y M, Stuart Harrad A, Harrison R M. Concentrations and Sources of VOCs inUrban Domestic and Public Microenvironments[J]. Environmental Science & Technology, 2001, 35(6): 997.

[12] Brown S K. Volatile organic pollutants in New and established buildings in Melbourne, Australia[J]. Indoor Air, 2002, 12(1): 55-63.

[13] Srivastava P K, Pandit G G, Sharma S, et al. Volatile organic compounds in indoor environments in Mumbai, India. [J]. Science of the Total Environment, 2000, 255(1–3): 161-168.

[14] Son B, Breysse P, YangW. Volatile organic compounds concentrations in residential indoor and outdoor and its personal exposure in Korea. [J]. Environment International, 2003, 29(1): 79-85.

[15] Lee CW, Dai Y T, Chien C H, et al. Characteristics and health impacts of volatile organic compounds in photocopy centers. [J]. Environmental Research, 2006, 100(2): 139-149.

[16] Destaillats H, Maddalena R L, Singer B C, et al. Indoor pollutants emitted by office equipment: A review of reported data and information Needs[J]. Atmospheric Environment, 2008, 42(7): 1371-1388.

[17] Singer B C, Hodgson A T, Nazaroff W W. Gas-phase organics in environmental tobacco smoke: 2. Exposure-relevant emission factors and indirect exposures from habitual smoking[J]. Atmospheric Environment, 2003, 37(39): 5551-5561.

[18] Heavner D L, Morgan W T, Ogden M W. Determination of volatile organic compounds and ETS apportionment in 49 homes[J]. Environment International, 1995, 21(1): 3-21.

[19] Scherer G, Ruppert T, Daube H, et al. Contribution of tobacco smoke to environmental benzene exposure in Germany[J]. Environment International, 1995, 21(6): 779-790.

[20] Keller G, Hoffmann B, Feigenspan T. Radon permeability and radon exhalation of building materials. [J]. Science of the Total Environment, 2001, 272(1–3): 85-89.

[21] Kendall G M, Smith T J. Doses to organs and tissues from radon and its decay products[J].

Journal of Radiological Protection Official Journal of the Society for Radiological Protection, 2002, 22(4): 389.

[22] Tokonami S, Sun Q, Akiba S, et al. Radon and Thoron Exposures for Cave Residents in Shanxi and Shaanxi Provinces[J]. Radiation Research, 2004, 162(4): 390-396.

[23] Zhang Y, Mo J, Li Y, et al. Can commonly-used fan-driven air cleaning technologies improve indoor air quality? A literature review[J]. Atmospheric Environment, 2011, 45(26): 4329-4343.

[24] Bekö G, Clausen G,WeschlerC J. Sensory pollution from bag filters, carbon filters and combinations[J]. IndoorAir, 2008, 18(1): 27-36.

[25] Schleibinger H, Rüden H. Airfilters from HVAC systems as possible source of volatile organic compounds(VOC)– laboratory and field assays[J]. Atmospheric Environment, 1999, 33(28): 4571-4577.

[26] 杨敦，徐扬．生活饮用水的深度处理技术 [J]. 给水排水，2007, 33(s2): 226-230.

[27] 陈培，蔡健明．二次供水系统消毒方法比较 [J]. 城市建设理论研究：电子版，2013(20).

[28] 中华人民共和国建设部，国家质量监督检验检疫总局．GB 50033-2013 建筑采光设计标准 [S]. 2013.

[29] 刘虹，赵建平．绿色照明工程实施手册 [M]. 中国环境科学出版社，2011.

[30] 中华人民共和国国家质量监督检验检疫总局，中国国家标准化管理委员会．GB/T 30117. 2-2013 灯和灯系统的光生物安全性 [S]. 2006.

[31] 国际半导体照明联盟，国家半导体照明工程研发机产业联盟，中国照明学会．普通照明 LED 与蓝光白皮书 [M]. 2013.

[32] 喻伟．住宅建筑保障室内 (热) 环境质量的低能耗策略研究 [D]. 重庆大学，2011.

[33] 付祥钊．夏热冬冷地区建筑节能技术 [M]. 中国建筑工业出版社，2002.

[34] 部门中华人民共和国建设部．GB 50176 民用建筑热工设计规范 [S]. 北京：中国建筑工业出版社，2016.

[35] GA American Society Of Heating RA A E. HVAC systems and equipment[M]. Atlanta: ASHRAE HANDBOOK, 2012.

[36] Bojić M, Cvetković D, Bojić L. Decreasing energy use and influence to environment by radiant panel heating using different energy sources[J]. Applied Energy, 2015, 138(4): 404-413.

[37] 王福林，陈哲良，江亿，等．基于热感觉的室内热环境控制 [J]. 暖通空调，2015(10): 72-75.

[38] Short C A, Yao R, Luo G, et al. Exploiting a Hybrid Environmental Design Strategy in the Continental Climate of Beijing[J]. International Journal of Ventilation, 2012, 11(2): 105-130.

[39] 姚润明，喻伟，王晗，等．长江流域建筑供暖空调解决方案和相应系统重点项目研究．暖通空调 [J]. 暖通空调，2018, 48(2).

[40] 宁莜．快速城镇化时期山东村镇基本公共服务设施配置研究 [D]. 天津大学，2013.

[41] 住宅建筑规范及配套规范实施手册编委会．住宅建筑规范及配套规范实施手册 [M]. 中国建材工业出版社，2006.

[42] 袁世龙．针对居住小区公共建筑设计的研究 [J]. 建筑工程技术与设计，2016(8).

[43] 郭向东 . 园林景观设计杂谈第四册 [M]. 中国民艺出版社 , 2006.
[44] 侯天航 . 保障性居住区景观设计模块化研究 [D]. 西安建筑科技大学 , 2014.
[45] 赵冠谦 . 住宅空间的健康性 [J]. 建筑学报 , 2004(10): 5-6.
[46] 曹丽华 . 老年公寓生活便利设施系统设计 [D]. 东南大学 , 2014.
[47] 屈雅琴 , 张建林 , 杨慧 . 浅谈社区公园中的儿童活动场地设计 [J]. 山西建筑 , 2007, 33(10): 358-359.
[48] 刘胜璜 . 人体工程学与室内设计 [M]. 二 . 北京 : 中国建筑工业出版社 , 2004.
[49] 撒后余 . 浅谈产品造型中的人性化设计 [J]. 滁州学院学报 , 2005, 7(3): 58-60.

第 5 章　评价与检测

我国绿色建筑历经十余年的发展，已实现从无到有、从少到多、从个别城市到全国范围，从单体到城区、城市的规模化发展。实践证明，评价工作在绿色建筑的发展当中起到了至关重要的推动和规范作用。健康建筑评价借鉴绿色建筑评价的成熟模式，是推动我国健康建筑发展的关键途径。评价工作需要根据工作流程有序开展，并以关键性指标的检测结果作为重要的数据支撑。因此，本章将针对健康建筑的评价流程、资料要求以及相关指标的检测方法进行详细介绍。

5.1　健康建筑的评价

5.1.1　评价概述

中国城市科学研究会（Chinese Society for Urban Studies，CSUS，以下简称“城科会”）作为标准主编单位之一，率先组织开展了健康建筑的评价工作。城科会作为我国最具资历的绿色建筑第三方评价机构，发挥自身理论基础扎实、项目经验丰富、工作制度成熟并且业内顶尖级专家平台完善等多重优势，制定了健康建筑评价系列管理办法，成立了专家委员会，设计了标识及证书，于 2017 年 3 月正式将健康建筑评价推向建筑市场。随着健康中国建设的逐步推进，可以预见在未来的五到十年间，以健康为核心、以使用者的实际满意度为重点的健康建筑评价认证将是建筑行业发展的新亮点之一。

（1）健康建筑评价标识

中国健康建筑评价标识（China Healthy Building Label，CHBL）是依据健康建筑评价的技术要求，按照《健康建筑标识管理办法》确定的程序和要求，对申请标识的建筑进行评价，确认其等级并进行信息性标识的活动。标识包括证书和标志。标志颜色以白色作底，蓝色、绿色交融，象征绿色性能基础上的健康建筑，整体造型为圆形，圆润、和谐、通融，立意“健康建筑”的广博发展，融合建筑造型，彰显行业品牌特性，核心元素融合，体现面向群众，为健康服务，凝聚、合力、以人为本，精诚团结，共创健康建筑美好未来。

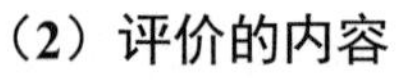

（2）评价的内容

健康建筑评价以《健康建筑评价标准》为技术准绳，由专业机构组织各专业的权威专家对参评建筑的合规性及合理性作出分析及判断，并给出详细技术建议，指导建筑的各项性能达到健康建筑的要求，相较于常规的建筑结构及水暖电气设计，健康建筑评价实际是“健康设计”活动。

设计阶段主要评价建筑采用的健康技术、采取的健康措施，以及健康性能的预期指标、健康运行管理计划；运行阶段主要关注健康建筑的运行效果、技术措施落实情况、使用者的满意度等。中国建筑学会标准《健康建筑评价标准》T/ASC 02—2016 于 2017 年 1 月正式发布实施，国家工程建设行业标准《健康建筑评价标准》也于 2018 年 7 月报批。行业标准正式发布之前，健康建筑的评价工作以学会标准作为具体的评价依据。项目申请评价的基础条件、标识等级、阶段划分、适用条文等内容于本书第 3 章进行了详细解读，这里不再赘述。

（3）评价的专家委员会

为给评价工作提供可靠的理论支持，保证评价工作的科学性，城科会组建了健康建筑评价专家委员会，为评价工作提供相关技术咨询服务。委员会专家来自清华大学、北京大学、重庆大学、中国建筑科学研究院有限公司、中国建材院、中国建筑学会、中国照明学会、中国建筑设计研究院、中国疾病预防控制中心、中国医学科学院、中国军事医学科学院、中国食品发酵工业研究院、上海市建筑科学研究院有限公司等权威机构，涵盖了综合、建筑、暖通、给排水、声学、光学、公共卫生、建材八大专业，代表了国内行业的顶尖水平。

（4）评价的特点

1）国情适应。健康建筑评价紧贴我国社会、环境、经济发展的具体情况，指标严格，执行有力，特色鲜明。如：① 针对老龄化问题，健康建筑要求进行兼顾老年人方便与安全的人性化适老设计；② 针对装修污染问题，健康建筑对建筑装修的主料、辅料、家具、陈设品等全部品的污染物含量进行严格控制，同时加载空气净化装置，全方位保障室内空气品质；③ 针对建筑密度过高导致健身和交流场地不足的问题，健康建筑见缝插针地设置相关场地和设施，并根据建筑面积、人口数量的比例，设置健身场地、设施数量、设施类型等关键技术指标，满足不同人群的日常健身需求；④针对中式餐饮特有的颗粒、油烟、味道、湿气重的特点，健康建筑对厨房的通风量及气流组织进行严格要求，一方面降低人员暴露于油烟中的危害，另一方面从源头避免烹饪带来的污染等。

2）体系全面。健康建筑评价体系兼顾生理、心理、社会的全面健康因素，以人的全面健康为出发点，将健康目标分解为空气、水、舒适（声、光、热湿）、健身、人文、服务六大健康要素，涵盖了建筑、设备、声学、光学、公共卫生、心理、医学、建材、给排水、食品十大专业，构建了全面的健康建筑评价体系。

3）指标先进。健康建筑评价通过指标创新、学科交叉、提高要求等手段，保障评价指标的先进性。如，健康建筑评价中引入了化零为整的室内空气质量表观指数 IAQI、基于光对人体非视觉系统作用的生理等效照度等新概念；将医学、心理、卫生等学科内容与建筑交叉融合，进行基于心理调节需求的建筑空间、色彩及专门功能房间设计等。

4）控制有力。健康建筑评价体系从全过程、全寿命、全部品三个层次设计了完整的健康建筑解决方案，具有强有力的控制手段。全过程是指从源头控制、传播途径和易感人群控制两个方面实现“全过程”把控，如对常见的$PM_{2.5}$、甲醛等空气污染物分别制定浓度限值要求、污染源隔离等。全部品是指从装修的主料、辅材到家具、陈设品，从水管、水池到水阀、水封等，对建筑的“全部品”进行整体要求。全寿命是指从设计阶段到验收阶段直至运行维护阶段，“全寿命”地保障建筑整体的健康性能。

5）方法科学。健康建筑评价综合使用现场检测、实验室检测、抽样检查、效果预测、数值模拟、专项计算、专家论证等方法，软硬兼施，保障了评价方法的科学性。

6）模式成熟。健康建筑以绿色建筑为起点，突出健康，实现了优中选优。健康建筑评价参照绿色建筑评价的成熟模式，划分不同阶段、专业、层级，基础扎实，程序严谨，保障了评价的科学性、权威性和公正性。

5.1.2 工作流程

为了保障评价工作的规范有序开展，城科会制定了健康建筑标识评价系列管理办法，以规范城科会健康建筑评价工作，保证评价工作的科学、公开、公平和公正，引导健康建筑的健康发展（表 5.1-1）。

健康建筑评价系列管理办法 **表 5.1-1**

序号	文件名称	文件内容
1	《健康建筑标识管理办法（试行）》	标识使用原则和作用
2	《健康建筑评价管理办法》	评价工作的组织管理、评价流程
3	健康建筑评价系列配套文件	申报书模板、自评估报告模板、各类报告模板等

健康建筑的评价共分为设计和运行两个阶段。其中设计阶段是健康理念贯彻落实的重要阶段，科学合理的健康建筑设计是达到良好健康效果的前提条件。运行阶段则是检验健康效果、指导实际健康管理和使用的环节。为保障各个评价阶段的评价质量，城科会制定了相关保障措施。设计阶段采用①加强施工图设计深度；②规定预测指标采信数据的客观来源；③制定科学可靠的综合类指标计算方法；④要求前期健康指标的第三方检测四种措施。运行阶段采用①现场检查技术措施落实情况；②抽样检测指标实际参数；③查阅相关健康指标的第三方检测；④走访使用者满意度；⑤分年度定期复检五种措施。

健康建筑评价的流程如图 5.1-1 所示，主要包括三个阶段。第一阶段为初始阶段，主要为项目注册以及按照管理文件的要求提交申报材料。第二阶段为评价阶段，共设立三级审查，首先是形式、技术初查，针对所提交的材料是否齐全、是否符合条文要求进行初查。通过后进入专家委员会评价，主要针对材料中的数据、措施是否符合条文规定进行核查。通过后可进行公示，公示无异议则可进入第三阶段。第三阶段主要是公告评价结果以及颁发标识证书等。

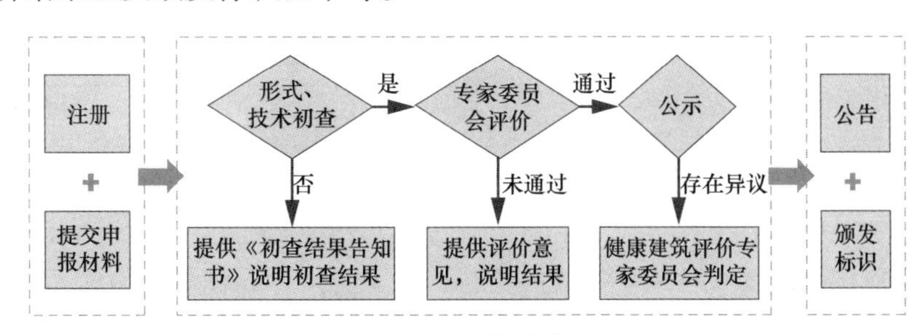

图 5.1-1 评价的流程

根据已制定的管理办法，由城科会组织开展了健康建筑标识评价工作，截至 2018 年 6 月底，已有 25 个项目申请了健康建筑标识。评价工作在实践中不断改进完善，推广了健康建筑理念，并为贯彻健康中国战略部署，推进健康中国建设的伟大目标贡献力量。

5.1.3 材料要求

评价过程中申请评价方所提交的材料主要包含基本材料和对应条文的证明文件。为了方便文件整理，城科会建立了“文件夹树”，各级文件分类、名称及说明如表 5.1-2 所示。

材料列表　　表 5.1-2

材料分类	材料名称	要求说明
1 基本材料	1.1 项目审批文件	1. 土地使用证
		2. 立项批复文件
		3. 规划许可证
		4. 施工许可证
		5. 施工图审查证明文件
	1.2 建设单位文件	1. 建设单位简介
		2. 建设单位营业执照
		3. 开发资质证明
		4. 申报声明
	1.3 设计单位文件	1. 设计单位简介
		2. 设计单位资质证书
		3. 设计实例介绍
		4. 设计图纸内容确认声明

续表

材料分类	材料名称	要求说明
1 基本材料	1.4 咨询单位文件	1. 咨询单位简介
		2. 咨询单位营业执照
		3. 咨询实例介绍
	1.5 其他文件	1. 申报书
		2. 自评估报告
		3. 增量成本列表
		4. 绿色建筑证明文件
		5. 健康建筑性能维护承诺书
2 规划专业	2.1 规划图纸	
	2.2 场地周边设施规划	应包含医院、门诊等卫生服务设施，公共交通设施
	2.3 日照模拟报告	老年人活动场地日照模拟报告
	2.4 环评报告	
3 建筑专业	3.1 建筑效果图	
	3.2 总平面图	
	3.3 建筑设计说明	
	3.4 建筑平面图	
	3.5 建筑立剖面图	
	3.6 门窗表及门窗大样	应包含外窗气密性指标
	3.7 声学专项设计文件	
4 景观专业	4.1 景观种植设计说明	应包含所选植物是否有毒害及防护措施内容
	4.2 景观总平面图	需包含室外艺术设施、儿童老年人活动场地、跑道、座椅布置等内容
	4.3 苗木表及种植图	
5 暖通专业	5.1 暖通设计说明	应包含局部机械排风、新风系统、油烟净化等措施说明
	5.2 暖通平面图	应标明机械排风系统排风口位置，厨房通风平面图等
	5.3 暖通系统图	应包含新风系统、局部排风系统、厨房通风系统等
	5.4 机房图纸	应包含新风机房大样图
	5.5 设备表	
	5.6 人体热感觉动态调节	相关产品说明

续表

材料分类	材料名称	要求说明
6 给排水专业	6.1 给排水设计说明	应包含各类系统说明、管道管材说明
	6.2 给排水图纸	1．生活饮用水系统图
		2．直饮水系统图
		3．非传统水源系统图
		4．游泳池给排水系统图
		5．生活集中热水系统图
7 电气专业	7.1 电气设计说明	
	7.2 电气施工图	
	7.3 空气质量表观指数监测系统设计文件	PM_{10}、$PM_{2.5}$、CO_2 浓度监测系统原理图
		PM_{10}、$PM_{2.5}$、CO_2 浓度监测系统及（与空调系统）联动系统原理图
	7.4 地下车库 CO 浓度监测与排风设计文件	包括 CO 参数的监控和通风系统的联动
	7.5 气象灾害预警设计文件	展示设备、设施产品说明
	7.6 水质在线监测系统	
	7.7 照明控制系统图	
8 装修图纸	8.1 室内装修设计说明	应明确室内装修所选用的建筑材料和装修材料必须符合评价要点中列出的规范的强制性条文，不使用国家和地方禁用的材料和产品；明确未使用含有石棉、苯的建筑材料和物品；明确室内装饰和现场发泡的保温材料中不采用含有异氰酸盐的聚氨酯产品
	8.2 室内装修图纸	主要功能房间装修图纸
		餐饮厨房区装修图纸
		食品加工经营区域划分说明书
	8.3 室内装饰装修材料清单	室内装饰装修材料和产品的名称、数量
	8.4 室内家具部品清单	家具清单
		产品说明书
	8.5 卫浴部品产品说明	
	8.6 室内装修效果图	
9 公共卫生	9.1 水质监测报告	应包含各类水质监测报告
10 运营管理	10.1 物业资质认证证书	

续表

材料分类	材料名称	要求说明
10 运营管理	10.2 健康建筑管理文件	1．健康建筑管理制度
		2．建筑日常管理记录
		3．健康建筑使用手册
		4．杂志或报刊订阅及摆放记录
		5．健康生活宣传资料发放记录
	10.3 虫害控制措施文件	1．虫害控制平面图
		2．虫害控制措施文件
		3．化学品管理制度文件
		4．病虫害防治用品的进货清单
		5．检查及处理记录
	10.4 垃圾处理措施文件	1．垃圾箱产品说明书
		2．物业垃圾管理制度
		3．垃圾收集和处理工作记录
	10.5 禁烟管理措施文件	1．禁烟管理制度
		2．巡查记录
	10.6 食品健康管理文件	1．食品加工环境微生物监控和消毒程序制定文件
		2．餐饮厨房区清洁计划
		3．餐饮厨房区清洁产品说明书
		4．微生物监控和消毒记录、清洁记录
		5．食品销售场所说明
	10.7 设备系统运行维护文件	1．设备运行记录
		2．定期检查记录
		3．清洗维护计划
		4．清洗维护记录
		5．清洗效果评估报告
		6．设备材料入场记录
		7．设备产品说明书
	10.8 用户满意度调研文件	1．调研问卷文本

续表

材料分类	材料名称	要求说明
10 运营管理	10.8 用户满意度调研文件	2．回收问卷原件
		3．调研结果分析报告
		4．改进措施分析报告
	10.9 室内空气质量主观评价调查文件	1．调查调研问卷文本
		2．回收问卷原件
		3．调研结果分析报告
	10.10 信息服务平台	1．信息服务平台相关说明
		2．消息推送记录
	10.11 活动组织文件	1．运动健康、生理健康类活动
		2．亲子、邻里类活动
		3．公益活动
		4．兴趣小组活动
11 其他材料	11.1 计算报告	1．室内颗粒物浓度计算分析报告（应包含 $PM_{2.5}$ 和 PM_{10} 颗粒物监测布点方案、$PM_{2.5}$ 和 PM_{10} 颗粒物浓度监测数据）
		2．噪声分析报告（环境噪声测试评估报告和噪声预测报告）
		3．隔声性能分析报告
		4．日照分析报告
		5．光污染分析报告（包含玻璃幕墙光污染内容）
		6．采光系数计算报告
		7．照明计算书
		8．结露分析报告
		9．室内生理等效照度计算书
		10．室外照明光环境计算书
		11．人体预计适应性平均热感觉指标计算报告
		12．室内热湿环境分析报告
		13．健康运动场地比例计算书
		14．免费健身器材比例计算书

续表

材料分类	材料名称	要求说明
11 其他材料	11.1 计算报告	15．专用健身步道计算书
		16．免费健身房比例计算书
		17．自行车停车位比例计算书
		18．室内污染物扩散模拟
		19．室外风环境模拟
		20．室内光环境模拟
	11.2 检测报告	1．室内空气质量检测报告
		2．水质监测报告
		3．净化装置颗粒物过滤性能检测报告
		4．照明产品检测报告
		5．室内噪声检测报告
		6．隔振、消声装置类检测报告
		7．室内生理等效照度检测报告
		8．室外照明光环境检测报告
	11.3 健身器材	1．健身器材产品说明
		2．健身器材指导说明

5.2　健康建筑的检测

根据《健康建筑评价标准》T/ASC 02—2016的编制原则，评价标准依据可观察、可测量、可执行的特征设定指标，保障评价过程的可操作性和健康效果的可感知性。由此看出在今后的健康建筑评价工作中，将涉及建筑各方面性能效果的检测、核查、监测工作，而目前还尚未出版专门针对健康建筑检测的技术标准以规范指导健康建筑检测工作。本章将依据现有的《健康建筑评价标准》T/ASC 02—2016，归纳健康建筑评价中涉及的主要检测内容，总结健康建筑检测的特点和原则，结合以往的项目经验，探讨健康建筑现场检测过程中应注意的重点问题。

5.2.1　室内空气质量检测

《健康建筑评价标准》T/ASC 02—2016对室内空气质量的检测主要包括对甲醛、

苯系物、TVOC、$PM_{2.5}$、PM_{10}、氡、菌落总数等污染物浓度的检测；对室内通风净化设备的性能检测。主要检测指标及参考标准或方法见表 5.2-1。

室内空气质量检测项目及方法　　表 5.2-1

项目类别	检测项目	检测参考方法
化学性污染物	二氧化硫、二氧化氮、一氧化碳、二氧化碳、氨、臭氧	《室内空气质量标准》GB/T 18883
	甲醛、苯、甲苯、二甲苯、苯并[α]芘、TVOC	
颗粒物污染物	$PM_{2.5}$、PM_{10}	在建筑内加装颗粒物浓度监测传感设备，每种功能类型的房间应至少取一间进行颗粒物浓度的全年监测，监测房间监测点不少于一个。控制项要求至少每小时对建筑内颗粒物浓度进行一次读取储存，连续监测一年后取算术平均值，并出具报告；加分项要求监测读数的时间间隔不超过 10 min，具有明确时间作息规律的建筑，可在确保建筑内无人的时段（如夜晚）不对室内颗粒物浓度进行要求，以除该时段外每日的建筑颗粒物算术平均浓度作为日均浓度，连续监测一年后出具相应报告，允许全年不保证天数 18 天
生物性污染物	菌落总数	《室内空气质量标准》GB/T 18883
放射性污染物	氡	《室内空气质量标准》GB/T 18883
通风净化	新风系统	主要检测新风机 / 净化模块的一次过滤效率。 《通风系统用空气净化装置》GB/T 34012 《空气过滤器》GB/T 14295
	空气净化器	主要检测空气净化器对目标污染物的洁净空气量。 《空气净化器》（固态、气态污染物）GB/T 18801 《环境标志产品技术要求 空气净化器》（$PM_{2.5}$）HJ 2544
	新风量	《室内空气质量标准》GB/T 18883

5.2.2 建筑材料环保性能检测

《健康建筑评价标准》T/ASC 02—2016 中对建材（家具）环保性能的检测要求是基于源头控制的思路，结合我国目前相关的标准现状对所用产品的有害物质限量作出规定。

在控制项中涉及的检测指标及参考标准或方法见表 5.2-2。评分项涉及的检测指标要求及相关说明见表 5.2-3。

建材（家具）环保性能控制项检测项目及标准依据　　表 5.2-2

控制项检测要求			
类别	名称	检测项目	标准依据
室内装饰装修材料	无机非金属类建材	内照射指数 外照射指数	《建筑材料放射性核素限量》GB 6566

续表

控制项检测要求			
类别	名称	检测项目	标准依据
室内装饰装修材料	人造板及其制品	甲醛释放量	《室内装饰装修材料人造板及其制品中甲醛释放限量》GB 18580
	溶剂型木器漆及木器用溶剂型腻子	挥发性有机化合物含量 苯含量 甲苯、二甲苯和乙苯含量总和 卤代烃 可溶性重金属（铅镉铬汞）	《溶剂型木器涂料中有害物质限量》GB 18581
	水性墙面涂料和水性墙面腻子	挥发性有机化合物含量 苯、甲苯、二甲苯和乙苯含量总和 游离甲醛 可溶性重金属（铅镉铬汞）	《室内装饰装修材料 内墙涂料中有害物质限量》GB 18582
	胶粘剂	苯 甲苯二甲苯 甲苯二异氰酸酯 二氯甲烷 1，2二氯乙烷 1，1，2三氯乙烷 三氯乙烯 总挥发性有机化合物含量	《室内装饰装修材料胶粘剂中有害物质限量》GB 18583
	壁纸	重金属（钡镉铬铅砷汞硒锑） 氯乙烯单体 甲醛	《室内装饰装修材料—壁纸中有害物质限量》GB 18585
	聚氯乙烯卷材地板	重金属（铅铬） 氯乙烯单体 挥发性有机化合物	《聚氯乙烯卷材地板中有害物质限量》GB 18586
	地毯、地毯衬垫及地毯胶粘剂	总挥发性有机物 甲醛 苯乙烯 4-苯基环己烯 丁基羟基甲苯 2-乙基己醇	《室内装饰装修材料地毯、地毯衬垫及地毯胶粘剂有害物质释放限量》GB 18587
	建筑用混凝土外加剂	释放氨	《室内装饰装修材料混凝土外加剂释放氨的限量》GB 18588
家具及构件	木家具	甲醛释放量 重金属（铅镉铬汞）	《室内装饰装修材料木家具中有害物质限量》GB 18584

建材（家具）环保性能评分项检测项目及标准依据 **表 5.2-3**

产品	检测项目	检测参考方法及要求
地板 地毯 地坪材料 墙纸 百叶窗 遮阳板	邻苯二甲酸二（2- 乙基己）酯 邻苯二甲酸二正丁酯 邻苯二甲酸丁基苄酯 邻苯二甲酸二异壬酯 邻苯二甲酸二异癸酯 邻苯二甲酸二正辛酯	要求：含量不超过 0.01% 参考标准： 《涂料中邻苯二甲酸酯含量的测定 气相色谱质谱联用法》GB/T 30646 《食品接触材料及制品 邻苯二甲酸酯的测定和迁移量的测定》GB 31604.30
地板	总挥发性有机化合物释放率 甲醛释放量	低于《环境标志产品技术要求 人造板及其制品》HJ 571 标准规定限值的 60%
地毯	总挥发性有机物 甲醛 苯乙烯 4- 苯基环己烯 丁基羟基甲苯 2- 乙基己醇	满足《室内装饰装修材料地毯地毯衬垫及地毯胶粘剂有害物质释放限量》GB 18587 中 A 级要求
聚乙烯卷材	重金属（铅铬） 氯乙烯单体 挥发性有机化合物	不高于《聚氯乙烯卷材地板中有害物质限量》GB 18586 规定限值的 70%
防火涂料 聚氨酯类防水涂料	挥发性有机化合物含量	防火涂料要求：不高于 350 g/L 防水涂料要求：不高于 100 g/L 标准依据：《室内装饰装修材料—内墙涂料中有害物质限量》GB 18582—2008 罐内 VOCs 测试方法
墙面涂料、腻子		达到《低挥发性有机化合物（VOCs）水性内墙涂覆材料标准》JG/T 481—2015 的最高限值要求
床垫等软体家具	甲醛释放率	要求：均为不高于 0.05 mg/（m^2 • h） 标准依据： 《软体家具弹簧软床垫》QB/T 1952.2 待《家具安全有害物质限量第 3 部分：床垫》GB 18584.3 新版发布后则依据此标准测试
吸声板等多孔材料		
家具和室内陈设品	全氟化合物 溴代阻燃剂 邻苯二甲酸酯类 异氰酸酯聚氨酯	要求：含量均不超过 0.01%（质量比） 标准依据： 《纺织染整助剂中有害物质的测定 第 2 部分：全氟辛烷磺酰基化合物（PFOS）和全氟辛酸（PFOA）的测定》GB/T 29493.2 《纺织品禁 / 限用阻燃剂的测定》GB/T 24279 《玩具中阻燃剂的测定》SN/T 2411 《聚氨酯预聚体中异氰酸酯基含量的测定》HG/T 2409
纺织、皮革类产品	可萃取的重金属 重金属总量 氯化苯酚及邻苯基苯酚 有机锡化物 氯化苯和氯化甲苯总量 多环芳烃 全氟化合物 壬基酚 富马酸二甲酯	各有害物质限量符合 HJ/T 307《环境标志产品技术要求 生态纺织品》要求

5.2.3　建筑外窗、幕墙气密性检测

室外污染物（$PM_{2.5}$、PM_{10}、O_3 等）可通过建筑外门窗、幕墙的缝隙穿透进入建筑内，在现阶段我国大气污染形势严峻的情况下，外窗和幕墙的气密性对控制室内空气质量十分重要，因此《健康建筑评价标准》T/ASC 02—2016 要求参评建筑对建筑外门、外窗、幕墙等的气密性进行检测并出示报告供审核评价。外门、外窗气密性检测参照《建筑外门窗气密，水密，抗风压性能分级及检测方法》GB/T 7106，幕墙气密性检测参照《建筑幕墙》GB/T 21086。

5.2.4　水质检测

能够提供清洁的生活饮用水是健康建筑的基本前提之一。为保护使用者身体健康、保证其生活质量，建筑各类用水均需要严格按照现行国家行业标准进行水质检测。主要包括生活饮用水水质、直饮水水质、非传统水源水质、游泳池水水质、采暖空调系统水质、景观水体水质、生活热水水质等。

（1）生活饮用水水质的检测方法、检测结果应满足现行国家标准《生活饮用水卫生标准》GB 5749 的要求，其中总硬度和菌落总数 2 项指标宜优于现行国家标准《生活饮用水卫生标准》GB 5749 的要求。

（2）直饮水水质的检测方法、检测结果应满足《饮用净水水质标准》CJ 94、《全自动连续微 / 超滤净水装置》HG/T 4111、《家用和类似用途反渗透净水机》QB/T 4144 及由国家卫生和计划生育委员会颁布的《生活饮用水水质处理器卫生安全与功能评价规范一般水质处理器》、《生活饮用水水质处理器卫生安全与功能评价规范反渗透处理装置》等现行标准的要求。

（3）非传统水源水质的检测方法、检测结果根据用途不同，应满足《城市污水再生利用》系列现行国家标准的要求。如冲厕用水、道路浇洒用水应满足现行国家标准《城市污水再生利用 城市杂用水水质》GB/T 18920 的要求；绿化灌溉用水应满足现行国家标准《城市污水再生利用 绿地灌溉水质》GB/T 25499 的要求；水景用水应满足现行国家标准《城市污水再生利用 景观环境用水水质》GB/T 18921 的相关要求。

（4）游泳池水水质的检测方法、检测结果应满足现行行业标准《游泳池水质标准》CJ 244 的要求。

（5）采暖空调系统水质的检测方法、检测结果应满足现行国家标准《采暖空调系统水质》GB/T 29044 的要求。

建筑物业管理部门应制定水质检测制度，定期监测各类用水的供水水质，及时掌握各类用水的水质安全情况，对于水质超标状况应能及时发现并进行有效处理，避免因水质不达标对人体健康及周边环境造成危害。

（1）物业管理部门应保存历年的水质检测记录，并至少提供最近 1 年完整的取样、检测资料，对水质不达标的情况应制定合理完善的整改方案、及时实施并记录。

（2）水质周检可由物业管理部门自检，水质季检、年检应委托具有资质的第三方

检测机构进行定期检测。

（3）使用市政再生水、市政自来水等市政供水时，应提供水厂出水的水质检测报告或同一水源邻近项目的水质检测报告。

（4）项目所在地卫生监督部门对本项目的水质抽查或强制检测也可计入定期检测次数中。

5.2.5 声环境检测

健康建筑声环境检测主要包括场地环境噪声、室内噪声级、空气声隔声性能、撞击声隔声性能、混响时间、语言清晰度指标。

为保证检测结果的准确性和可溯源性，各检测项目的检测方法依据现行国家标准确定，相应的检测方法及依据如表 5.2-4 所示。

健康建筑声环境检测项目及标准依据　　表 5.2-4

检测项目	检测方法及依据
场地环境噪声	依据《声环境质量标准》GB 3096 进行检测
室内噪声级	依据《民用建筑隔声设计规范》GB 50118 进行检测
空气声隔声性能	依据《声学 建筑和建筑构件隔声测量 第 3 部分：建筑构件空气声隔声的实验室测量》GB/T 19889.3、《声学 建筑和建筑构件隔声测量 第 4 部分：房间之间空气声隔声的现场测量》GB/T 19889.4、《建筑隔声评价标准》GB/T 50121 等标准进行检测
撞击声隔声性能	依据《声学 建筑和建筑构件隔声测量 第 6 部分：楼板撞击声隔声的实验室测量》GB/T 19889.6、《声学 建筑和建筑构件隔声测量 第 8 部分：重质标准楼板覆面层撞击声改善量的实验室测量》、《声学 建筑和建筑构件隔声测量 第 7 部分：楼板撞击声隔声的现场测量》GB/T 19889.7、《建筑隔声评价标准》GB/T 50121 等标准进行检测
混响时间	依据《室内混响时间测量规范》GB/T 50076 进行检测
语言清晰度指标	依据《厅堂扩声系统测量方法》GB/T 4959 进行检测，评价指标可选择语言传输指数、房间声学语言传输指数、扩声系统语言传输指数之一。

此外，健康建筑评价对象往往场所数量较多，因此需要进行抽样检测，其抽样流程及规则如下:（1）涵盖《健康建筑评价标准》T/ASC 02—2016 中规定的需要进行检测的所有房间类型;（2）对典型场所进行随机抽样测量，同类场所测量的数量不少于 5%，且不应少于 2 个，不足 2 个时全部进行检测。

5.2.6 光环境检测

健康建筑光环境检测根据场所不同有所差别，各类场所检测项目如表 5.2-5 所示。

健康建筑光环境检测项目　　表 5.2-5

建筑类型	检测项目
居住建筑室内光环境	采光系数、采光均匀度、颜色透射指数、色温、一般显色指数、特殊显色指数、频闪、生理等效照度、控制系统调节特性
公共建筑室内光环境	采光均匀度、色温、一般显色指数、特殊显色指数、色容差、频闪、生理等效照度、控制系统调节特性
室外光环境	色温、水平照度、半柱面照度、照明光污染

为保证检测结果的准确性和可溯源性，各检测项目的检测方法依据现行国家标准确定，相应的检测方法及依据如表5.2-6所示。

健康建筑光环境检测方法及依据 表5.2-6

检测项目	检测方法及依据
采光系数、采光均匀度	依据《采光测量方法》GB/T 5699进行检测
颜色透射指数	依据《建筑外窗性能分级及检测方法》GB/T 11976进行检测
色温、一般显色指数、特殊显色指数、水平照度、半柱面照度、照明光污染	依据《照明测量方法》GB/T 5700或《绿色照明检测及评价标准》GB/T 51268进行检测
频闪、控制系统调节特性	依据《绿色照明检测及评价标准》GB/T 51268进行检测
生理等效照度	居住建筑：水平照度测量，依据《照明测量方法》GB/T 5700进行水平照度测点布置及测量； 公共建筑：各工作停留区域1.2m高度主视线方向垂直照度测量，依据《照明测量方法》GB/T 5700进行

其中生理等效照度的检测主要包括（视觉）照度检测与计算两个部分，照度检测的布点和测量方法在上表中给出，其计算可按下式进行：

$$EML = L \times R \tag{1}$$

式中 EML——生理等效照度（lx）；

L——（视觉）照度（lx）；

R——比例系数，可获得光源光谱时，可参照Well标准相应部分进行计算；无法获取光谱功率分布时，可按表5.2-7选取。

生理等效照度比例系数 表5.2-7

色温（K）	比例系数
2700	0.41
3000	0.48
3500	0.58
4000	0.67
5000	0.81
5600	0.89
6500	1.00

此外，健康建筑评价对象往往场所数量较多，因此需要进行抽样检测，其抽样流程及规则如下：（1）依据现行国家标准《建筑照明设计标准》GB 50034确定需要进行检测的场所类型；（2）对典型场所进行随机抽样测量，同类场所测量的数量不少于5%，且不应少于2个，不足2个时全部进行检测。

5.2.7 小结

（1）健康建筑检测的特点

当前，我国的《健康建筑评价标准》T/ASC02—2016涵盖了空气、水、舒适、健身、人文、服务六个方面，遵循多学科融合性的原则，对建筑各方面的性能指标进行综合评价。结合以往项目经验，健康建筑的检测与常规建筑检测相比具有以下特点：

1）检测内容更广泛

健康建筑的检测涉及室内空气品质、建筑材料环保性能、给排水系统、暖通空调系统、建筑外围护结构、室内声环境品质、室内光环境品质等内容，对应的专业要求涉及环境工程、材料化学、给水排水、暖通空调、建筑物理、建筑电气、建筑材料、建筑化工等，整个检测过程必须由多个学科多个专业共同配合完成。

2）检测工况更复杂

健康建筑的检测主要强调在建筑正常运行之后进行现场检测，此时整个建筑系统和环境都处于运行变化之中，检测工况复杂多变。比如室内空气品质，由于有人员活动和室内各种装饰装修的不同而处于变化之中；又如室内环境噪声检测，其结果与室内实际的设备启停状态、门窗开启状态息息相关；还有建筑中实际功能房间功能的变化，如会议室改为办公室、办公室改为休息室等。在各种变化的工况条件下如何进行检测，在实际项目中是需要注意和考虑的。

3）检测周期跨度长

健康建筑的检测内容繁多，并且每项检测内容都有各自的检测条件要求，比如建筑材料环保性能检测应在材料进场之前完成，水质检测要求每月或每季度送检。室内空气品质检测、室内声环境检测、室内光环境检测，各种类型检测项目都有最佳的检测时间段，因此整个健康建筑的检测周期跨度时间长，需要综合考虑、合理安排。

（2）健康建筑检测中的主要问题

由于我国尚未发布专门针对健康建筑检测的技术标准，对于检测内容和技术细节的应用方式并没有进行明确和规范，现阶段对于健康建筑的检测主要是参考其他相关的检测标准。当前健康建筑检测中存在的主要问题有以下几点：

1）检测指标不明确

现有的健康建筑评价检测中一个较大的问题就是水质检测指标尚不明确。按照现有的《生活饮用水卫生标准》GB 5749—2006，其中包括水质常规指标38项、饮用水中消毒剂常规指标4项、水质非常规指标64项、小型集中式供水和分散式供水部分水质指标14项，如果所有指标全项检测，水质检测费用将会非常高。检测指标是评价检测参数的重要组成部分，选择的检测指标太多容易造成检测费用过高，指标太少无法正确评价检测对象，因此要根据健康建筑的特点，明确相关检测参数的检测指标。

2）抽样数量不明确

目前健康建筑检测过程中抽样数量尚不明确，比如室内空气污染物浓度检测、建筑材料环保性能检测、室内声环境检测、室内光环境检测，直接按照现有的检测标准执行可能存在问题，抽样数量过多势必增加过多的增量成本，不利于健康建筑的发展推行。因此需要从经济性、科学性以及可操作性方面综合评估，对各项检测指标参数提出明确的抽样数量规定，规范整个健康建筑检测活动，使检测活动做到有据可依。

3）新产品新技术无相关检测方法

在健康建筑实施过程中，大量的健康环保产品和智能舒适技术将会应用其中，这些健康产品和技术使用效果如何，必须要做进一步的检测和验证。但目前健康建筑中的很多产品和技术并无相关检测方法，这就给健康建筑的高质量发展造成了一些瓶颈，比如室内空气污染物、饮用水水质的实时监测、设备联动自控、集中发布报警系统的系统产品检验核查标准在国内尚属空白，缺乏相关的检测技术研究支撑，无法有效评价各类新兴产品技术的效果。因此亟待研究各类新产品和新技术的检测评价方法，促进健康建筑的健康发展。

4）健康建筑检测标准化流程缺位

标准化流程是提升工作效率和工作质量的保证，健康建筑作为新兴发展的行业，其标准化流程的建立十分重要。标准化流程以工作效率和工作质量为目标，为实现这个目标而配置与之相关的各类资源，包括专业的技术人员、先进的检测设备、成熟的检测方法、成套完善的质量手册、程序文件、作业指导书、质量表格、原始记录表格等。目前国内还尚未有机构对健康建筑检测标准化流程进行研究和整合，因此有必要加快健康建筑检测标准化流程建设工作，为整个行业提供可供参考的样本，提升健康建筑检测效率和质量，降低健康建筑检测成本。

5）健康建筑检测技术研究滞后

健康建筑的高质量发展需要检测技术研究的支撑，但是目前国内从事健康建筑相关检测技术研究的机构还很少，很多检测方法只能沿用过去已有的方法标准，相关检测技术研究工作较为滞后，无法完全满足健康建筑检测的要求，存在一定的局限性，比如室内陈设品的全氟化合物、溴代阻燃剂、邻苯二甲酸酯类、异氰酸酯聚氨酯、脲醛树脂含量检测方法标准还尚无合适的参考。因此，当前急需尽快投入足够的人员和资金进行健康建筑检测技术的研究，制定科学、准确、经济、适用的检测方法标准，完善健康建筑评价检测方法体系，使健康建筑评价做到科学公正、有据可依。

6）检测队伍整体技术水平有限

目前进行健康建筑检测的项目数量还非常少，因此真正从事过健康建筑检测的团队也相当少，这对于健康建筑检测的流程标准化工作、人员队伍要求培训以及相关的技术储备显然还是远远不够的。在今后将有更多的健康建筑进入运行阶段，需要更多的专业检测队伍投入其中来参与相关工作。因此需要尽快加强健康建筑检测队伍的建设，培养高素质高水平的检测团队，为健康建筑运行检测把好质量关，扎实推进健康建筑向前发展。

（3）健康建筑检测的发展方向

结合健康建筑发展理念和实际的项目经验，健康建筑检测的发展方向应把握好以下几个原则：

1）经济性

健康建筑检测应切实根据项目的技术特点，有针对性地选择检测内容，不应千篇一律。检测过程中应注意各项检测内容的相关性，重点把握整体的检测费用，尽量避免出现过高的检测成本增量。检测前要与业主进行充分沟通，了解项目运行的技术细节，有针对性地制定检测方案，避免不必要的检测，达到评估健康建筑运行质量的目的。

2）可操作性

健康建筑检测应考虑检测方法的可操作性，尽可能选择一些便捷且又能满足检测进度要求的方法。对于健康建筑中无标准检测方法的技术设施的验收，业主方应委托有技术实力的检测单位，由检测方制定该项检测的非标准检测方法，并进行相关的论证，从而保证检测工作的顺利进行。

3）结合性

健康建筑检测并不是一项单独的建筑工程验收活动，它是基于常规建筑工程验收进行的，因此对于已有的检测验收证明文件，应根据实际情况作为健康建筑实际运行结果的证明文件，在满足标准要求的前提下，达到降低检测成本的目的。相关证明文件包含但不限于竣工验收或进场验收的相关资料，主要有材料产品的型式检验报告、报建阶段的检测报告、竣工验收的检测报告、调试验收报告、能效测评报告、节能竣工验收检测报告等。

4）合理性

由于健康建筑涉及的检测内容繁多，各个检测项都有不同的检测工况要求，因此对于健康建筑检测工作应编制全年检测工作安排表，把握最佳检测时间来完成检测工作。例如室内污染物浓度检测和室内背景噪声检测，应选择建筑物所有装饰装修工作完成后，投入使用前进行；建筑外围护结构内表面温度检测，应在最热月进行；采光系数则应选择阴天较多的月份进行检测。

第 6 章　实践案例

健康建筑理念一经提出就快速引起了行业的广泛关注，标准发布之后项目实践工作也有序开展起来，本章在已获得健康建筑标识的项目中，选择了不同的标识类型、不同气候区域、不同建筑类型的 4 项典型工程作为案例，从健康建筑设计、管理、服务理念和项目的社会经济效益方面，全面展示项目的实践做法，为新项目的实施提供参考。

6.1　中国石油大厦项目

6.1.1　项目概况

中国石油大厦是中国石油天然气集团公司的办公大楼，大厦位于北京市东城区，总建设用地面积为 22519m^2，建筑面积约 20 万 m^2。地下 4 层为车库、设备用房、大型多功能报告厅和厨房餐厅等附属设施。地上 22 层，首层为门厅、消防控制室等，二三层为企业形象展厅、会议室等，五至二十二层为办公区。石油大厦于 2008 年 8 月正式投入运营，于 2017 年 3 月获得健康建筑三星级运行标识（图 6.1-1）。

图 6.1-1　中国石油大厦外观

6.1.2　健康建筑设计理念

中国石油大厦坚持以人为本和绿色、健康理念，充分考虑大城市环境因素的影响，尽可能采用新技术、新材料、建筑智能化等多项措施，减少能源消耗，提高能源利用效率，旨在建设成为绿色、环保、健康的办公及生产指挥大楼。

6.1.3 健康建筑特征

中国石油大厦采用“L”形母体的设计，使建筑体量尽可能地减小，且加大了同自然的接触面，最大限度地满足建筑主体尽可能多的南北朝向，改善了建筑主体的自然采光和通风，使空气在各楼之间形成环流，有利于组织场地通风。长达 248m 的城市临街面，依据“整齐而不失灵活，庄重而不失韵律”的设计原则，使建筑以丰富有序的空间形态加入城市空间中来，一改沿主要街道封闭街墙的呆板形态（图 6.1-2）。

图 6.1-2 中国石油大厦室内外实景

大厦本着以人为本的设计理念，配套采用了大量先进技术，如物联网架构，内置阳光跟踪型遮阳百叶的双层内循环智能型呼吸式玻璃幕墙系统；可进行单灯单控的智能照明系统；基于自动图像分析的数字安防系统；智能电、扶梯管理系统；办公垃圾与厨余垃圾分类收集系统；中央吸尘与碎纸系统；直饮水系统；污水处理系统等。

（1）空气

1）空气净化系统

中石油大厦全楼采用全空气变风量系统，共有空气处理机组 81 台，采用封闭隔离、加强过滤、吸附、光照氧化分解、新风稀释置换、气流组织、绿植光合吸收等多种配套的技术与措施净化室内空气。空气处理段采用多功能空气净化装置进行过滤、紫外线杀菌，活性炭除味，双级高压静电除尘的组合处理，有效祛除空气中的柳絮树毛、尘埃、花粉、细菌、病毒、微生物、烟雾、汽车尾气、NO_x、SO_x、H_2S 等，处理率达 95% 以上（图 6.1-3）。

通过合理的气流组织和正负气压调控，设置独立排风设施等，避免不同功能空间的空气交叉污染和串味；设独立吸烟室（室内保持微负压、独立排风），避免二手烟雾污染室内空气；卫生间内保持微负压，设置独立排风系统，避免异味扩散；厨房室内保持微负压，设置独立排风系统，避免燃烧产物及饭菜烹调异味扩散；利用 CO 浓度检测值自动调控通风系统的启停，引入新风稀释和置换车库被污染了的空气并排出室外，减少车库汽车尾气的影响。常闭消防楼梯间的通道门，避免被汽车尾气污染的空气通过烟筒效应向楼上办公区扩散。

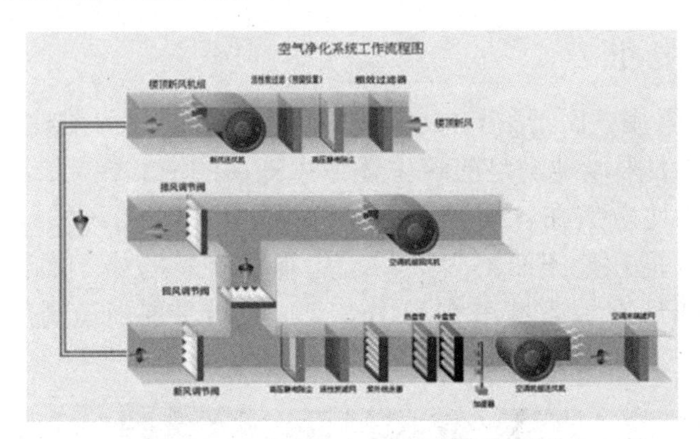

图 6.1-3　空调空气净化系统示意图

2）建材家具

严格按照国际环保健康标准控制，选用装饰材料和办公家具，尽量减少材料及漆面释放的有毒有害气体污染。对于使用装饰材料和配置漆面办公家具较多的空间，为迅速祛除空气的化学污染和异味，配套采用空气离子化的主动式净化技术，快速杀灭细菌病毒、分解化学污染物，迅速祛除异味，增加空气中的正负离子浓度，消除静电干扰，实现了主动式空气净化与被动式空气净化有机结合的创新，全面提高了室内空气环境的卫生、防疫、解毒的健康品位。

3）空气质量监控系统

为了使室内空气品质全面达标，房间配置了多参数空气品质监测仪（例如：文体活动场馆、地下报告厅和每栋每层选 1 ～ 2 个最不利的大开间办公室等），空调机组的运行控制策略根据室内空气品质在线监测的最不利数据与设定值相比较的结果，辅助决定空调机组的送风量、送风温度、新风比例、加（除）湿量和新风机组静电除尘设备的启停，以房间内实时监测数据全部达标为前提，及时调整空调机组运行的空气品质控制参数。室内空气中的 TVOC 浓度和 CO_2 浓度只要有一个指标高于设定值（TVOC 浓度为 $0.3mg/m^3$，CO_2 浓度为 0.07%），就要逐步加大新风比例，直到 TVOC 浓度和 CO_2 浓度都低于设定值为止。监测参数传输借力第三方运营商的 WiFi 通信局域网络的无线热点传输，满足实施空气品质在线实时监测的仪器配置需要（图 6.1-4）。

4）减少房间污染源

气力储运办公垃圾、废气等：为了避免发生保洁人员拖着垃圾袋满楼乱跑和人与垃圾混乘电梯的现象，减少二次污染，办公垃圾采用独立的气力输送管道收集。该系统在每层垃圾间设置一个垃圾投放口，垃圾投放口配有带保险锁和安全指示功能的密封门。设置专用管道和风动主机房，将负压收集的办公垃圾集中压缩到地下室专用集装箱内，夜间用专用垃圾车运至城市垃圾处理厂。输送产生的废气是经过垃圾及粉尘污染过的，需要净化后洁净排放。分系统采用过滤、吸附、杀菌、祛味的专门设备净化，然后再通过专用排风道高空排放。避免废气对环境的污染（图 6.1-5）。

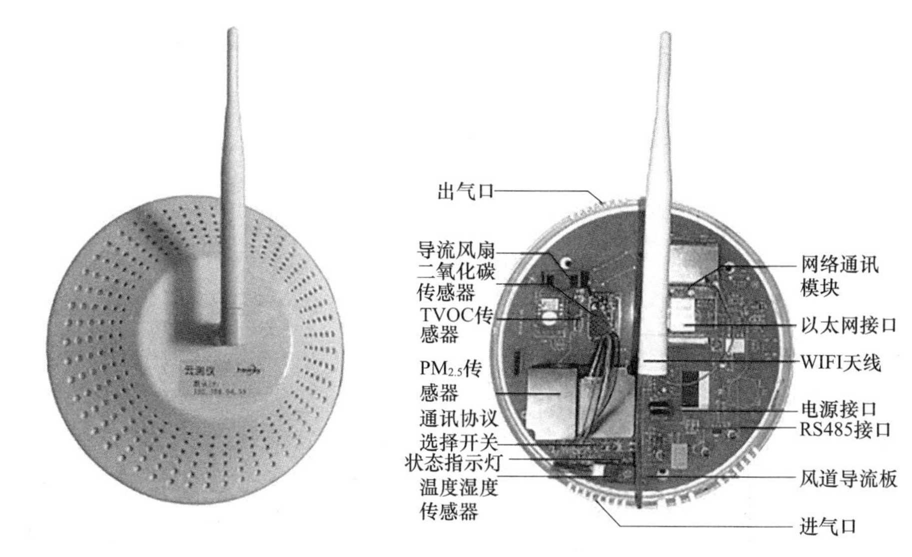

图 6.1-4　多参数空气质量监测仪实体及内部结构图

图 6.1-5　垃圾回收

厨余垃圾全部处理回收再利用：采用气力收集、粉碎、脱水、烘干处理的中央厨余垃圾处理系统，生产花肥再利用。配套建设的厨余垃圾处理系统能就地自动控制。三个食堂的厨余垃圾借助负压管道输送至地下室机房，单独集中处理，通过粉碎、脱水、烘干，将厨余垃圾加工成花肥（或替代回填土）再利用，避免厨余垃圾排放发酵污染环境（图 6.1-6）。

图 6.1-6　厨余垃圾回收

保密废纸的销毁与中央气力收集，纸屑集中打包，造纸厂回收再利用：该系统与中央吸尘合一建设，能就地自动控制。在每个楼层设置一个碎纸机终端，通过中央处理站产生的负压把切碎的纸屑随时通过管道密闭输送到地下室机房的回收箱或者挤压机中，打包后送造纸厂回收，既达到了废纸单独回收利用的目的，又满足了具有机密管理级别的资料安全销毁的需求，从根本上杜绝了在资料销毁方面出现失密的可能，同时避免了碎纸纤维粉尘和噪声对办公环境的污染（图 6.1-7）。

碎纸机

碎纸分离器

碎纸打包机

图 6.1-7 碎纸系统

保洁灰尘的收集处理：大厦室内保洁采用中央吸尘系统。该系统能就地自动化控制，非常适用网络地板上敷设地毯的地面清扫。操作方便，吸力大、噪声小，灰尘通过负压管道在地下室机房集中收集，杜绝了办公空间二次粉尘污染，为室内空气 $PM_{2.5}$ 达标创造了条件，提高了环境的健康标准。每个吸尘口均设有微动开关，不仅能及时给主机发布启动指令，还能记录每个吸尘口工作的起始时间，为物业对保洁人员的考核提供了数据依据（图 6.1-8）。

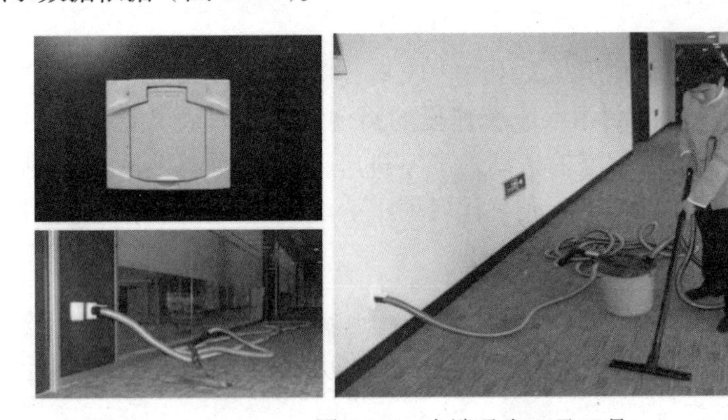

图 6.1-8 末端吸尘口及工具

（2）水

1）直饮水系统

大厦直饮水系统对市政自来水进行深度处理，可 24h 提供常温纯净水及开水。使用时即开即用，不用时直饮水在密闭系统中循环，管道中存水经过循环杀菌和过滤处理。避免了传统浮球阀开水器冷热水混合和重复加热的问题，也避免了普通桶装饮水机的二次污染问题。

2）军团菌防治

生活热水系统定期使用60℃以上的热水冲洗管道积存的杂质和病菌，以控制军团病菌的孳生和繁衍（图6.1-9）。

直饮水系统

图6.1-9 直饮水机房和饮水终端

（3）舒适

1）声环境改善

大厦位于东直门商务区核心地段、属4a类声环境区，建筑东侧和南侧红线内设置了绿化带，并在建筑南侧、东侧、西侧设置双层呼吸式幕墙，降低噪声。设备机房布置在地下四层，并设置减振设施，减少噪声。机房墙体安装多孔硅钙吸声板，空调机房采用双层门，机组两端设置消声器，降低噪声影响。

2）光环境改善

大厦设计尽量降低幕墙结构对室内视野的遮挡，为驻厦人员提供宽阔的视野。采用微孔遮阳百叶，改善室内可透视度，增加驻厦人员视觉舒适度。照明系统采用智能调光与开关相结合的控制方式，照明控制采用数字式可寻址照明控制接口，配合高效光源及间接照明方式实现单灯单控基本模式，做到人进房间自动亮灯，人离房间灯光自动延时熄灭；根据具体房间的实际情况，结合遮阳百叶的开启度及天气的变化，充分利用自然采光，对光源进行梯度调节；同时设置手动调光控制开关面板实现不同的空间、不同的人群自由设定光照度，在充分考虑光源寿命期内发光衰减及建筑墙面装修日渐老化而引起光线反射衰减的前提下，光源的自动调节满足不同需求者的设定值（图6.1-10）。

可透视的微孔遮阳百叶

视野宽阔的玻璃幕墙

图6.1-10 视觉环境改善

3）热湿环境改善

大厦根据幕墙内侧玻璃表面温度（与室内温度差不超过 2℃）自动调控幕墙内腔通风量，有效将阳光辐射产生的热量排出室外，确保幕墙的热舒适度，大大降低在幕墙附近工作人员的灼热感。通过智能控制改变送风量调节室内温度，冬季室内温度控制在 22±2℃，夏季室内温度控制在 24±2℃，确保室内需求的温度基本恒定。根据室内回风相对湿度检测值自动调控室内空气的相对湿度。冬季靠调节空调蒸汽（或高压微雾）加湿量控制室内空气相对湿度，夏季在一定范围内通过调节送风温度除湿控制室内空气的相对湿度，低温送风不仅能提高空调的除湿效率，还能有效抑制细菌及微生物的孳生。确保室内空气相对湿度基本稳定，夏天达到 45% ～ 55%（桑拿极端天气不超过 60%），冬天达到 35% ～ 45%（图 6.1-11）。

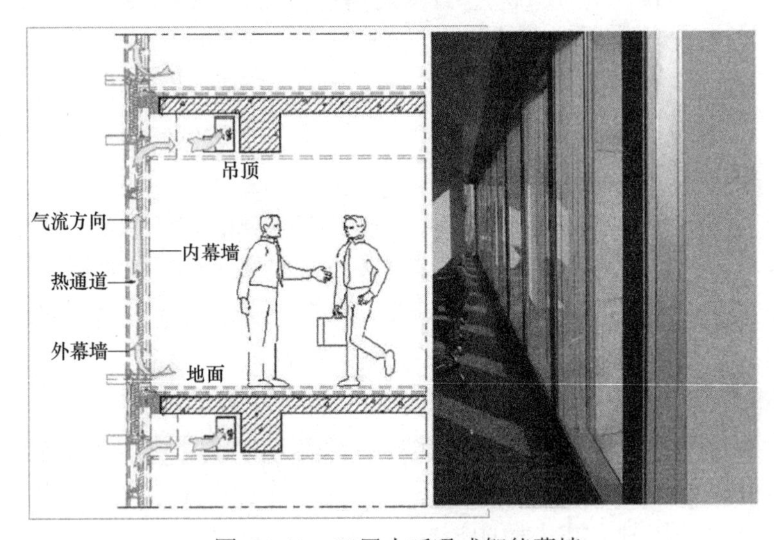

图 6.1-11　双层内呼吸式智能幕墙

（4）健身

1）室内健身空间

大厦内设有羽毛球馆、乒乓球馆和瑜伽馆等室内健身场所，并设有公共淋浴室，为驻厦人员提供工余健身的方便。大厦内还建有近 5000m^2 的连续贯通的共享空间，为驻厦人员提供工间散步、交流和快步健走运动的室内场地，特别是当室外空气污染严重、气候恶劣时为驻厦人员提供室内运动场所（图 6.1-12）。

图 6.1-12　室内健身空间

2）室外健身空间

建筑以西 500m 内有城市生态、水景、低碳科技主题示范公园一座，公园占地 2.96hm^2，人工湖水面 0.5hm^2，有 450m 长的环湖健步道，免费开放，可作为大厦休闲、运动场地设施的补充。建筑以西 200m 内有小区公园，内含各种健身器械和路途较短的健身步道，免费向市民开放，可作为大厦休闲、运动设备场地设施的补充（图 6.1-13）。

图 6.1-13　大厦西侧附近的南馆公园

3）大厦健康网

依托中国石油大厦健康服务网，中国石油大厦实现了大厦服务智能管理。大厦员工可以通过个人账号登录，填写个人健康信息，同时可以与计步器等随身装置连接，上传和记录个人运动和健康信息（图 6.1-14）。

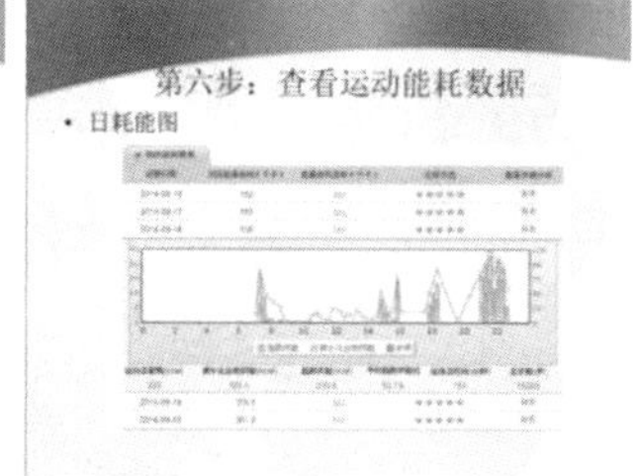

图 6.1-14　大厦健康网截图

（5）人文

1）精神人文环境

通过设计、技术和处理策略，来提供一个积极的人文物理环境，以促进使用者的身心健康。① 穿插在每层办公区中的跃两层的错动空间（小眺厅），为员工提供良好的休息和交流场所。② 在大厦南北二层侧边厅各设置一个中国石油展览厅，分别用以展示中国石油古代、近代和现代发展史。大厦内部近 200 件挂件、摆件等饰品均采用各油田石油工人美术家、摄影家、画家和书法家所创作的作品，增加了大厦的文化艺术底蕴，全面提升了石油大厦的文化氛围。③ 大厦二层设立石油书店，内部销售各类的图书杂志，同时相对应销售石油内部的图书文献及杂志。④ 大厦地下二层配套 600 人报告厅，不仅能作为视频会议的主会场，并可以进行小型文艺演出、播放 3D 数字电影等（图 6.1-15、图 6.1-16）。

建筑层间小眺厅（休闲交流空间）

中国石油展览厅

图 6.1-15　室内实景

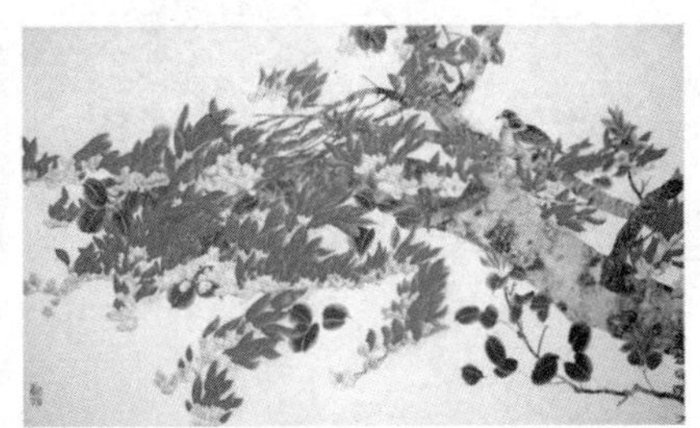

图 6.1-16　石油工人美术作品选

2）无障碍设计

大厦采用平坡出入口，建筑室内外高差 0.15m。A、B、C 栋 6 部电梯组与 D 栋 4 部电梯组中靠内区一部为无障碍电梯，设方便残疾人使用按钮；首层、二层、三层设计了无障碍厕所，二层步行街设盲道及导引系统（图 6.1-17）。

图 6.1-17　无障碍入口

（6）服务

1）标准化管理

中国石油大厦物业服务部门坚持规范化管理，同时通过了 ISO 14001 环境管理体系认证和 ISO 9001 质量管理体系认证，并建立 QHSE 管理体系，制定并全面实施了 80 项企业标准。物业服务公司将纯文本标准转化为图文并茂的操作性、指导性更强的工作手册。各类工作岗位考核持证上岗（图 6.1-18）。

图 6.1-18　管理手册

2）餐饮服务

中国石油大厦共有 4 个餐厅、3 个后厨，面对日均 4000 人次、年均 100 万人次的配餐任务，为打造具有石油特色的员工餐厅，按照大厦管委会提出的“安全、卫生、营养、可口”的原则，达到“科学膳食、营养健康”的要求，大厦餐饮服务部门一直致力于“将家常菜做精细”，确保大厦员工吃得满意、吃得放心。

确保餐饮食品的绿色健康，控制餐饮原材料采购源头绿色，坚持对饮食原材料在烹饪前进行农药残留物和细菌含量检测合格，严把产品准入关，定点采用中粮、首农等品牌原材料，保证源头可追溯；严把食品收货关，对于进场的肉类、蔬菜等材料进行网上登记，并进行农药残留、新鲜度等指标抽检，确保员工“舌尖”上安全。

对自助餐的每道菜肴、食品都明确标出单位重量食品的营养含量、热值，以及过敏源，建议员工根据每个人的身高、体重、年龄和活动量等自身情况数据，通过模型科学计算得到个人每天大概应该摄取的能量，并避开个人的过敏源，合理选配食品，做到辅助就餐人员科学健康用餐。

根据季节、气候条件变化参照中医养生食疗典方作法和中华饮食文化，有针对性配制食谱，并标识个别菜品的不适宜人群（如三高人群、心脑血管疾病、肥胖人群等），做到指导就餐人员健康用餐（图 6.1-19）。

图 6.1-19　大厦餐饮服务人员

3）医疗服务

大厦内部设有医疗服务站，服务站配置有急救包、心脏复苏装置、洗眼器、氧气瓶基本医疗救援设施，可满足紧急救护需求。大厦医疗急救绿色通道可与消防通道共用，保证救护车顺畅通行，到达大厦出入口。大厦办公室、出入口等位置均设置紧急呼救按钮，出现紧急情况时，可通过按钮通知系统管理中心（图 6.1-20）。

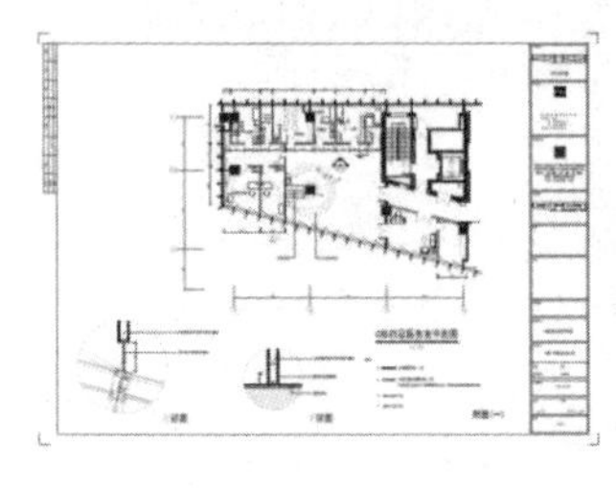

图 6.1-20　大厦医务室

6.1.4　社会经济效益分析

中国石油大厦以规范的运行管理书写属于石油人自己的健康篇章。此次健康建筑三星级运行标识申报，因大厦较好的健康基础，并未进行大量改造，在绿色建筑基础上的增量成本仅为 239 万元，单位面积增量成本 11.90 元 /m^2。自运行以来，中国石油大厦不断进行自我完善，在建设者和管理者的不懈努力下，中国石油大厦为在其内工作的 3000 余人，构建了一个健康、舒适、高效的工作环境。在保障人员健康、减少医疗支出、提高职员满意度、减少员工离职、旷工、提高员工工作效率等方面都有较好收益。伴随大厦持续运行，健康建筑综合效益将愈发凸显。

6.1.5　总结

（1）技术创新推广价值

中国石油大厦拥有第一个特大型变风量系统调试成功的经验和第一个大面积应用智能照明、DALI 控制的成功经验，是国内第一个成功应用垃圾分类处理的办公建筑，第一个外围护结构大面积成功应用双层内呼吸式智能幕墙系统，国内第一个大规模成功应用阳光跟踪、阴影计算、模糊控制的智能遮阳百叶系统，国内大体量办公建筑第一个实现物联网架构的智能化系统，国内办公建筑第一个率先实现多网融合的网络系统，国内办公建筑第一个应用双蒸发器离心式冷水机组和磁悬浮离心式冷水机组的空调冷站，中国石油大厦对这些创新技术的应用取得了丰硕的效果和成功的经验，在建筑领域有一定示范作用；另外，所采用的方法和技术经过了实践检验及改进，对推动国内健康建筑技术的进步有巨大的价值。

（2）产业推广价值

健康建筑技术的成功集成和应用，将带动健康建筑产业链的迅猛发展甚至变革，包括健康建筑设计咨询行业、健康建筑材料研发生产行业、健康建筑设备研发生产行业、健康建筑建造行业等。

（3）社会价值

中国石油大厦作为面向世界的特大型企业的办公中枢，参照国际领先标准，采用了新技术、新材料、智能化等多项措施，以降低能源消耗，提高能源利用效率，降低运行费用，各健康技术应用均以集成为基础，提高其兼容性，采各家之所长，又能集中联控，真正成为智能型总部大厦，对今后其他健康建筑具有很好的借鉴意义，有利于引导正确的健康建筑理念和健康生活理念，对促进社会经济可持续发展有巨大的推广价值。

作者信息：张林勇[1]，张然[2]，张松[1]，焦刚毅[1]，赵亮亮[1]，盖震[1]

1　中油阳光物业管理有限公司北京分公司　2　中国建筑科学研究院有限公司科技发展研究院

6.2　深圳南海意库 3 号楼项目

6.2.1　项目概况

深圳南海意库 3 号楼项目（下简称为项目）于 2017 年 3 月获得健康建筑设计二星标识。项目地址为蛇口海上世界片区太子路与工业三路交汇处，原为厂房，经过改造后成为招商局蛇口工业区控股股份有限公司的总部办公楼。项目占地 5940.32m^2，总建筑面积 25023.90m^2，钢筋混凝土框架结构，建筑总高度约 21.5m，地上 5 层，地下 1 层，层高 4.5m。地下室为车库，一层主要为车库、行政休息、设备房和档案室；二至四层加建夹层部分以及四层屋顶加建办公室部分；五层为多功能厅和活动室（图 6.2-1）。

图 6.2-1　项目整体效果图

6.2.2　健康建筑设计理念

南海意库项目原本为工厂，经改造后成为招商蛇口控股股份有限公司的办公室。

深圳气候优良适宜居住，因此因地制宜、最大程度利用优质新鲜空气成为南海意库项目的一大特点。项目还充分考虑办公设施的舒适性、办公场所采光、办公配套设施、心理学和美学设计等，提升办公空间的健康属性，将重心从“以环境为中心”转移到“以人为本”，体现了建筑理念的重大转变。

6.2.3 健康建筑特征

（1）空气

项目本身作为绿色建筑设计＋运营三星建筑，已经成功运行多年，项目内的各类设备均已配备完成，本次健康建筑改造即建立在此基础之上。在对室内空气进行处理时，秉承“控制源头优先于控制过程”的思路，首先减小空气污染源，在此基础上，对污染物扩散的路径进行治理。卫生间、水泵房、发电机房等有化学污染物及热湿等散发源的空间均设置可自动关闭的门，并通过独立局部排风系统，严防污染物流窜到其他空间。通风情况见表 6.2-1。

各空间新风量及换气次数表　　表 6.2-1

化学污染物及热湿等散发源的空间或房间	房间基本信息（面积、净高等）	是否设置可自动关闭的门	设计风量及换气次数	是否设置排风风机
卫生间	55.30m^2	是	10 次 /h	是
水泵房	55.43m^2	是	6 次 /h	是
车库	3218.03m^2	否	6 次 /h	是
发电机房	201m^2	是	6 次 /h	是

项目采用的外窗气密性达 4 级，幕墙气密性达 3 级，满足相关标准要求。同时，深圳市空气质量良好，年均空气质量指数（AQI）为 42，每年有 310d 以上空气质量指数在 100 以下，因此能较好地防止室外空气污染物渗入项目范围内。项目外立面玻璃幕墙实景见图 6.2-2。

图 6.2-2　项目外立面玻璃幕墙实景照

对于办公建筑而言，室内污染物是主要的污染源。项目为有效控制室内污染，严格限定使用的装饰装修材料，包括地板、地毯、地坪材料、百叶窗、遮阳板、室内涂料涂剂，以及家具和陈设品等。在采购材料时，供应商需提供包含有害物浓度的产品检测报告，并且通过预评估计算，室内污染物浓度低于限值。在具体实施时，项目预采取现场复检制度，对材料进行抽样送检，保证整体入场质量。

根据深圳市 2016 年气象资料，在不保证 18d 的室外条件下，$PM_{2.5}$ 浓度为 25.1 μ g/m³，PM_{10} 浓度为 39.8 μ g/m³，均低于要求值。此外，新风处理机组使用电驱动溶液空气处理新风机组，使用盐溶液对新风进行喷淋，调节空气湿度，同时有效去除空气中的可吸入颗粒物。因为深圳空气质量良好，围护结构气密性无需额外增强，为预防恶劣天气，办公室中配备移动式空气净化器。新风处理机组见图 6.2-3，移动式空气净化器见图 6.2-4。

图 6.2-3　新风处理机组

图 6.2-4　移动式空气净化器

为防止出现健康风险，车库排风机前端布置有 CO 探测头，每个防火分区设置至少一个，与排风系统联动。经上述措施处理后，项目预期室内污染物浓度见表 6.2-2。

项目预期室内污染物浓度表　　表 6.2-2

污染物	预估浓度	标准限值	是否满足
甲醛	0.02 mg/m³	0.1 mg/m³	满足
挥发性有机化合物（TVOC）	0.02 mg/m³	0.6 mg/m³	满足
二甲苯	0.0004 mg/m³	0.2 mg/m³	满足
苯	0.001 mg/m³	0.11 mg/m³	满足
PM_{10}	65.4 μ g/m³	75 μ g/m³	满足
$PM_{2.5}$	34.4 μ g/m³	37.5 μ g/m³	满足

项目选用的溶液空气处理新风机组能够有效去除新风中的颗粒物并调节湿度。

（2）水

与空调系统相似，项目的给排水系统已经建设完成，本次装修改造过程不进行大幅度改变，因此给水系统管材、分水器给水、同层排水等条款均难以达成。项目设置分散式直饮水系统，在各茶水间设置末端净水器，采用反渗透技术，经过五级过滤，出水水质满足《生活饮用水水质处理器卫生安全与功能评价规范—反渗透处理装置》2001 标准要求，同时定期对净水器出水进行水质检测。

项目为方便员工，鼓励绿色出行，在一楼设有淋浴间，并通过项目的太阳能＋地源热泵中央热水系统提供热水，供一层的食堂和淋浴间使用。优先使用太阳能热水系统，储热水箱设定进水温度为 55℃，热水循环系统采用立管循环，热水管道采用 25 厚 PEF 保温管外包铝板保温，有效保证供水温度。生活热水箱设置臭氧水箱自洁消毒器，保证供水水质，如图 6.2-5 所示。

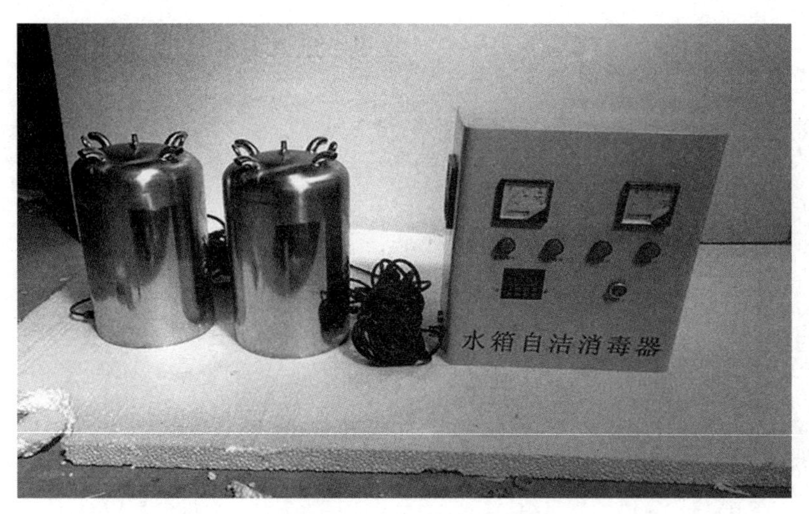

图 6.2-5　臭氧水箱消毒器

项目一层设置沐浴间，共设置 4 个沐浴间（男女各两间），采用自动恒温混水器、自动清洁沐浴花洒头。项目一层设置员工餐厅，厨房污水单独排入隔油池处理后，进入污水排放系统。项目实施污废分流，卫生间污水经过收集后进入化粪池，部分生活污水经人工湿地处理后回用于绿化及室内冲厕。处理流程如图 6.2-6 所示。

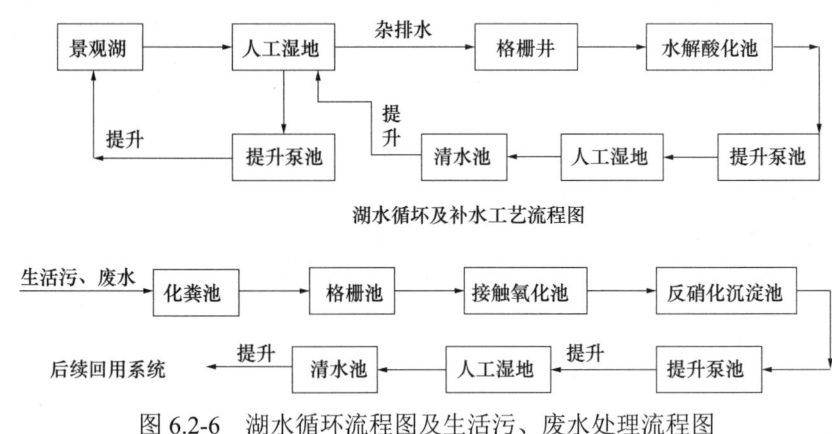

图 6.2-6　湖水循环流程图及生活污、废水处理流程图

项目地漏选用直通地漏并下设存水弯，所有存水弯的水封高度均≥ 50mm，且均

为自动密闭式地漏，有效防止干涸。项目洗脸盆、大便器、小便器均采用节水型产品，产品自带存水弯，水封深度不小于50mm。

（3）舒适

项目场界噪声检测各朝向噪声值均小于65dB。项目外窗采用中空玻璃窗，隔声性能良好。项目室内主要功能为办公及会议室，设备等均设置于地下室及屋顶，产生噪声房间未与噪声敏感房间相接。噪声敏感房间与普通房间之间采用200厚加气混凝土砌块隔墙。楼板采用地毯+100mm钢筋混凝土楼板，计权标准化撞击声压级小于55dB。

项目地下一层为停车库，顶板设置采光天窗，通过天窗改善地下室自然采光，并通过在原建筑中部开洞，形成二～五层贯通的中庭空间，建筑外围设有大面积玻璃窗，让室内空间实现自然采光，同时在室内形成丰富的视觉效果。地下一层采光系数值大于标准值1.2%，占总建筑面积的56.2%，有效利用了天然光（图6.2-7）。

图6.2-7 项目中庭采光效果实景

项目通过中部开洞，形成二～五层贯通的中庭空间，建筑北部设立前庭，前庭连接二三四层，呈阶梯形状，建筑外窗设置足够的开启面积，各房间内部设置合理开口，在自然风压下，能实现较好的自然通风效果，创造较为舒适的室内环境。

在主要功能房间设置集中式新风系统或全空气空调系统，且空调机组和末端设备具有加湿和除湿功能，能够实现相对湿度为30%～70%。深圳全年气候温和湿润，因此冬季无需考虑加湿，夏季则需设计除湿。项目特色为项目内设计多种空调系统，以满足不同区域空间的差异化热舒适需求。建筑室内人工热环境预计平均热感觉指标（PMV）的范围为－0.10～0.42，预计不满意者的百分数（PPD）的范围为6～8，建筑供暖空调调节时，热环境局部评价指标、冷吹风感引起的局部不满意率（LPD1）的范围为27.4%～29.9%，垂直温差引起的局部不满意率（LPD2）的范围为1.7%～6%，地板表面温度引起的局部不满意率（LPD3）的范围为7%～13%。

项目电脑显示器自带高度调节功能，用户可根据需求自行挪动显示器位置。项目采用可调式办公座椅，办公座椅带高度、椅背角度调节功能。设置坐站交替工作台，使用人员可根据需求调整桌面高度。产品示意图见图 6.2-8、图 6.2-9。

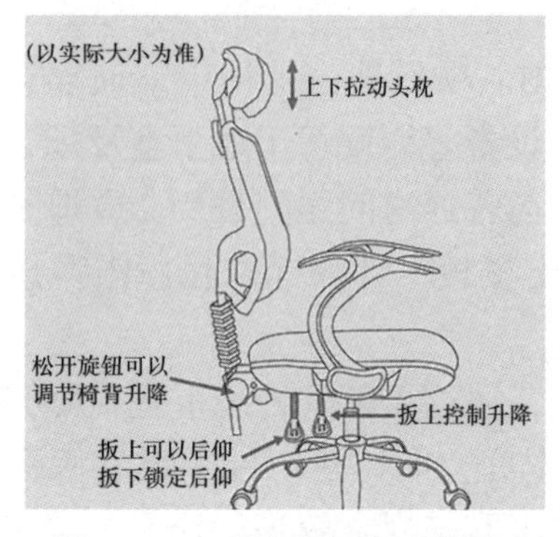

图 6.2-8　可调节座椅示意图

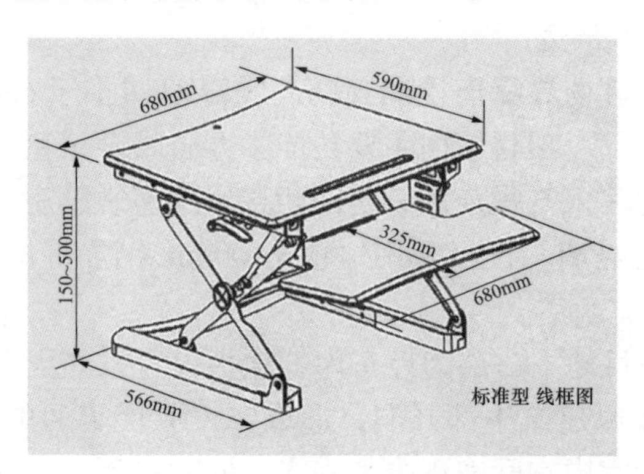

图 6.2-9　可调节高度桌示意图

（4）健身

项目内设有免费的健身器材，总数为 13 台。其中，室外健身器材设置在项目南侧室外健身场地，共 6 台设施，包括太空漫步机、腰背伸展器、平衡滚轮、扭转器等，占建筑总人数的 1.3%，位于项目地上一层南侧与健身步道之间的空地处。健身器材自身附有使用指导说明。室外场地面积 219.8m^2，占总用地面积的 3.7%。

项目南侧室外健身区内设置有双向专用健身步道，单向步道宽度为 1.5m，共计宽 3m，步道总长 164m，其做法为钢架龙骨上铺防滑木板材，步道旁设休息座椅。步道端部均设有健身指导说明和标识牌。健身步道现状如图 6.2-10。

图 6.2-10　室外健身步道现状图

图 6.2-11　自行车停放点实景

项目设有两处自行车停车区域，方便自行车停放，位置分别为建筑西北角设有的一个自行车停车间，以及建筑东侧地库入口旁就近布置的自行车停车区域，西北角停车间停放数量为 16 个，建筑东侧停车区停放数量为 43 个，共计 59 个。两处停车区域均备有打气筒、六角扳手等维修工具，方便员工及时调整维护单车（图 6.2-11）。

室内健身器材设置在二层员工之家健身区，共 7 台设施，包括杠铃、哑铃组、跑步机、划船机、自行车机、多功能健身器材组等，占建筑总人数的 1.56%。健身区旁设有休息交流空间，方便员工使用（图 6.2-12）。

图 6.2-12 室内健身空间现状实景

在建筑南面一层设置有淋浴间，男女各两个，共计 4 个。淋浴间与自行车停车区域均设置在一层，员工停放单车后可便捷到达和使用。员工淋浴间设有储物柜，方便员工使用（图 6.2-13、图 6.2-14）。

图 6.2-13 淋浴间实景

图 6.2-14 储物柜实景

（5）人文

项目所处的广东省深圳市位于夏热冬暖地区，四季气候温润，室外空气质量良好，适宜室外活动和绿化。项目五层设有室外露台，并设有座椅，座椅位为 110 位，设有适量盆栽绿化，可作为员工的公共交流场地，面积为 388.1m^2。项目在室外交流场地设有雨棚，雨棚离地高 4m，可作为遮阳构筑物。雨棚长和宽完全根据露台的长宽设计，将公共交流场地完全遮盖，总面积 388.1m^2，遮阴率达到 100%（图 6.2-15）。

图 6.2-15　室外交流场地现状实景

项目在三层设有公共图书室，面积 101m^2，图书室对建筑内所有员工开放；在一楼室外设有 3 个艺术雕塑；在每层公共空间内的走廊墙壁悬挂油画、风景照等艺术品，窗前、拐角处摆放花瓶及小型装饰摆件，总数不小于 10 件，如图 6.2-16、图 6.2-17。

图 6.2-16　艺术雕塑实景

图 6.2-17　绘画、花瓶实景

项目在三楼、四楼和五楼均设置有屋面绿化，三层屋顶绿化面积为 189m^2，四层屋顶绿化面积为 218m^2，五层屋顶绿化面积为 345m^2。种植的植物有山麦冬、亮叶朱蕉、黄金叶、金凤花、葱兰、马尼拉草、地肤、虎尾兰等。室内办公室主要为盆栽植物，主要为银王万年青、巴西铁、绿萝、吊兰等，分布于室内各个能放的角落，起到净化室内空气的作用（图 6.2-18，图 6.2-19）。

项目在二楼入口大堂设有休息区、休息座椅和展示区，供来访人员休息及参观。同时三楼设置植物，植物主要为盆栽植物，有吊兰、绿萝等。项目在二楼大门入口处设置有雨伞放置架，供员工和来访人员放置雨伞。

项目出入口 500m 内有蛇口人民医院水湾社区健康服务中心，距出入口约 200m，同时项目车库设有医疗紧急入口和绿色通道，同时电梯通达车库和各层，能满足紧急医学救援要求。项目在各层前台放有急救包，满足基本医学救援要求。

图 6.2-18 项目室外绿化实景

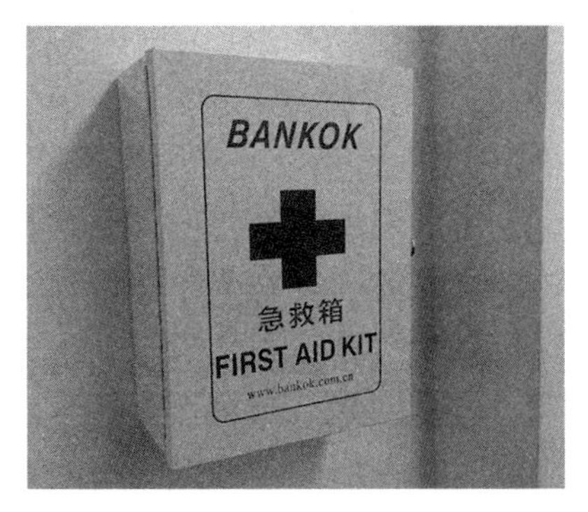

图 6.2-19 项目现使用急救箱实景

6.2.4 社会经济效益分析

经核算，南海意库项目健康建筑所列技术增量成本 139.78 万元，健康建筑单位建筑面积增量成本 55.36 元 /m^2，健康建筑增量成本占基准建筑建安成本的比值为 1.38%。主要成本增项为健康装饰装修材料、健康家具、室内空气净化器、空气质量监控与发布系统、直饮水系统、消毒杀菌系统、水质在线监测系统及健身器材。南海意库项目在进行健康建筑改造前，已经获得国家绿色建筑设计＋运营阶段三星级标识，绿色建筑使用的大量设计和设备（如自然通风系统、溶液调湿新风机组、Low-E 中空玻璃等）并未计入增量成本中，但是对于建筑内部宜居环境却起到了重要的增益作用。

健康建筑不同于绿色建筑，项目产生的效益直接作用于使用者本身，因而难以从节能、节水、节材等直观角度进行衡量。从健康的角度衡量，室内污染物浓度的降低可以维持使用者的健康，特别是对致癌物的控制能够直接降低罹患癌症的可能性。室内健身空间有利于帮助建筑使用者培养运动健身的积极生活方式，这对于增强体质、抵抗疾病、改善生活质量、提升工作效率等方面均有显著影响。办公室内布置艺术品、绿化、心理咨询室，室外设交流空间、健身场地、健身步道等，均有助于使用者缓解精神压力，调整状态，提高工作效率。总体而言，经过精心设计的健康办公建筑势必体现公司对于员工的人文关怀，为其品牌价值增值，促进员工对于公司的认同感和凝聚力，从而使公司收获一系列有形和无形的提高。

6.2.5 总结

南海意库三号楼项目最为显著的特点是沿用了很多绿色建筑中提升室内环境品质的措施，比如溶液调湿新风机组、自然通风系统等；项目之前出于对员工的人文关怀而设置的室内健身场地、室外交流场地、健身步道等，均对项目的健康建筑评价提供了有力的支持。

南海意库项目特殊意义在于为绿色建筑和健康建筑的对比提供了实例。绿色建筑的关注重点在于降低人类活动对于自然环境的影响，主要从“四节一环保”等角度考虑；健康建筑则专注于建筑环境对于使用者本身的影响，从空气、水、舒适、健身、人文等角度考虑。两种角度在一定程度上有交集，但是更多的内容是不同的。这使得单纯进行绿色建筑评价的项目在考量室内环境质量时略显单薄。为此，关注重点从“人对环境的影响”转化为“以人为本”时，就需要引入《健康建筑评价标准》中的条款作为参照，对项目的室内外软硬件环境进行综合改造升级，以体现项目业主招商蛇口控股股份有限公司“天人和谐”的理念。

成年人平均每天有大半时间处于室内，其中办公时间约占一半，这无疑表明办公建筑在健康建筑中的重要性——与主要用于休息的居住建筑相比，办公建筑更加强调工作效率，这就使得交流空间、健身区域、心理咨询室、室内绿化装饰等身心调节设施的重要性尤为凸显。有趣的是，南海意库项目在未进行健康建筑设计前，出于对员工的人文关怀，就已经将上述健康建筑措施在项目范围内实施，这也说明健康建筑理念的门槛并不高，按照既有经验和感性认识进行设计，即可达成一部分健康建筑的要求。

在已经说明的技术之外，项目还结合互联网技术进行了创新。南海意库项目建设有专门的互联网服务，通过微信公众号平台的形式发布信息，是“蛇口智慧园区”服务的一部分，为公众提供健康相关服务。项目安排专人为公众号管理文章，提高推送文章质量，杜绝粗劣内容。公众号将通过收集用户自己填写的健康信息的方式，为用户建立个人的健康档案数据库，通过优质计算机技术严格保密，防止信息泄露。为了实现督促用户健身、为用户提供远程医疗等服务，公众号会与相关 APP、微信公众号等平台对接，实现用户“一站式”健康管理体验。同时，微信公众号与南海意库 3 号楼的数据收集平台合作，将数据收集平台通过探头收集的空气、水质量数据实时发布，使用户能够清晰、便捷地了解项目内与自身健康息息相关的信息。

随着社会发展和城市化进程进入一个阶段，既有建筑的改造越来越会成为地产开发和社会关注的热点。南海意库项目充分证明，既有建筑通过改造，不单可以最大化利用自然资源、减少人对环境的影响，更可以通过技术手段使人的居住环境得到改善，反哺使用者本身的身心健康，真正实现“人与自然相和谐”的建筑理念。

作者信息：郭无既，陈超

深圳市越众绿色建筑科技发展有限公司

6.3 上海宝山区顾村镇 N12-1101 单元 06-01 地块商品房项目 27～28、30～36 号楼

6.3.1 项目概况

上海宝山区顾村镇 N12-1101 单元 06-01 地块商品房项目位于上海市宝山区顾村镇，项目东至富长路，南至联谊路，西至共宝路，北至联汇路，项目总用地面积 70210.4m^2，总建筑面积 205256.79m^2。其中，地上建筑面积为 131545.60m^2，地下建

筑面积为 73711.29m²。地上建筑 1 号楼为 2 层配套用房，高 11.2m；2 号～ 5 号、7 号、8 号、10 号、11 号、14 号、15 号、18 号～ 26 号楼为 19 栋 4 层住宅，高 13.1m；6 号、9 号、12 号、13 号、16 号、17 号楼为 6 栋 3 层住宅，高 10.2m；27 号～ 37 号楼为 11 栋 16 层住宅，高 49.99m。项目采用框架剪力墙结构，设计使用年限为 50 年，抗震设防烈度为 7 度。项目定位高品质健康住宅。项目的 27 ～ 28、30 ～ 36 号楼已获得健康建筑设计标识三星级（图 6.3-1）。

图 6.3-1 项目设计效果图

6.3.2 健康建筑设计理念

为了达到健康建筑的健康性能的要求，上海宝山区顾村镇 N12-1101 单元 06-01 地块商品房项目 27 ～ 28、30 ～ 36 号楼在设计阶段从空气、水、舒适、健身、人文五方面出发进行设计。建筑内部不使用对人体有害的建筑材料和装修材料，采取有效的技术控制室内颗粒物的浓度，防止室内污染源扩散，设置室内空气质量实时监控装置，保证室内空气清新的同时让居住者随时了解所处空间的空气质量。

项目对生活饮用水水质进行检测并严格把控饮用水品质，合理设置直饮水，建立直饮水运行维护制度，采取科学的给排水技术措施保证用水的方便与卫生，实施水质在线监控系统可实时监控项目用水安全，建设舒心放心的健康用水环境。对建筑进行隔声降噪的设计，降低房间的噪声，充分利用天然光和自然风，并选用高效智能的照明和通风设备或技术措施，营造舒适的室内光环境和热湿度环境，设计时考虑人体工程学，建筑使用者可获得缓解身体疲劳，改善身体状态，保持良好情绪的效果。项目在室内外设计有足够面积的健身场地并配置有足够数量的健身器材，室外设置健身步道便于小区居民室外健身活动。项目设计有交流场地、儿童游乐场、老年人活动场地适应不同年龄段居民室外活动的需求，针对绿化环境作了充足的考量，做到绿植与生活有效融合。考虑到居住区老年人起居安全与便利，项目人性化地设计了医疗救护系统、无障碍系统以及社区适老交通规划。

6.3.3　健康建筑特征

（1）空气

项目采用户式新风系统，装修材料污染物控制，室内污染物浓度，颗粒物预评估，合理设置厨卫通风以及空气质量监测与发布系统等技术措施，保障室内空气的洁净度，严格控制甲醛、TVOC、苯系物在室内空气的含量，有效避免有害气体对人体的伤害。

1）全热交换户式新风系统

项目采用 24h 运行的全热交换户式新风系统，主要由全热回收式新风机组、高效过滤组合等组成，提供净化的新风和舒适的温湿度环境。$80m^2$、$90m^2$ 户型的新风量是 $150m^3/h$，$110m^2$ 户型的新风量是 $200m^3/h$，排风量设计小于送风量，室内保持正压。机组的过滤器组合形式为（G3 ＋ F5 ＋ F9）初效＋中效＋高效，过滤效率可达 85% 以上，能够在室外 $PM_{2.5}$ 浓度较高的情况下，保证新风送风的洁净度。送风通过吊顶送风管和侧送送风口将风送入每套住宅的卧室、客厅、书房；总排风管位于餐厅靠近厨房处吊顶上方，排风通过全热新风机组热量交换后排到室外。项目采用侧送送风与顶部排风的通风方式，提高通风换气效率，改善室内空气品质。

2）装修材料污染物控制

项目对装修材料进行严格筛选，主要针对涂料、胶粘剂、壁纸、人造板及其制品、地板、门、家具、纺织品、皮革、聚氯乙烯卷材地板 10 大类共 24 种产品种类进行了标准的制定，该标准远远高于国家标准。主材首先送往具备资质的实验室进行检测，只有符合要求的材料才可被采用，厂家按要求提供相应的材料证明和相关材料检测报告。项目在精装设计说明中明确了室内装饰装修材料、家具和室内陈设品的污染物限值，并对业主选购家具和室内陈设品提出了相关建议。

3）室内污染物浓度、颗粒物预评估

采用增强建筑围护结构气密性和降低室外颗粒物穿透相结合方式可有效控制室内颗粒物。项目外窗的气密性等级为 6 级标准，户式新风的 $PM_{2.5}$ 过滤效率 $\eta_m = 85\%$；上海市室外的逐日 $PM_{2.5}$ 和 PM_{10} 浓度数据，全年不保证 18d 的 $PM_{2.5}$ 浓度为 $102.2\mu g/m^3$，全年不保证 18d 的 PM_{10} 浓度为 $129\mu g/m^3$，利用室内颗粒物采用组合控制的手段，在允许全年不保证 18d 条件下，室内 $PM_{2.5}$ 日平均浓度为 $23.49\mu g/m^3$，PM_{10} 日平均浓度为 $= 30.13\mu g/m^3$，达到了颗粒物最优控制效果。

项目针对典型户型，采用 CFD 仿真模拟，对室内全装修条件下的典型污染物进行预测，如浓度超标的问题可以提前进行防治。选取项目典型户型，综合考虑装修材料使用量、室内新风系统的布置形式，对室内空气中的甲醛、TVOC、苯系物等主要污染物浓度水平分别进行预评估（图 6.3-2）。

项目 $90m^2$ 户型室内污染物进行模拟，并对结果进行分析，得出室内各典型污染物浓度，低于国家标准《室内空气质量标准》GB/T 18883 的要求（表 6.3-1）。

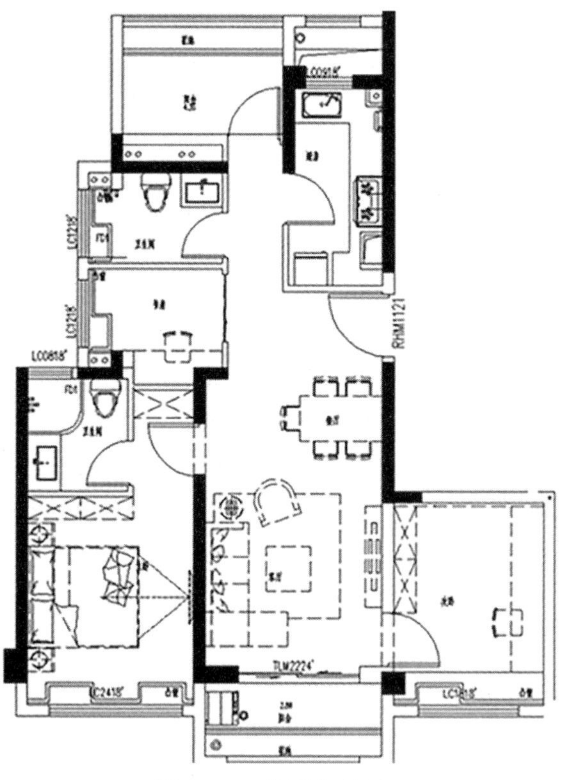

图 6.3-2　典型户型图

室内污染物浓度限值表　　表 6.3-1

典型污染物	单位	标准限值	预测计算浓度
甲醛	mg/m^3	0.10	0.051
苯	mg/m^3	0.11	＜ 0.081
甲苯	mg/m^3	0.20	＜ 0.081
二甲苯	mg/m^3	0.20	＜ 0.081
TVOC	mg/m^3	0.60	0.078
臭氧	mg/m^3	0.16	0.056

4）合理设置厨卫通风

项目在厨房和餐厅之间设隔墙和门，有效隔断厨房和餐厅；同时，在灶台正上方设排油烟机，在烹饪时排出油烟，并利用厨房外窗补风。参评建筑户内的厨房设置外窗，外窗可开启部分为 900mm×1850mm（H），通风面积 1.26m^2。计算得出补风风速为 0.2m/s，排油烟机工作时可以有效补风，同时保持厨房相对户内主要功能房间的负压，防止有害气体和颗粒物从厨房扩散到其他房间。

5）空气质量监测与发布系统

项目采用空气质量监测与发布系统。具有监测 PM_{10}、$PM_{2.5}$、CO_2 浓度、甲醛、

VOC 等参数的功能，且监测数据可存储至少一年并实时显示。系统还可综合计算室内空气表观指数并定期向用户推送。该系统具备主要污染物浓度限值的越限报警功能。

6）CO 联动排风装置

地下汽车库设置诱导通风系统，共 13 台排风风机，利用主排风机和诱导风机结合的方式对地下汽车库进行通风，每台诱导风机自带 CO 浓度传感器，能根据周围的 CO 浓度自行启闭，主排风机根据诱导风机的启动数量自行连锁启闭。补风系统结合消防补风考虑，采用机械补风和自然补风共同对地下汽车库进行补风。

通过室内污染物和颗粒物预评估，结果显示室内空气质量达标，其中，甲醛含量 0.051mg/m^3，苯含量低于 0.081mg/m^3，TVOC 含量 0.078mg/m^3，分别低于国家标准《室内空气质量标准》GB/T 18883 对应限值要求。室内颗粒物 $PM_{2.5}$ 日平均浓度为 23.49 μ g/m^3，PM_{10} 日平均浓度为＝ 30.13 μ g/m^3，抽油烟机结合自然补风，将厨房油烟及时排出。空气质量监测系统对室内 PM_{10}、$PM_{2.5}$、CO_2 等浓度进行监控，并可将数据实时显示、储存、定期发布。车库 CO 浓度控制在限值之内，保障车库环境无毒无害。

项目采用全热交换户式新风系统、装修材料污染物控制、合理设置厨卫通风、空气质量监测与发布系统、CO 联动排风装置等技术，将室内有害气体控制在国家标准限值以内，室内颗粒物控制在较低水平，营造了健康的室内空气环境，并且实现对空气质量的实时监控，切实保障了住户的呼吸系统的健康，进而有益于住户的身心健康。

（2）水

项目通过采用直饮水系统、高品质生活饮用水技术、配置分水器、设置恒温恒水阀、合理设置水封以及水质在线监测系统等技术措施，保障了用水质量，严格防范有污染水质的潜在威胁，提升了用水品质。

1）水质：项目生活饮用水采用市政给水管网供水，生活饮用水菌落总数＜ 5 CFU/100mL，生活饮用水总硬度为 124mg/L，在 75 mg/L ＜ TH ≤ 150 mg/L 范围内。项目的给水形式为二次供水，设有生活水箱；为避免二次污染，设置水箱自洁消毒器。项目直饮水采用市政给水管网供水，分户设置直饮水设备，采用不锈钢软管连接设备与水龙头，水质满足《饮用净水水质标准》CJ 94 的要求。项目设置室外埋地雨水处理装置，收集屋面雨水，场地雨水进入雨水收集池，处理达标后用于绿化浇洒、地库冲洗、道路冲洗。非传统水源的水质满足《城市污水再生利用 景观环境用水水质》GB/T 18921—2002 的要求。户内卫生间的污水立管和厨房的废水立管分别出户后，分别接入室外污水检查井。项目制定水质检测管理制度，有效控制水质的检测周期，保证各类供水水质的质量安全，对于水质超标状况及时发现并进行有效处理，避免因水质不达标对人体健康及周边环境造成危害。生活饮用水、直饮水每季度检测 1 次，非传统水源、采暖空调系统用水每半年检测 1 次。

2）配置分水器：项目在卫生间设置分水器装置，在室内支管处适当放大管径，避免用水器具同时使用时彼此用水干扰（图 6.3-3）。

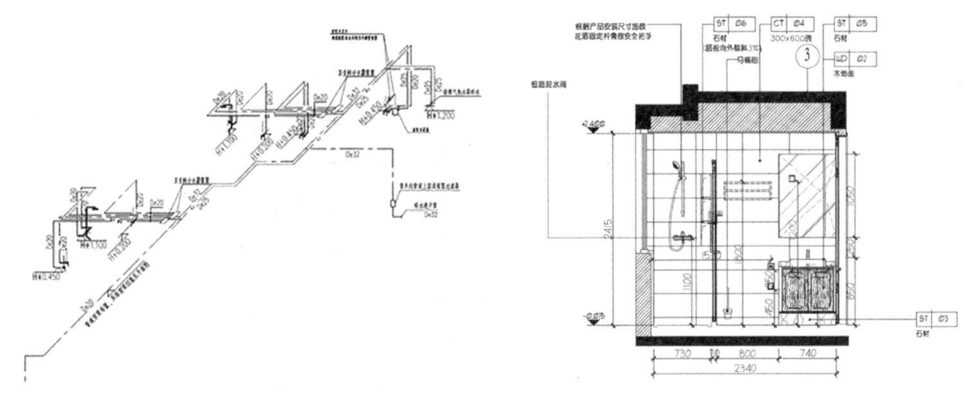

图 6.3-3 配水器布置图　　图 6.3-4 恒温混水阀设计

3）设置恒温混水阀：住宅每户热水采用局部应用热水系统，住户采用户式燃气热水器进行加热，燃气热水器自带恒温控制系统，可以保证淋浴热水温度恒定，并在淋浴器上设置恒温混水阀，使得住户淋浴获得适宜的水温（图 6.3-4）。

4）合理设置水封：存水弯和地漏的水封高度不小于 50mm，管井内、阳台、卫生间选用防干涸型地漏。卫生间采用铝合金防干涸防返溢地漏，地漏水封高度不小于 50mm，所有卫生器具自带或配套的存水弯，其水封深度不小于 50mm。

5）水质在线监测系统：项目主要针对非传统水源设置水质在线监测系统。非传统水源水质在线监测系统具有监测浊度、余氯、pH 值、电导率（TDS）的功能。项目通过采用直饮水系统、高品质生活饮用水技术、配置分水器、设置恒温恒水阀、合理设置水封以及水质在线监测系统等技术措施，生活饮用水总菌落数＜ 5 CFU/100mL，生活饮用水总硬度为 124mg/L，采用直饮水系统保障住户饮水质量，配置分水器减少用水器具同时用水干扰，住户淋浴水温舒适恒定，雨水水质在线监测，保障用水健康安全。

（3）舒适

项目采用隔声降噪技术保障室内良好声环境。充分利用天然光和自然通风技术，营造舒适的室内光环境和温湿度环境。通过空调系统以及新风系统对室内温湿度进行调节控制，提升室内人工热湿环境。

1）声环境

项目周边道路交通噪声是主要的噪声来源，采用混凝土外墙，外窗采用双层玻璃并限定气密性。地下一层暖通和给排水专业的平时（非消防）风机、水泵等设备，都布置在住户的投影面积以外，即噪声敏感房间与产生噪声的设备房间不相邻，选用低噪声风机、水泵设备；落地安装设备采用隔振基础，吊装设备采用减振支吊架；空调机房、风机房等处均作消声隔声处理；水泵出水管止回阀采用静音止回阀，减少噪声和防治水锤。电梯井采用隔声构造，减小传向户内功能房间的噪声量。各户门采用保温降噪复合金属门，双金属门板，中间设 15 ～ 18mm 矿棉板。项目中最不利房间为 30 号楼最东侧卧室，属于对于有睡眠要求的主要功能房间，在关窗状态下昼间为 32.6dB、夜间为 27.9dB，其余房间噪声级均优于该卧室。

2）光环境

项目为住宅类建筑，每套住宅至少有 1 个居住空间满足日照标准要求，房间自然采光效果良好，室内采光系数最低值为 2.99%，达到标准值 2.2% 的要求，外窗颜色透射指数不低于 80，侧面采光均匀度最低值为 0.42，达到标准值 0.4 的要求。由于项目周边建筑无连续玻璃幕墙，项目窗台面不受太阳反射光连续影响。

高层住宅区域布置 14 个导光筒，多层住宅区域布置了采光井，地下一层相关区域在白天可以自然采光，有利于地下空间充分利用天然光。室内功能房间，其光源色温不应高于 4000K，墙面的平均照度不应低于 50lx，顶棚的平均照度不应低于 30lx，一般照明光源的特殊显色指数 R9 应大于 0，光源色容差不应大于 5SDCM，照明频闪比不应大于 6%，照明产品光生物安全组别不应超过 RG0。选用防眩光灯具，合理布置灯具的安装数量、高度、位置、角度，保证室外眩光最大光强满足要求（图 6.3-5）。

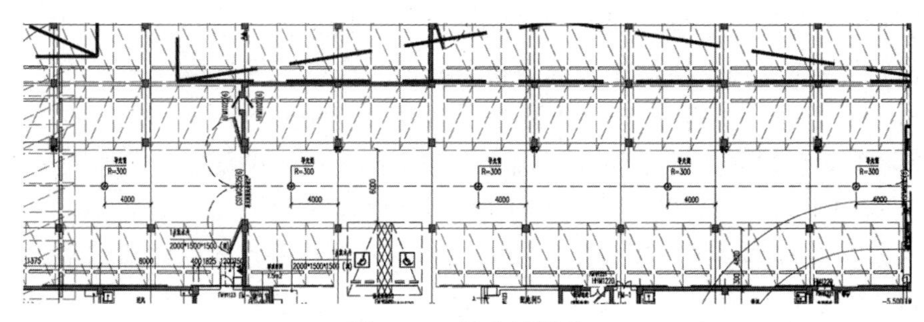

图 6.3-5 导光筒设计

3）热湿环境

上海市过渡季节为东北偏北风，在自然通风的条件下，整套居室中各个房间内温度的分布较为均匀，室内空气中温度基本保持在 23.75 ～ 24.75℃之间，整个室内的温度主要受到自然通风进风温度的影响，因此室内温度分布效果良好，满足人体对温度要求的同时节省了建筑供热供冷能源的消耗。室内平均热感觉指标 PMV 值整体保持在－ 0.531 ～ 0.427 之间，满足人体预计适应性平均热感觉指标，室内具有良好的热舒适性。

采用多联机空调系统以及户式新风系统对室内新风及温湿度进行调节，通过 CFD 仿真模拟软件对典型户型的温湿度进行模拟，得到室内夏季 PMV 的范围保持在－0.49 ～ 0.49，室内 PPD 范围在 10% 以内，最大值为 9.9%。室内冬季 PMV 的范围保持在－0.45 ～ 0.25，室内冬季 PPD 范围在 9.2% 以内，达到《健康建筑评价标准》T/ASC 02—2016 I 级标准要求。

室内的冷吹风感引起的局部不满意率夏季为 21.44%，冬季为 3.33%，地板表面温度引起的局部不满意率夏季为 6.0%，冬季为 8.5%，对应指标均达到《健康建筑评价标准》T/ASC 02—2016 I 级标准要求。此外，夏季户式新风系统利用表冷段可对新风进行集中除湿，室内相对湿度控制在 40% ～ 60%。冬季采用新风全热回收，能够回收部分湿量；住宅中靠人员活动、烹饪、餐饮可补充足够湿度。考虑到上海市的室外湿度条件，基本能满足室内湿度≥ 30%。

4）人体工程学

项目卫生间面积3.1m^2，淋浴喷头高度可自由调节，淋浴间设置安全把手，洗脸台前活动空间宽1000 mm，深850 mm；坐便器前活动空间宽900 mm，深790 mm，卫生间布局合理。

项目针对室内环境声、光、热湿以及人体工程采取有效的控制措施，可以保障住户获得良好的人居体验，健康舒适的居住环境是评价建筑是否健康的关键因素。采用仿真模拟等预评估手段可以预测室内温湿度，有利于建筑设计进一步优化。

（4）健身

建筑场地内或建筑室内设置健身运动场地，可以为使用者提供更多的运动机会，并带来更多的健康效益。免费提供健身器材，保证健身器材有不同的种类和足够数量，给不同需求的人群提供不同的选择。

1）室外健身场地

项目总占地面积为70210.4m^2。整体设计有3块室外健身场地，分别位于28号楼以北（352 m^2）、33号楼以北（78 m^2）和30号楼以北（146 m^2），共570 m^2。各场地100m范围内均设置直饮水设施，直饮水系统委托专业厂家设计。

室外健身场地设免费健身器材。主要种类有肩背拉力器、扭腰器、太空漫步机、立式健身车、双联健骑机等共26套成品设施，其铭牌附有指导说明，健身器材套数与总人数的4541的比值为0.57%。

室外健身步道在小区的北侧，长度580.50m，净宽1400mm。小区红线周长1139m，健身步道长度相当于红线周长的50.97%。

2）室内健身场地

项目在1号楼B1层设健身房和游泳池，健身房面积265 m^2，乒乓球室35 m^2，游泳池面积426 m^2，共726 m^2。健身空间内设免费健身器材供小区内住户使用，包括哑铃3套，哑铃凳2台，跑步机6台，椭圆机5台，综合健身器6套，乒乓球台2台，共6种24台（套）（图6.3-6）。

3）绿色生活及出行

项目设立自行车停车棚，有非机动车停车位1517个，占建筑总人数的比例为33.4%，项目为自行车停车位备有打气筒、六角扳手等维修工具。项目小区出入口步行500m范围内有2个公交站提供2条公交线路，方便住户绿色出行（图6.3-7）。

通过设置免费室内外健身场地、免费健身器材以及健身步道，社区共设置570 m^{2}的室外健身场地，26套免费成品健身设施，并在各场地100m范围内设置直饮水设施。建筑内部有726 m^{2}的室内健身场地，配有24套免费健身器材。鼓励绿色出行方式，在生活中随时参加健身活动。

建筑场地内或建筑室内设置健身运动场地，可以为使用者提供更多的运动机会，并带来更多的健康效益，包括体重控制、缓解压力、降低疾病风险、改善骨骼健康、提升认知力等。通过设置和设计健身场地、器材、步道以及出行方式，充分满足住户的健身需求，将健康贯穿到每天的活动中。

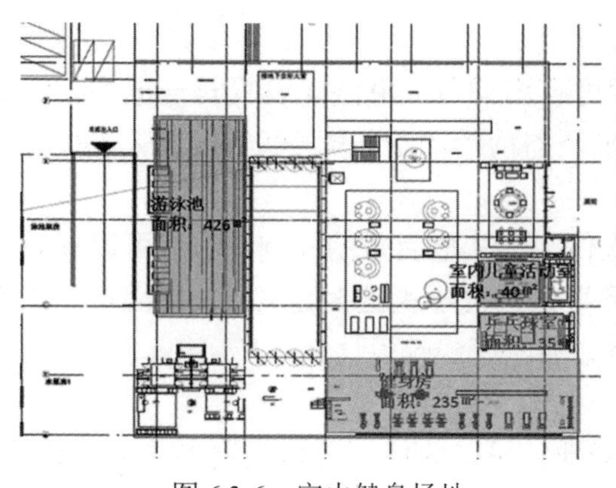

图 6.3-6　室内健身场地　　　　图 6.3-7　小区外公交站点

（5）人文

1）室外场地

交流场地位于 1 号楼南侧，小区入口附近的景观长廊和景观廊架，面积 346 m^2。利用其自身构筑物遮阴，遮阴面积＞ 20%，设有座椅能满足 30 人同时使用。1 号楼一层的物业办公内设有公共卫生间和直饮水点（室内桶装水饮水机），直线距离 22m。项目借助天正日照分析软件 TSun8.0 对场地日照情况进行分析计算，得到冬至日日照时间＞ 2h 的区域。景观设计阶段，将老人活动场地和儿童活动场地布置在以上日照充足的区域内。

室外儿童游乐场地位于小区西北角，29 号楼和 37 号楼之间，面积 45 m^2，该场地西侧和东侧没有楼栋，通风良好。设有不少于 6 人的座椅。在 29 号楼一层设有对外开放的卫生间和直饮水点（室内桶装水饮水机），与室外儿童游乐场地的直线距离 60m。老人活动场地位于 31 号楼和 32 号楼之间，面积 90 m^2，其南侧是多层建筑。冬至日日照时间＞ 2h，通风良好，同时设有不少于 6 人的座椅。

2）心理健康：29 号一层设置大于 30m^2 公共图书馆、大于 50m^2 公共音乐舞蹈教室，设置大于 30m^2 儿童活动室。各层电梯前室摆放艺术字画，满足不少于 10 个艺术品的要求，小区室外公共场地共设 3 个艺术雕塑。

3）绿化绿植：项目绿地率达到 35%。室外植物品种种类丰富，包括白玉兰、金桂、朴树、红枫、紫荆等共 87 种，且色彩搭配得当。推荐每户客厅、卧室、阳台均放置绿植，为每户赠送 2 株绿植（图 6.3-8）。

4）适老设计：项目所有坡道面、公共活动区、走廊、楼梯均采用防滑铺装。建筑内标识均采用大字标识。建筑公共区和老年康体活动室墙面无尖锐突出物，老年康体活动室的墙 / 柱 / 家具等处的阳角均为圆角，设有安全抓杆或扶手。公共空间无尖锐突出物，并为用户提供老年人用房安全建议书。

5）医疗服务

项目设置社区卫生服务站，可为住户提供急救包、心脏复苏装置、洗眼器、氧气瓶等紧急救护设施及服务，面积为 150m^2。项目设置医疗急救绿色通道，与消防绿色通道合用，可保证救护车顺畅通行，到达每栋楼的出入口。卧室和卫生间设置紧急呼救按钮，高度为 0.7m。

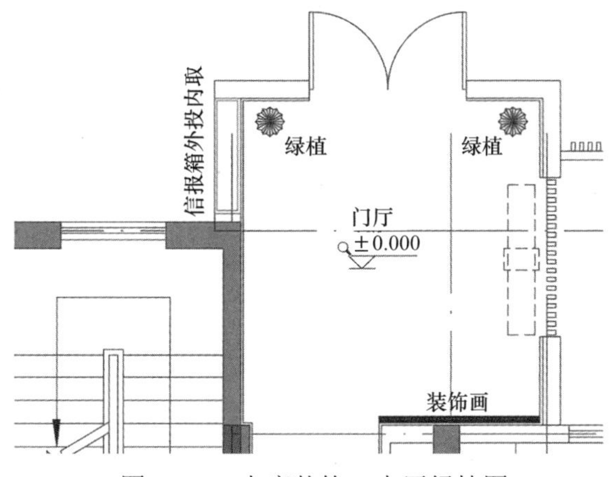

图 6.3-8 走廊装饰、大厅绿植图

通过对小区室外场地、心理健康、绿化绿植、适老设计、医疗服务等人文关怀方面多角度考虑，丰富了住户的日常生活，提供心理调整的条件，满足精神层面的需求，有助于人体身心健康发展。

6.3.4 社会经济效益分析

6.3.4.1 增量成本

项目具有成本增量的技术措施主要包括提高装饰装修材料健康性，提高家具和室内陈设品健康性，以及室内空气净化装置、直饮水系统、淋浴器避免用水干扰措施、水质在线监测系统、免费健身器材、专用健身步道等，健康建筑总增量成本为 521.76 万元，单位建筑面积增量成本约为 53.20 元 /m^2（表 6.3-2）。

健康建筑增量统计表　　表 6.3-2

实现健康建筑采取的措施	单价（元）	标准建筑采用的常规技术和产品	单价	应用量	应用面积（m^2）	增量成本（万元）	备注
提高装饰装修材料健康性	20/m^2	—	—	70818m^2	70818	141.64	
提高家具和室内陈设品健康性	10/m^2	—	—	70818m^2	70818	70.82	
室内空气净化装置	15/m^2	—	—	70818m^2	70818	106.23	
直饮水系统	20/m^2	—	—	70818m^2	70818	141.64	
淋浴器避免用水干扰措施	3/m^2	—	—	70818m^2	70818	21.25	
水质在线监测系统	240000/ 套	—	—	1 套	70818	24.00	
免费健身器材	1500/ 套	—	—	20 套	70818	30.00	
专用健身步道	200/m	普通步道	￥50/m	580m	70818	8.70	
合计						544.28	

6.3.4.2　社会效益

上海宝山区顾村镇 N12-1101 单元 06-01 地块商品房项目 27 ～ 28、30 ～ 36 号楼在设计过程中从建筑的空气、水、舒适、健身、人文等指标要求出发，采用了高气密性外窗、高过滤效率全热交换热回收系统、装修材料污染物控制、空气质量监测系统、直饮水系统、高舒适人工冷热源控制、健身人文等经济适宜的技术。应用计算机仿真模拟技术对建筑室外风环境、室内通风、天然采光以及室内冷热源进行预测，设计可以根据模拟结果进行优化，提升了建筑的整体性能，更加注重人的主观感受，促进身心健康，有利于健康生活理念的普及以及健康中国战略的贯彻与推进。

6.3.5　总结

1）健康特点

围绕着空气、水、舒适、健身、人文等几大指标，针对建筑物理，如温湿度、通风换气效率、噪声、光、空气品质等，建筑心理，如布局、环境色彩、照明、空间、使用材料等，采用适宜的健康建筑技术提升建筑空气、水、食品、声光热环境等方面的安全性与舒适性，最大程度地约束建筑建设过程中各参与方降低建筑健康性能的不良行为，引导建筑在设计伊始就把维护建筑的安全性、降低建筑危害健康风险当做核心条件。

2）推广价值

面临当前日益恶化的生存环境，面临人民群众日益增长的环境优化与身心健康的切实诉求，在国家重视环境改善、重视城市宜居、重视人民群众健康的大背景下，绿色建筑理应作出新的调整，特别是应该在"健康""环保"方面采取大的举措。上海宝山区顾村镇 N12-1101 单元 06-01 地块商品房项目 27 ～ 28、30 ～ 36 号楼力求积极推动绿色建筑取得新突破，将绿色建筑作为实施本标准的基础条件，在注重资源节约的前提下，关注建筑室内外环境品质、饮用水品质、建材有害物质含量等一系列"宜居"性指标，提升建筑品质的同时有利于健康理念的推广与普及。

上海宝山区顾村镇 N12-1101 单元 06-01 地块商品房项目 27 ～ 28、30 ～ 36 号楼在建筑项目的规划设计阶段，就将医疗卫生机构及相关健康服务业的基础设施建设或业务需求纳入全盘考虑之中，必然有助于使用者与设施、设施与设施间的相互配合，实现各项资源的最优化利用，避免不必要的资源浪费。对项目的推广，有益于拉动追求"健康""舒适""宜居"环境的消费群体在建筑领域的服务消费。此外，项目在内容设定方面也关注"老龄化"这一社会热点问题，关爱老人儿童，注重其在建筑使用方面的健康需求、特定要求，这不仅适用于普通建筑，同样适用于养老社区、老年公寓等特殊建筑类型，紧跟国家发展养老消费的政策背景，如若推广，有利于产业耦合升级，可持续发展。

3）思考与启示

与绿色建筑相比，健康建筑对建筑的健康性能要求更高且涉及的指标更广，而且与绿色建筑发展规律相似，健康建筑的一些关键性问题，特别是体现在运行效果上的问题，例如室内各类空气污染物的有效控制、水质标准满足和高于现行标准要求的技术措施、建筑综合设计实现最优舒适度、老龄化背景下的建筑适老设计等等，均需要进一步研究和探索。

健康建筑更加综合且复杂，除建筑领域本身外还涉及公共卫生学、心理学、营养学、人文与社会科学、体育健身等交叉学科，各领域与建筑、与健康的交叉关系，需要持续深入的研究。为满足人们追求健康的最基本需求，助力健康中国建设，需要以标准为引领，推动健康建筑行业向前发展。这就需要整合科研机构、高校、地产商、产品生产商、医疗服务行业、物业管理单位、适老产业、健身产业等在内的更多资源，形成良好的健康建筑发展环境，共同带动和促进健康建筑产业的向前发展。

作者信息：魏盛洪[1]，赵军凯[2]，高强[2]，谢琳娜[2]，杨继敏[1]

1　上海众承房地产开发有限公司

2　中国建筑科学研究院有限公司

6.4　杭州朗诗熙华府住宅小区项目

6.4.1　项目概况

杭州朗诗熙华府住宅小区（以下简称“熙华府住宅小区”）坐落于杭州市中心的武林板块，项目所在行政区为下城区。武林门历史悠久，已成为杭州的城市地标和城市发展核心。项目周边市政配套完善，交通便利。

熙华府住宅小区用地范围东至胜景路，南至规划F-R21-02地块，西至规划7号路，北至规划5号路。建设用地面积为4.10万m^2，总建筑面积13.91万m^2，其中地上建筑面积为9.03万m^2，地下建筑面积为4.88万m^2，总建筑密度为24%，容积率为2.2，绿化率为30%，总居住户数为692户，总人口2215人。项目全区共15栋楼，由1栋1层、1栋3层配套公建，4栋多层、9栋高层组成。参评健康建筑三星级设计标识的建筑为1～13号楼，其中5～8号楼为6层多层住宅，1～4、9～13号楼为18层高层住宅（图6.4-1、图6.4-2）。

项目所在地为杭州市，位于浙江省西北部，地处长江三角洲南翼，是长江三角洲重要中心城市枢纽。杭州市区中心地理坐标为北纬30° 16′、东经120° 12′。杭州市为亚热带季风气候。冬夏长，春秋短，四季交替明显；光照充足，雨量充沛，温暖湿润。年平均气温16.6℃，极端最低气温零下10.5℃，极端最高气温42.1℃，年温差较大；年日照时数1513.8h；全年无霜日311～344d。年平均降水量1352～1601.70mm，全年降雨日数138～167d。雷雨为本区降水主要类型之一，约占全年降雨量的1/3，在7～9月受台风影响，台风过境夹带大量降水，易成水涝。受季风影响大，冬季多偏北风，夏季多偏南风，春秋两季风向多变，常年风向为东北风，全年大于8级风日数63d，平均风速2.2m/s，最大风速18.0m/s。

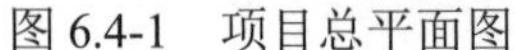
图 6.4-1　项目总平面图

图 6.4-2　项目鸟瞰图

项目建设时期即以“追求健康生活”为设计理念，统筹应用多项健康建筑技术，打造健康、舒适、节能的人居产品，营造健康的居住环境和推行健康的生活方式，并于 2017 年 3 月获得首批健康建筑设计三星级标识。

6.4.2　健康建筑设计理念

项目采用优质外墙保温体系、三玻两腔高性能节能窗、同层排水、装修材料零甲醛控制、高效除霾新风系统、注重以人为本的景观设计等健康建筑技术，从人们的身体和心理健康出发，提供更加健康的环境、设施和服务。

6.4.3　健康建筑特征

（1）空气

项目通过采用高效除霾新风系统、装修材料零甲醛控制、室内污染物浓度、颗粒物预评估、合理设置厨卫通风、空气质量监测与发布系统等技术措施，保障室内空气的洁净度，严格控制甲醛、TVOC、苯系物在室内空气的含量，有效避免有害气体对人体的伤害。

1）高效除霾新风系统

项目设置集中式新风系统，主要由地源热泵、全热回收式新风机组等组成，提供净化的新风和舒适的温湿度环境。熙华府住宅小区采用全热回收式新风机组，排风量为 7260 m^3/h 小于新风量 8500m^3/h，能够保证室内正压。新风机组设有初中效过滤段对新风进行净化，过滤效率高达 90%，能够在室外 $PM_{2.5}$ 浓度较高的情况下，保证新风送风的洁净度。同时可以有效地控制室外新风的温度、湿度，使送入室内的新风更舒适，更健康。项目住宅设 24h 运行的集中送新风与排风系统。新风通过竖井内新风管与布置于地板下的送风支管从地板送风口送入每套住宅的卧室、起居室；排风口设于卫生间与厨房顶部。低速地板送风与顶部排风的置换通风方式，提高了通风换气效率，明显改善室内空气品质。

此外，物业制订《新风过滤装置的定期清洗和更换制度》，定期清洗风口及过滤网，避免堵塞对送排风效率的影响。

2）装修材料“零”甲醛控制

项目采用装修材料“零”甲醛控制，比肩芬兰 S1 级装修体系。如图 6.4-3 和图 6.4-4 所示通过控制源头→规范施工→合格验收，层层把关室内污染物的情况。此外，项目在精装设计说明中明确了室内装饰装修材料、家具和室内陈设品的污染物限值，并对业主选购家具和室内陈设品提出了相关建议（图 6.4-3、图 6.4-4）。

管理流程-项目全过程闭环质量监管

严格筛选建材供应商

① 调查产品化学成分信息，严格筛选建材供应商
② 针对零甲醛控制核心的建材（如板材、涂料、胶黏剂等）采取定制的方式，与生产厂家直接建立合作伙伴关系。

图 6.4-3　装修材料供应商管理

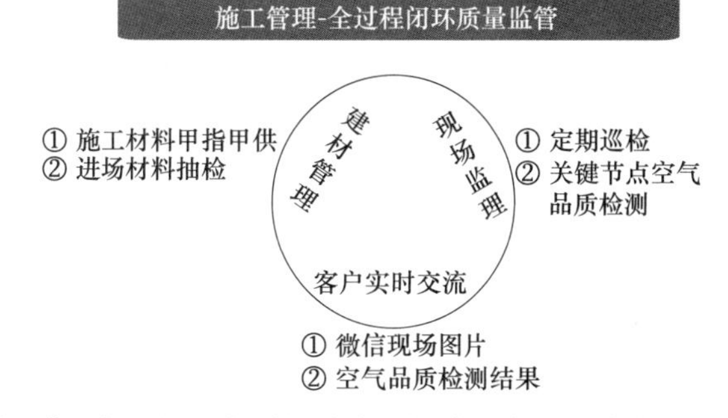

① 甲指甲供：采取甲指甲供的方式，依托朗诗集采能力定向采购施工材料，专人现场监理；
② 进场产品抽检：依托长兴试验基地检测能力，定期对进场产品进行抽检，严控污染物含量；
③ 节点检测：在基层工程、饰面工程、成品制作安装工程验收等关键节点进行甲醛监测；
④ 实时监控：以微信等方式实时与柯二虎沟通工程进度和室内空气品质控制结果。

图 6.4-4　装修施工管理

3）室内污染物浓度、颗粒物预评估

室内颗粒物预评估：不同建筑类型室内颗粒物控制的共性措施为增强建筑围护结构气密性能，降低室外颗粒物向室内的穿透。项目采用三玻两腔高性能节能窗：采用三层双中空、Low-E 低辐射玻璃，内充惰性气体，保证传热系数 $K \leqslant 1.8$，大幅领先行业标准。窗框采用高密封型材，与墙体内外之间分别采用防水隔汽膜、防水透气膜阻隔空气。整体气密性达到国家标准 8 级。此外，项目采用全热回收式新风机组，其排风量 7260m³/h 小于新风量 8500m³/h，保证室内正压，采用初中效过滤，过滤效率 90%。经计算，项目可满足年允许不保证 18d 条件下，建筑室内 $PM_{2.5}$ 浓度为 14.75 μg/m³（日平均浓度），建筑室内 PM_{10} 浓度为 17.15 μg/m³（日平均浓度），有效保障建筑室内空气质量安全健康。

室内颗粒物预评估：项目为全装修工程，开展室内空气污染物浓度预评估，有效预测工程建成后存在的危害室内空气质量的因素和程度。综合考虑室内装修设计方案和装修材料的使用量、建筑材料、施工辅助材料、室内新风量等诸多影响因素，以各种装修材料主要污染物的释放特征为基础，以"总量控制"为原则，通过使用模拟软件，如图 6.4-5 所示，选取典型户型，重点对典型功能房间在未来运行工况下的室内空气中的甲醛、TVOC、苯系物等主要污染物浓度水平分别进行预评估，模拟结果如图 6.4-6 ～图 6.4-8 所示。

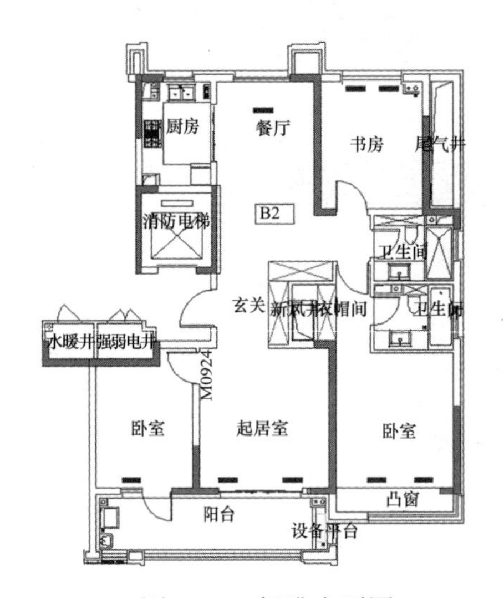

图 6.4-5　标准户型图

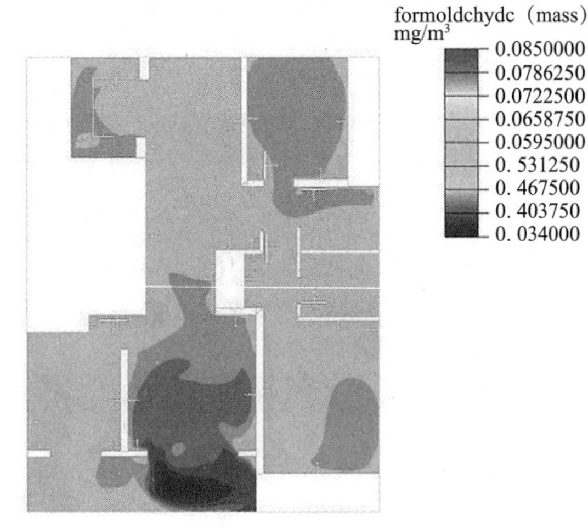

图 6.4-6　典型户型 1.2m 高度甲醛浓度场分布云图

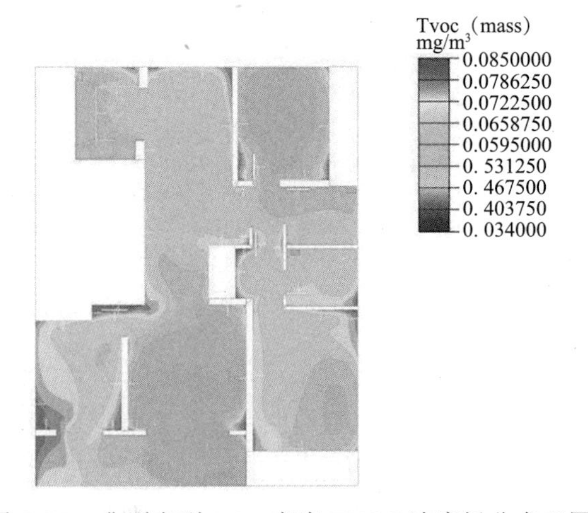

图 6.4-7　典型户型 1.2m 高度 TVOC 浓度场分布云图

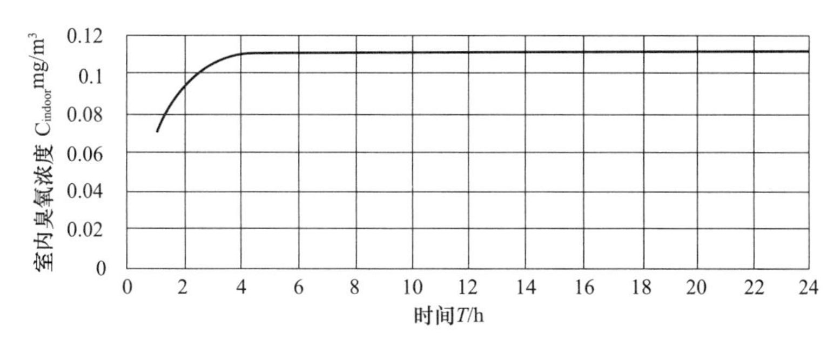

图 6.4-8 室内臭氧浓度 Cindoor 与时间 T

如表 6.4-1 所示，主要污染物浓度应低于现行国家标准《室内空气质量标准》GB/T 18883 的要求。

室内各典型污染物模拟浓度 表 6.4-1

典型污染物	单位	标准限值	预测计算浓度
甲醛	mg/m³	0.10	0.034 ~ 0.056 < 0.10
苯	mg/m³	0.11	0.034 ~ 0.085 < 0.11
二甲苯	mg/m³	0.20	0.034 ~ 0.085 < 0.20
TVOC	mg/m³	0.60	0.034 ~ 0.085 < 0.60
臭氧	mg/m³	0.16	0.1118 < 0.16
TVOC	mg/m³	0.54	0.034 ~ 0.085 < 0.54
苯	mg/m³	0.099	0.034 ~ 0.085 < 0.099
甲醛	mg/m³	0.07	0.034 ~ 0.056 < 0.07
二甲苯	mg/m³	0.14	0.034 ~ 0.056 < 0.14
臭氧	mg/m³	0.112	0.1118 < 0.112

4）合理设置厨卫通风

厨房内的炊事活动是室内可吸入污染物的重要来源，烹饪油烟和燃料的不完全燃烧都会产生大量的有害气体和颗粒物。项目在厨房和餐厅之间设隔墙和门，有效隔断厨房和餐厅；同时，在灶台正上方设排油烟机，在烹饪时排出油烟，并利用厨房外窗补风。参评建筑户内的厨房设置外窗，外窗可开启部分为 900mm×1200mm（H），通风面积 0.74m²。计算得出补风风速为 0.34m/s，排油烟机工作时可以有效补风，同时保持厨房相对户内主要功能房间的负压，防止有害气体和颗粒物从厨房扩散到其他房间。

建筑户内的卫生间设置内门，并可进行局部机械排风。房间换气次数为 6 次，排风机风量为 60m³/h，有效排出卫生间内的余热、潮气和臭味。

5）空气质量监测与发布系统

项目采用空气质量监测与发布系统。具有监测 PM_{10}、$PM_{2.5}$、CO_2 浓度、甲醛、VOC 等参数的功能，且监测数据可存储至少一年并实时显示。系统还可综合计算室内空气表观指数并定期向用户推送。该系统还具备主要污染物浓度限值的越限报警功能。项目通过把监测发布系统和建筑内空气质量调控设备组成自动控制系统，可以实现对室内环境的智能化监控，在维持建筑室内环境健康舒适的同时减少不必要的能源消耗。

6）其他技术

项目在地下车库中设置了与排风设备联动的CO浓度监测装置，控制CO浓度值。地下车库消防双速风机平时排风时，根据与风机连锁的一氧化碳探测器探测到的一氧化碳气体浓度（达到30ppm时），自动启动风机，以确保地下车库CO浓度符合相关安全和健康标准的规定，防止出现健康风险。

（2）水

高品质用水、健康用水、安全用水、高效排水、无害排水与健康建筑追求的健康环境、健康性能息息相关。项目通过采取措施控制水质、深化给排水系统设计，进行水质的监测以保障用水的健康。

1）水质

项目生活饮用水采用市政给水管网供水，使用带自动消毒装置的不锈钢生活水箱。控制其生活饮用水菌落总数小于100个大于10个，生活饮用水总硬度在75 mg/L $<$ TH $\leqslant$ 150 mg/L范围内。

直饮水采用市政给水管网供水，在每户设置直饮水装置，采用分散式直饮水系统，水质满足《饮用净水水质标准》CJ 94的要求。项目的住宅设置集中供热水系统，生活热水采用市政给水管网供水，使用带自动消毒装置的不锈钢生活水箱，经由设于地下室热泵机房的地源热泵机组加热后提供。项目的集中生活热水系统设置支管循环系统。

非传统水源采用中水系统和雨水系统，其中地下车库设冲洗龙头（用水点位由物业公司现场确定），水源为雨水中水，自来水作为补充水源。屋面雨水经雨水立管、小区室外雨水管网收集，雨水回收至雨水收集池，经处理后回用绿化、道路、广场及地下车库冲洗用水；部分排放至市政雨水管。非传统水源的水质满足《城市污水再生利用 景观环境用水水质》GB/T 18921的要求。雨水的具体处理流程为：初期混浊经流雨水经过弃流井后排入下端雨水管网，中后期雨水经过格栅粗过滤后收集至雨水蓄水池。蓄水池中的雨水经过加药过滤处理后，出水消毒进入清水池，然后通过变频供水系统将水质达标的雨水输送至用水点。

采暖空调水系统分成两路，一路为新风机组的异程管路系统，另一路为空调顶埋管盘管的管路系统。地源热泵机房采用旁流水处理器来控制水质，使水质满足《采暖空调系统水质》GB/T 29044要求。

2）给排水系统

卫生间采用分水器配水：项目卫生间采用分水器配水，户式给水系统图如图6.4-9所示，户型给水大样图如图6.4-10所示。传统设计采用单根配水支管向卫生间内所有用水点串联配水，当多个用水器具同时使用时，常因互相影响而出现水压波动、水流较小、冷热不均的问题，影响淋浴器使用效果。采用分水器配水时，卫生间给水干管接入分水器分流后，分成多根配水支管向各个用水点并联配水，各用水点同时使用时，互相影响较小，可以保证较为稳定的工作压力和流量，稳定供应冷热水。

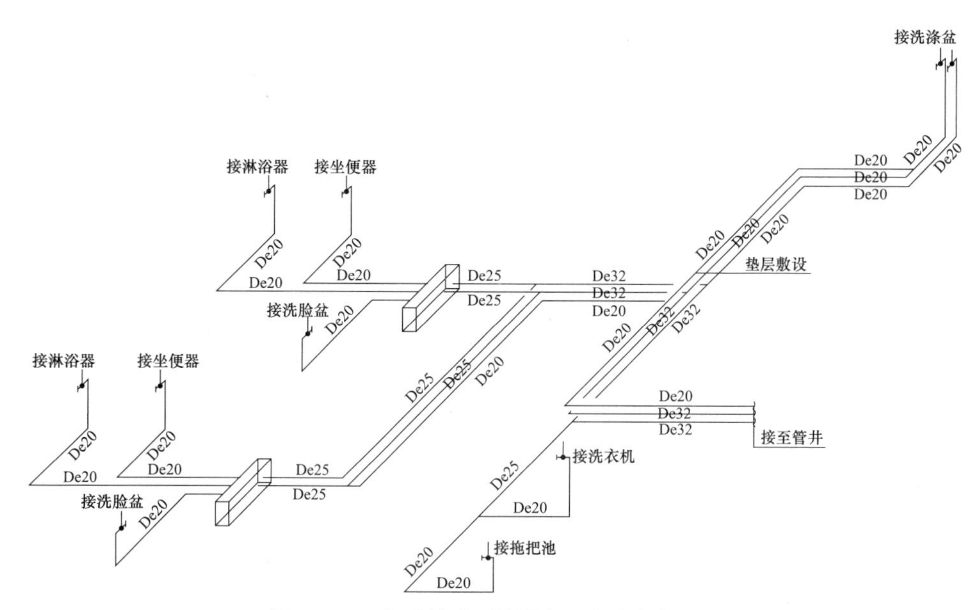

图 6.4-9 户式给水系统图（采用分水器）

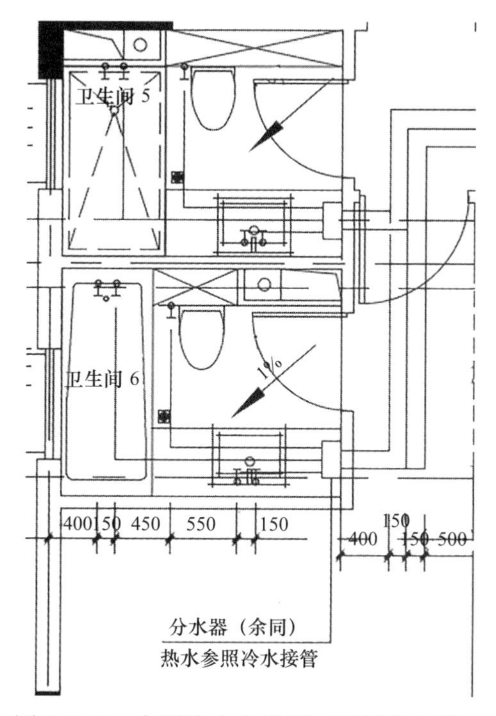

图 6.4-10 户型给水大样图（采用分水器）

淋浴器设置恒温混水阀：淋浴器设置恒温混水阀，根据设定温度自动调节冷热水混合比例，从而使出水温度可以迅速达到设定温度并稳定下来，出水温度恒定，不受水温、流量、水压变化的影响，有效缓解洗浴时水温忽冷忽热的问题，保证使用品质。此外，当冷水中断时，恒温混水阀可以在短时间内自动关闭热水，起到安全保护作用，避免老年人和糖尿病人因对温度不敏感而造成的烫伤，保障用户的健康生活。

卫生间设置同层排水：楼层卫生间采用墙排式同层排水系统，相对于传统的隔层排水方式，同层排水是排水横支管布置在本层，卫生器具排水管不穿越楼层的排水方式。项目采用挂墙式后排水坐便器，排水横管在墙内安装，地漏采用同层排水专用（密闭）地漏，在垫高层内安装，在不同标高分别接入排水立管上的苏维托管件或球形四通。

在卫生间采用同层排水，有效避免了本层排水横管进入下层空间而造成的一系列问题，管道检修清通可在本层完成，不干扰下层；卫生器具排水管道不穿楼板，器具布置不受结构构件限制，可以灵活满足个性化需求；排水管布置在本层内，能够有效减小排水噪声对下层空间的影响；卫生器具排水管道不穿楼板，上层地面积水渗漏几率低，能够有效防止疾病的传播。

厨卫分流：卫生间和厨房分别设置排水系统。如图 6.4-11 和图 6.4-12 所示，厨房和卫生间排水除了不能共用排水立管外，直到室外排水检查井以前的排水横干管也应分别设置，将厨房和卫生间的排水系统彻底分开，从而最大限度避免有害气体串流。

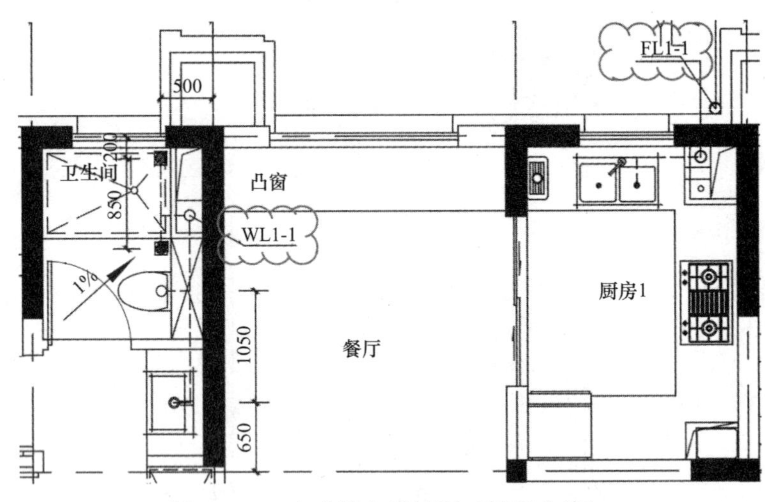

图 6.4-11　户式给水系统图（厨卫分流）

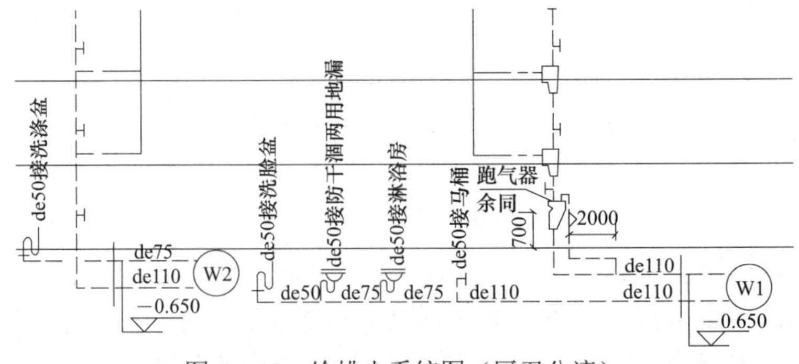

图 6.4-12　给排水系统图（厨卫分流）

管道及附件：为了避免室内给排水管道结露，项目所有热水管进行保温处理，热水管具体做法为：厚橡塑发泡管壳、胶粘接壳缝，外用铝箔做保护层；当管径≤ 20 时，保温厚度为 25 mm；当管径为 25 ～ 40 时，保温厚度为 28 mm；当管径为 50 ～ 125 时，保温厚度为 32 mm。所有在屋面、楼梯间明装的给水管（包括消防管）均做保温，采用 30 厚闭孔式橡塑发泡管壳，专用胶水粘接壳缝，外包铝箔布。为了避免室内给排水管道漏损，项目生活冷水管的室内给水干管和立管采用钢塑复合管，丝扣连接；室内给水支管采用 PP-R 管，热熔连接；室内消防给水管采用双面热镀锌钢管。

项目中水管道外壁按有关标准规定涂色和标志。卫生间采用防干涸地漏，洗衣机附近设防止溢流地漏，水封深度不小于 50 mm；管道井和设备平台采用直通式地漏。使用构造内自带存水弯的卫生器具，且其水封深度不小于 50 mm。

3）水质监测

水质送检制度：项目制订水质监测管理制度，有效控制水质的检测周期，保证各类供水水质的质量安全，对于水质超标状况及时发现并进行有效处理，避免因水质不达标对人体健康及周边环境造成危害。生活饮用水系统每季度检测 1 次。户内直饮水系统每季度检测 1 次。户外直饮水系统每月检测 1 次。非传统水源（雨水回用）系统每半年检测 1 次。

水质在线监测系统：项目生活泵房内水箱出水口设置成套水质在线监测设备（可同时监测浊度、余氯、pH 值、电导率等多项参数），饮用水水质满足现行国家标准《生活饮用水卫生标准》GB 5749，当监测到水质不达标时，自动报警通知物业，告知供水集团采取相应处理措施，以达到标准要求。

如图 6.4-13 所示，雨水回用系统清水箱出水口设置成套水质在线监测设备（可同时监测浊度、余氯、pH 值、电导率等多项参数），雨水回用水质应满足《城市污水再生利用城市杂用水水质》GB/T 18920、《城市污水再生利用绿地灌溉水质》GB/T 25499 的要求，当监测到水质不达标时，自动报警通知物业，并可自动 / 手动控将清水池内水重新进行处理，以达到标准要求。

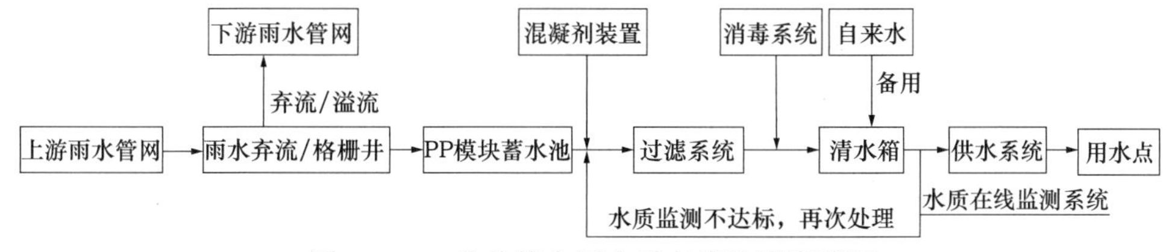

图 6.4-13　非传统水源水质在线监测流程图

（3）舒适

项目通过保障声环境、光环境、热湿环境的舒适，考虑人体工程学的影响，从而实现业主健康的居住体验。

1）声环境

项目四侧场界昼夜间噪声监测值均达《声环境质量标准》GB 3096—2008 中的 2 类标准，即昼间 60dB（A）夜间 50dB（A）。项目所在区域声环境质量良好。

项目周边道路交通噪声，地下车库出入口交通噪声和 14 号楼顶的设备噪声是项目的主要室外噪声源，地源机、变压器、水泵、风机是主要的室内噪声源。规划设计时采取以下措施来减少噪声源对住宅的干扰：①将地源机、变压器、水泵、风机等设备置于地下封闭的隔间内，设备间尽可能远离住宅。②将冷却塔、热泵、热水炉等设备放置于最北侧配套公建 14 号楼屋顶，尽可能远离住宅主体。③选用低噪声设备，设备采用减震基础，进出风口采用消声器，进出风管采用软接头，穿墙孔洞用柔性材料填实。④临东侧胜景路建筑采用建筑与道路垂直的布局方式，以山墙面临道路，减弱环境噪声的影响。⑤用低噪声路面，地库汽车出入口远离住宅。

经计算，熙华府住宅小区项目 1 号一层西侧卧室内噪声值在关窗状态下昼间为 32dB（A）夜间为 26 dB（A），满足卧室内的允许噪声级高要求标准：昼间不超过 40 dB（A）、夜间不超过 30 dB（A）。卧室有睡眠要求，噪声级限值要求低于 30 dB（A）。项目最不利点的房间满足《民用建筑隔声设计规范》GB 50118 的要求。

噪声敏感房间的隔声性能，主要是为了控制敏感房间外的噪声源对室内的噪声干扰，保证噪声敏感房间内的室内声压级水平，以及保证居家生活中声音的私密性，进而提高建筑的健康水平。项目外墙和分户墙采用 200 mm 厚钢筋混凝土 / 加气混凝土砌块，楼板采用 5 mm 厚减震垫＋ 140.0 mm 厚钢筋混凝土，达到隔声的效果。项目采用三玻两腔高性能节能窗，具有超强的隔声性能。经计算，外墙、分户墙、分户楼板空气声隔声量大于住宅分户构件隔声性能低标准 50 dB；分户楼板卧室和书房位置撞击声压级满足住宅分户楼板撞击声低标准要求小于 65 dB。

2）光环境

项目采用斯维尔建模结合 Radiance 对熙华府住宅小区 1 ～ 13 号楼的室内采光进行模拟，选取典型房间进行天然光光环境质量分析，如图 6.4-14 所示，分析项目整体采光质量，模拟结果表明（如图 6.4-15 所示）：项目各户型的卧室、起居室、书房等房间布局比较简单，靠近窗口位置的采光效果较好，除少部分进深较大的区域外采光系数基本在 2.2 以上；餐厅、楼梯间、过道采光系数局部在 1.1 以上，均有直接采光。房间自然采光效果良好，外窗颜色透射指数满足要求，建筑本身无玻璃幕墙，周围也无玻璃幕墙建筑，窗台面不受太阳反射光影响。

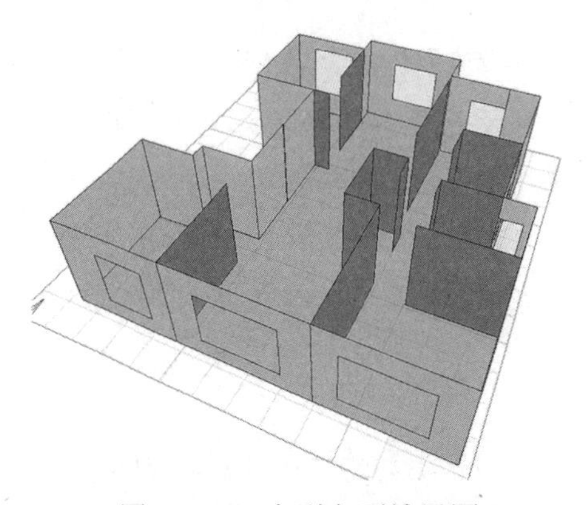

图 6.4-14　户型立面效果图

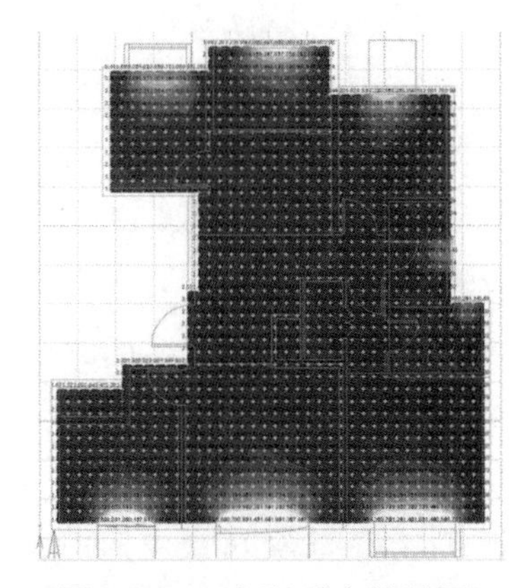

图 6.4-15　户型采光效果图

项目对室内、室外照明进行专项设计。光源色温方面，由于单位光通的蓝光危害效应与光源色温具有较强的相关性，且光源色温越高其危害的可能性越大。因此，项目室内节能灯光源色温为3000K。工作视野内亮度分布方面，项目墙面的平均照度75lx，顶棚的平均照度50lx，同时配合合理的选择照明灯具及照明方式等，降低各表面之间的亮度差。光源显色性方面，其特殊显色指数R9越高环境质量越好，项目显色指数R9大于0。光源色容差方面，其数值越低越好，项目色容差不大于5 SDCM。照明频闪方面，为避免由于照明频闪所带来的危害，项目的频闪比不大于6%。光生物安全方面，安全组别越大，其光生物危害就越大，项目选择光生物安全组别不超过RG0（无危险类）的照明产品。景观照明选用防眩光灯具，照度满足标准要求。

3）热湿环境

建筑围护结构热特性优良：当建筑外围护结构内表面温度低于室内空气露点温度时，会引起围护结构内表面结露。建筑物内表面出现结露现象后，会产发霉、腐蚀、材料性质发生变质；同时由于霉菌孢子扩散，会产生臭味、恶化室内环境；特别霉菌在温度25～30℃、湿度在80%以上，且有充足的氧气条件下，可引起大量霉菌繁殖，并能传播真菌疾病，危害身体健康。

在室内设计温、湿度条件下，项目通风房间西外墙内表面最高温度35.4℃≤37.2℃，房间东外墙内表面最高温度35.3℃≤37.2℃；房间屋顶内表面最高温度35.6℃≤37.2℃。项目外墙表面温度17.1℃，屋面内表面温度16.4℃，门窗左右口温度为12.9℃，门窗上口温度12.7℃，窗下口温度12.7℃，均高于露点温度10.1℃。项目围护结构热特性优良，内表面不易结露。

空调工况下的人体热舒适评估：整体评价指标应包括预计平均热感觉指标（PMV）预计不满意者的百分数（PPD）。项目通过采用24h运行的集中送新风与排风系统。新风通过竖井内的新风管与布置于地板下的送风支管从地板送风口送入每套住宅的卧室、起居室；排风口设于卫生间与厨房顶部。低速地板送风与顶部排风的置换通风方式，提高了通风换气效率，明显改善室内空气品质。

图6.4-16通过Airpak软件模拟得出夏季与冬季的室内预计平均热感觉指标PMV和预计不满意者的百分数PPD。室内夏季PMV的范围保持在－0.47～0.49，室内冬季PMV的范围保持在－0.424～0.445；室内夏季室内PPD范围在10%以内，室内冬季PPD范围在9.2%以内。该户型整体评价指标达到室内环境Ⅰ级的要求。

经计算，项目冷风吹风感引起的局部不满意率（LPD_1）为4.10%～7.16%，垂直温差引起的局部不满意率（LPD_2）的范围为≤1%，地板表面温度引起的局部不满意率（LPD_3）的范围为10%～11%。

自然通风工况下的人体热舒适评估：合理的自然通风调节措施有利人体适应性热舒适，并有助于建筑节能。使用Airpak模拟软件对项目标准户型建立过渡季节自然通风模型，确定边界条件为：

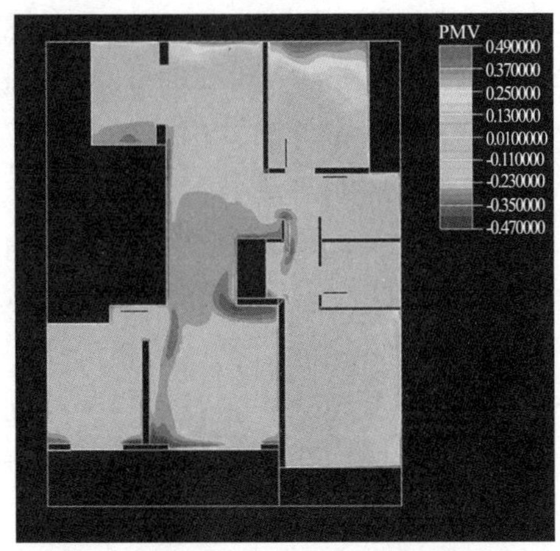

a. 标准户型室内夏季 PMV 模拟图

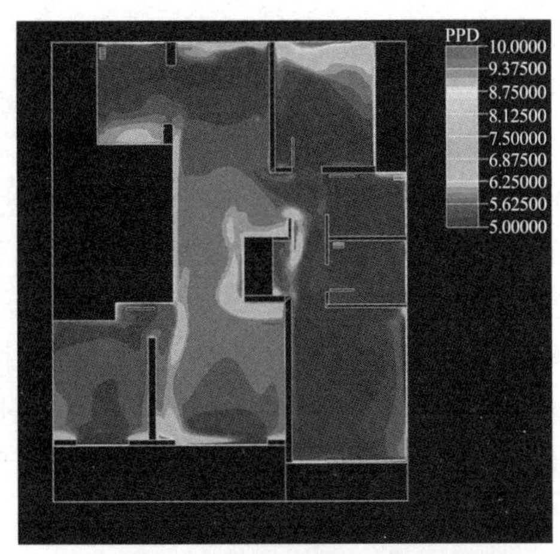

b. 标准户型室内夏季 PPD 模拟图

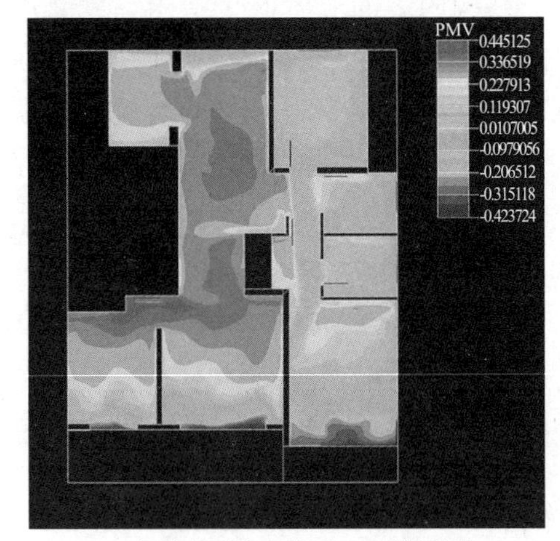

c. 标准户型室内冬季 PMV 模拟图

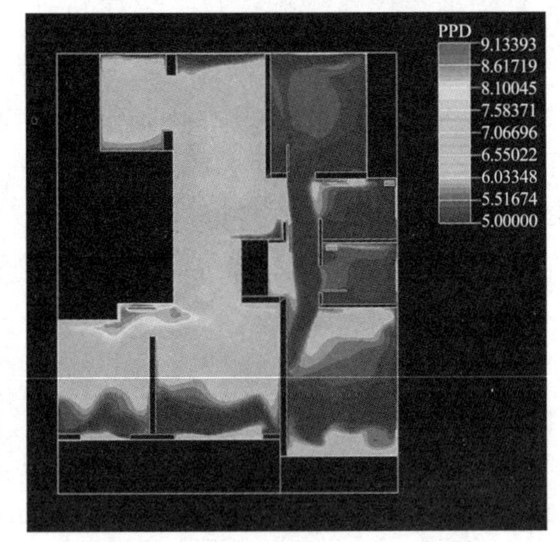

d. 标准户型室内冬季 PPD 模拟图

图 6.4-16　标准户型室内 PMV、PPD 模拟图

i. 内门全部开启，保持 90° 开启角，外窗全部开启，根据过渡季节室外风环境模拟情况，设置正北方向外窗自然通风进口风速为 2m/s，设置其他方向外窗为自由出口。

ii. 根据杭州过渡季节室外气候参数，选取 9 月杭州市室外平均温度 23℃，故设置自然通风进风温度为 23℃。

iii. 设置室内人员着装为 T 恤、薄长裤、袜子，人体活动为静坐状态。

对室内热舒适性进行模拟分析和研究，得出室内预计平均热感觉指标 PMV，通过 PMV 取值计算得出 APMV 取值范围。模拟结果如图 6.4-17 所示。

由图 6.4-17 可知，室内平均热感觉指标 PMV 值整体保持在－0.592～0.069 之间。根据公式计算出房间预计适应性平均热感觉指标－0.459＜*APMV*＜－0.067。

$$APMV = PMV / (1 + \lambda \cdot PMV)$$

式中　*APMV*——预计适应性平均热感觉指标；

λ——自适应系数，按表 6.4-1 取值；

PMV——预计平均热感觉指标。

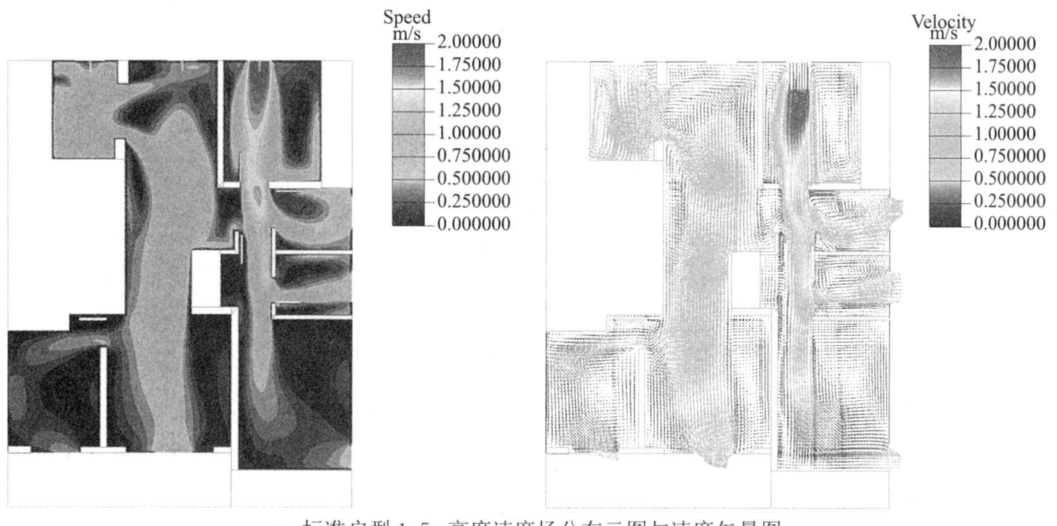

a. 标准户型 1.5m 高度速度场分布云图与速度矢量图

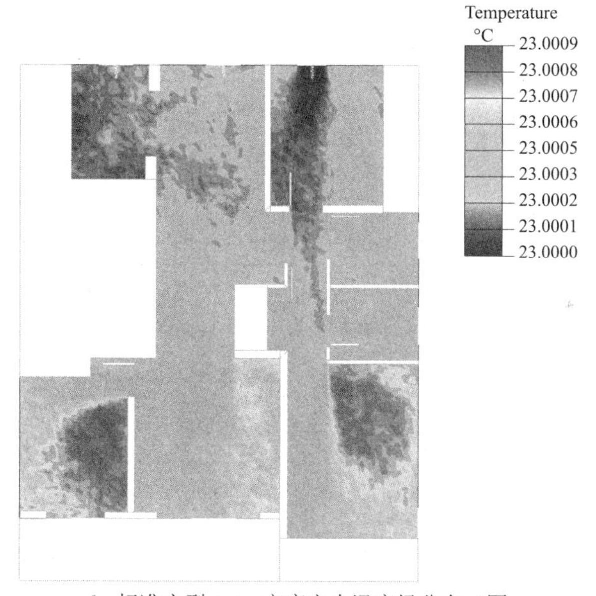

b. 标准户型 1.5m 高度室内温度场分布云图

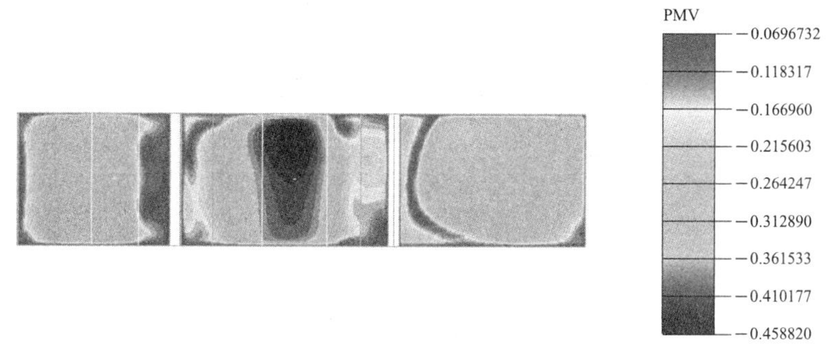

c. 标准户型东西向剖面 PMV 分布云图

图 6.4-17 标准户型内热湿环境模拟（一）

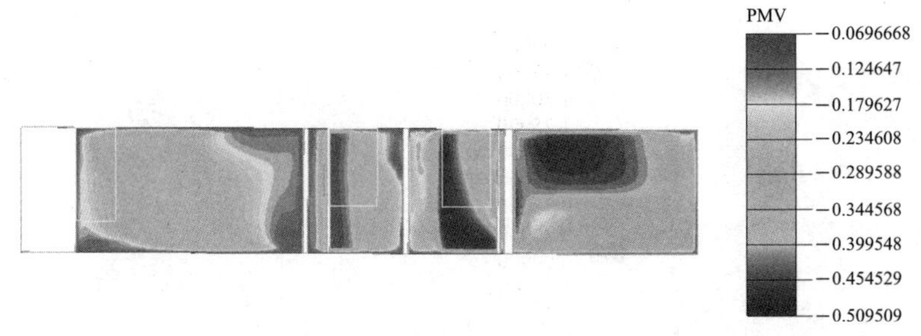

d. 标准户型南北向剖面 PMV 分布云图

图 6.4-17 标准户型内热湿环境模拟（二）

控制房间相对湿度：相对湿度过高，会增加人体的冷感和热感，降低舒适性；空气湿度过低，一方面会使空气中飘浮的颗粒物增多，另一方面造成人体皮肤和呼吸道的干燥，危害人的健康。

项目通过集中新风系统对新风进行集中处理，可进行加湿和除湿，房间设置家用加湿器，可根据用户需求进行加湿。通过上述方式，使主要功能房间空气相对湿度维持在 30% ～ 70% 之间，如表 6.4-2 所示。

主要功能房间的室内温湿度设计参数 **表 6.4-2**

房间名称	夏季空调		冬季空调	
	温度℃	相对湿度 %	温度℃	相对湿度 %
起居室	26	60	20	40
卧室	26	55	20	40
书房	26	60	20	40

4）人体工程学

项目卫生间面积4.14 m^2，淋浴喷头高度可自由调节，淋浴间设置安全把手，洗脸台前活动空间：宽 1450 mm，深 530 mm ；坐便器前活动空间：宽 1450 mm，深 480 mm，浴缸前活动空间：宽 530 mm，深 1450 mm。卫生间布局合理。

（4）健身

建筑场地内或建筑室内设置健身运动场地，可以为使用者提供更多的运动机会，并带来更多的健康效益，包括体重控制、缓解压力、降低疾病风险、改善骨骼健康、提升认知力等。免费提供健身器材，保证健身器材有不同的种类和足够数量，给不同需求的人群提供不同的选择。

1）室外健身场地

项目总占地面积为 41055m^2。整体设计有儿童活动区、老年人活动场地、健身步道、健身场地等。如图 6.4-18 所示，由于项目为狭长地形，室外健身场地分散为四块，第一块布置在小区西北角，毗邻 13 号楼，面积为 60m^2 ;第二块布置在 18 号楼东南侧，面积为 86m^2；第三块布置在 11 号楼和 12 号楼之间，面积为 216m^2；第四块布置在 7 号楼东北侧，面积为 170m^2，四块健身场地面积共计为 532m^2。各场地 100m 范围内均设置直饮水设施。直饮水系统委托专业厂家设计。

室外健身场地结合慢跑步道设置健身空地和器械区。健身场地内布置为成品健身器材，结合绿化每隔 1.5m 布置一个，主要健身器材有双人坐推、双联平步机，四级压腿按摩器、双人坐拉、立式健身车、双联健臀机，共布置 29 个。

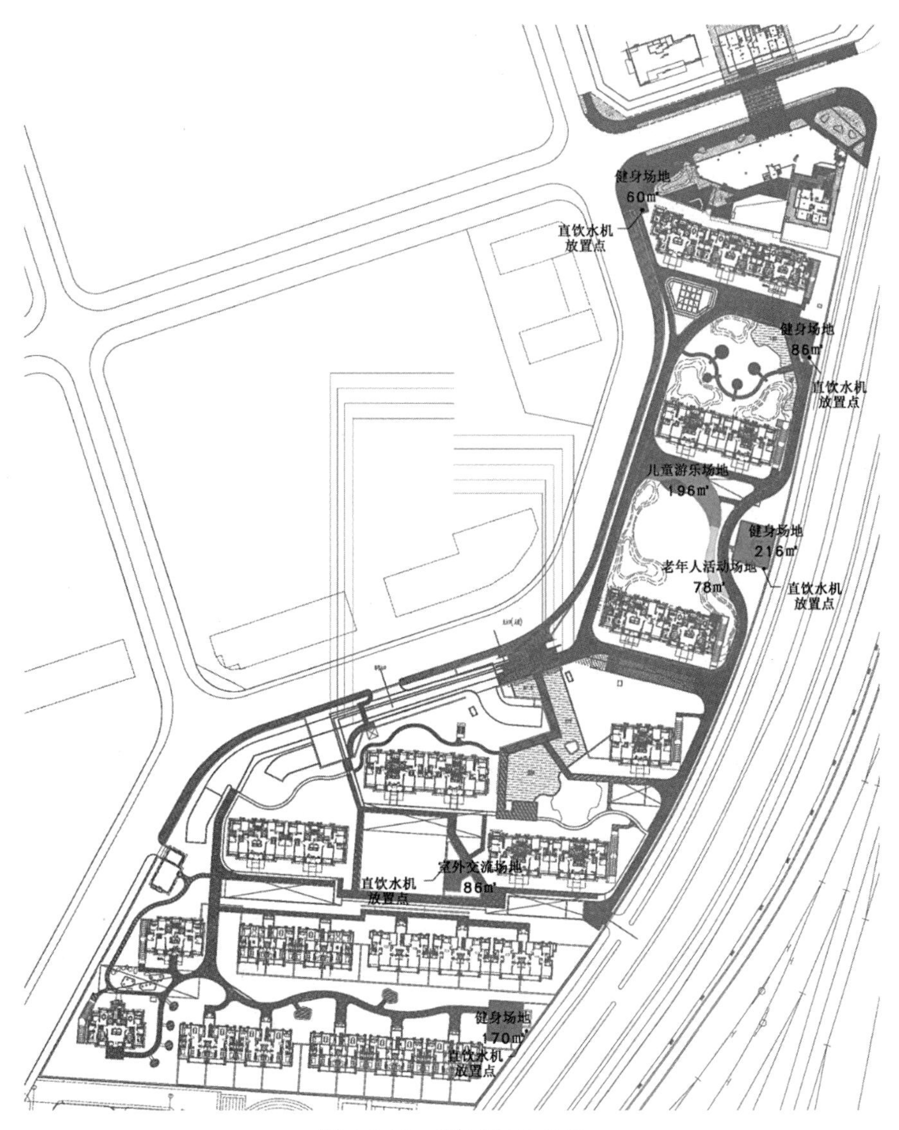

图 6.4-18 项目室外场地

如图 6.4-19 所示，项目从 11 号楼和 12 号楼外围设有专用慢行步道。健身步道最窄处 1.4m，总长 342m；从 2 号楼和 9 号楼外围设有专用慢行步道。健身步道最窄处 1.3m，总长 390m。健身步道采用彩色 EPDM 塑胶面层铺装，达到专用健身步道面层材料要求。步道边及小品内设有休息座椅。

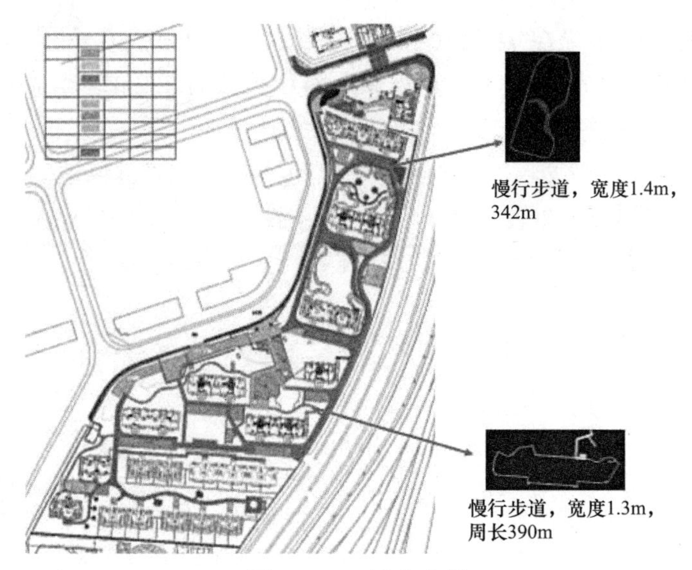

图 6.4-19　健身步道

2）室内健身场地

项目最北侧的 14 号楼为小区会所，室内健身运动场布置在该会所地下一层，设置了免费健身区及泳池，其中健身房的面积为 120m^2，泳池面积为 350m^2，合计建筑面积为 470m^2，包括健身器材（12 个）和乒乓球台（1 台）。健身器材包括跑步机、划船器、健身车、组合器械、肩背拉力器，健身器材标配有说明书和使用注意事项。

3）出行方式

项目设立自行车停车棚有非机动车停车位 1407 个，其中地上车位 449 个，地下车位 958 个，地下车位分布在 3 号、4 号、9 号、10 号、11 号、12 号、13 号的地下一层夹层，并备有打气筒、六角扳手等维修工具。

如图 6.4-20 所示，项目小区出入口步行 800m 范围内有一个地铁站，2 个公交站提供 13 路公交车，场地出入口步行距离 500 m 范围内有 10 条线路的公共交通站点，方便出行。西侧有规划地铁 5 号线“城市之星”站，距项目直线距离仅 758m。

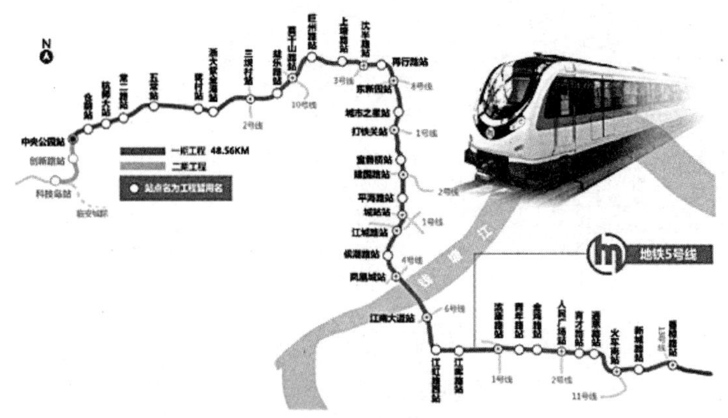

a. 杭州地铁规划图

图 6.4-20　项目公共交通条件（一）

b. 东新路德胜路口

c. 岳帅桥路

图 6.4-20 项目公共交通条件（二）

4）鼓励使用楼梯

项目共 13 栋楼。楼梯间离主入口距离均不大于 15m，楼梯间均有外窗。楼梯和电梯集中布置在核心筒位置，楼梯位置及标识明显。楼梯间采光通风良好，楼梯间照明采用人体感应控制。

（5）人文

1）室外场地

交流场地位于 1 号楼、2 号楼、8 号楼、9 号楼包围区域内，面积 86m^2。场地内设置 2 人座位 5 组，合计 10 人座椅。场地北侧空地区域内放置直饮水机 1 台，方便住户室外活动、休憩及饮水需求。交流场地的乔木遮阴面积达到 50%。

儿童、老年人活动场地位于 12 号楼南侧，有树木起到荫蔽作用。儿童活动场地面积 196m^2，老年人活动场地 78m^2。如图 6.4-21 所示，儿童活动场地放置成品儿童游戏器械 3 个。如图 6.4-22 所示，儿童、老年人活动场地均设置矮墙，可作为座椅使用，老年人场地矮墙约 9m 长，儿童活动场地设置两段，一段约 8.5m，另一段折形矮墙约 14m，且另设置成品室外座椅一部。两个场地均可满足 6 人以上座椅要求。

项目借助 ecotect 软件对场地日照情况进行模拟，模拟结果如图 6.4-23 所示，场地大寒日日照时间均在 3.2h 以上，全部满足日照标准要求，且通风效果良好。

图 6.4-21 成品儿童游戏器械示意图

图 6.4-22 户外座椅示意图

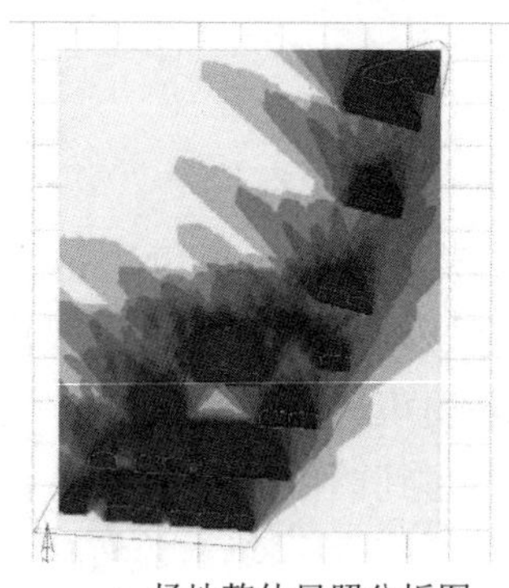

a. 场地整体日照分析图

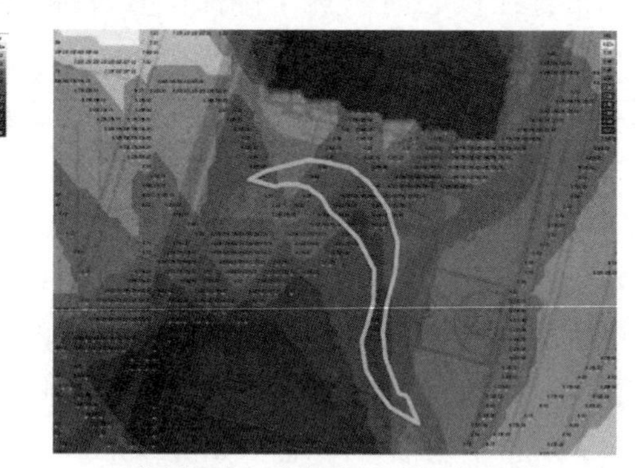

b. 北侧儿童、老年人活动场地日照情况

图 6.4-23 日照模拟

2）心理

如图 6.4-24 所示，项目 14 号楼三层设置了向全部住户开放公共图书室和公共音乐舞蹈室，面积分别为 124m^2 和 150m^2。建筑内电梯前室均设置墙面装饰的艺术字画室外场地设有 3 个艺术雕塑品，丰富了业主的娱乐生活。

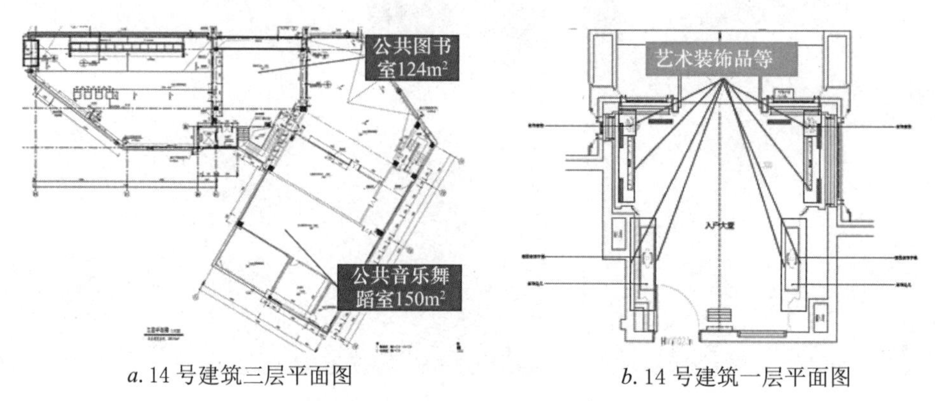

a. 14 号建筑三层平面图　　*b.* 14 号建筑一层平面图

图 6.4-24 文化活动场地（一）

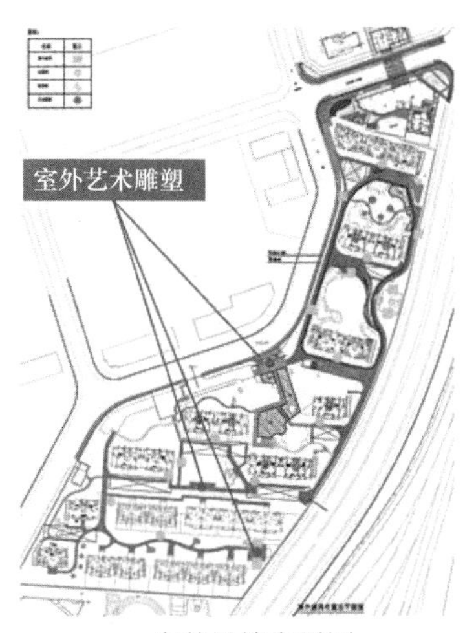

c. 室外设施布置图

图 6.4-24　文化活动场地（二）

3）基础设施

项目室外配置植物包括香樟、广玉兰、女贞、深山含笑等 127 种常见常绿、落叶、灌木球、常绿亚乔、落叶亚乔植物。投入使用后赠送业主 2 株 / 户绿植，包括绿萝、长寿花等常见植物。

项目室内外色彩协调、统一，无令人不适的怪异色彩。户型设计合理，一梯两户式设计，楼梯、电梯间位于各单元中间，与户内毗邻房间为厨房、门厅，避免了对卧室、书房等主要功能房间的噪声干扰，平面布置公共空间与私有空间分区明确。项目整体视野良好，无视线干扰区域。

项目执行《无障碍设计规范》GB 50763—2012 和地方主管部门的有关规定，设计范围包括小区内各级道路、绿地、广场、配套公共设施及各住宅单体。

4）适老

项目所有公共区域的地砖、楼面均采用防滑铺装。建筑内标识均采用大字标识。公共空间无尖锐突出物。项目未向业主提供室内家具，并且考虑到业主自由分配房间使用功能的因素，建筑未设置老人专用房，但当房间使用者为老人时，项目为用户提供房间设置建议。

项目每单元均设置 1 部可容纳担架的无障碍电梯。项目为住户提供急救包服务，由物业部门与社区医疗服务室负责保管并提供服务，急救包中包含酒精、棉球、医用胶带、纱布、退热贴等常用急救设施。小区内配有医疗急救绿色通道与消防绿色通道合用，可保证救护车顺畅通行，到达每个楼栋出入口。

6.4.4　社会经济效益分析

项目较常规的技术措施，具有成本增量的技术措施主要包括采用闭门器、三玻两腔高性能节能窗、空气质量监测与发布系统、户式直饮水、分水器、恒温混水阀、水质在线监测系统、健身步道铺装、健身器材、艺术雕塑、医学救援设施等，健康建筑总增量成本为 1331.28 万元，单位建筑面积增量成本约为 95.26 元 /m^2（表 6.4-3）。

健康建筑增量成本表　　　　**表 6.4-3**

实现健康建筑采取的措施	单价（元）	标准建筑采用的常规技术和产品	单价（元）	应用量	应用面积（m^2）	增量成本（元）
闭门器	50	—	—	692	139151.63	34600
三玻两腔高性能节能窗	8000	—	—	692	139151.63	5536000
空气质量监测与发布系统	6000	—	—	692	139151.63	4152000
户式直饮水	3000	—	—	692	139151.63	2076000
淋浴器设置分水器	1000	—	—	692	139151.63	692000
恒温混水阀	180	常规混水阀	30	692	139151.63	103800
水质在线监测系统	240000	—	—	2	139151.63	480000
健身步道	200	—	—	732	139151.63	146400
健身器材	2000	—	—	29	139151.63	58000
艺术雕塑	10000	—	—	3	139151.63	30000
医学救援设施	2000	—	—	2	139151.63	4000
合计						13312800

6.4.5　总结

项目将健康中国的理念贯穿于规划设计、建筑设计、建材选择、物业管理过程，营造健康的居住环境、保障健康的居住生活、推行健康的生活方式。

针对项目所处位置、资源情况的特点，采用了适宜的健康建筑技术，达到了健康建筑设计三星级指标的要求，在空气、水、舒适、健身、人文五方面都有突出表现。通过对项目健康建筑的申报以及项目的宣传，为健康建筑的推广提供了可借鉴经验；同时让人们对健康建筑产生了直观的认识，意识到健康建筑能带来舒适性的提高，进而引导更健康、良性、可持续发展的建筑设计。

作者信息：杨益新[1]，李帆[2]，寇宏侨[2]，李国柱[2]

1　朗诗集团股份有限公司

2　中国建筑科学研究院有限公司